耕さず、肥料・農薬を用いず、
草や虫を敵としない

誰でも簡単にできる！
川口由一の

自然農教室

監修 川口由一　著 新井由己・鏡山悦子

宝島社

赤目自然農塾の9月の実習畑。オクラ、ゴマ、モロヘイヤ、カボチャなどが育っている。小川を挟んだ奥は塾生の田んぼで、赤米が穂をつけている。

自然の力を借りて たくさんの実りを

畦に植えた黒豆がすくすくと育っている。赤目自然農塾ではイノシシの害が少ない赤米をつくっている。

キュウリ、ゴーヤー、ミニトマト、シシトウ、マクワウリ。ある夏の日に収穫した野菜たち。

冬に育つ野菜は草に負けにくいので、ばら蒔きでもよく育つ。カブ、赤カブ、日野菜カブを間引きしたもの。

畑に残しておいた水菜が大きな株に育った。もちろん無肥料だ。

豊かな畑に 多様な生命が集う

大きなクモは、トウモロコシの近くに巣を張って、虫を捕まえてくれる。

夏の暑い日、ゴマの茎にしがみついたまま干からびたバッタを見つけた。

塾生が置いた養蜂箱に日本ミツバチが入った。ハチがいると野菜の受粉も助けられる。

赤目自然農塾の実習は、毎月第2日曜日に行われている。遠方から通う人も多く、毎回200人以上が熱心に学び、自分の田畑で実践している。

毎年1月は、赤目自然農塾の新年会。田畑を巡ったあとで初詣でに行き、山荘に移動して餅つきが始まる。

つきたてのお餅でぜんざいをいただく。赤米や黒米のお餅もあり、みんなで鏡餅を丸める作業も楽しい。

人の営みも 自然の営み

毎月の実習の前日には共同作業の学びがあり、夜は山荘に移動して自然農の野菜を使った食事をいただく。その後、言葉を通した勉強が続く。

川口さんの畑でスイカを収穫。草むらの中から大きなスイカを見つけるのは、宝探しのようだ。

はじめに

緑豊かな樹々に風渡り鳥鳴き、清らかな水静かに流れて絶えず、四季折々に美しい花、色豊かに変えて咲かせ、いのちの実を結ぶ自然界に自給自足の体制を整えてゆく。菜園のある生活を整えてゆく。農的暮らしを整えてゆく。田舎暮らしを整えてゆく……。なんとも楽しく心が弾むことだ。このことは誰しもが思い願い恋い焦がれるものであろう。

　いのちを内に宿し、肉体を授かっての百年前後の今生。内なる魂が、いのち宿す肉体が、農的暮らしの素晴らしさ、楽しさを知り、いのちある私達人間にとって、生きる基本となるものであることを悟り、大切さを知っているゆえの欲求だ。体内に眠る三世代過去、十世代過去、百世代過去……が自然界に身を置き、田畑に立ち、お米達、野菜達とともに生きる喜びを経験していたゆえでもあり、その実現は生きる意味と意義の答えともなるものだ。澄み渡る大気のなかに身を遊ばせ、太陽のぬくもりに生かされていることを喜び、渡り来る風に心身を清められ、しっかりと大地を我が足で踏みしめて立ち、与えられた絶妙の働きをする肉体と工夫された少しの道具を用いての農作業は、いのちある野菜、お米をいとおしみつつ手助けし、健全に美しく育つことを願っての心弾む労働である。我が心身を養い、人生の全うへと誘ってくれるものでもある。

　真に菜園のある生活、農的暮らし、大自然のなかで生かされて生きる田舎暮らしは楽しく意義深い。心を込めて日々に手助けする野菜が自ずから育つことに感動する。朝陽を拝し、新鮮な気を食《は》み菜園を訪ねると、繁れる葉間のあちこちに突然思いもよらぬ姿の蕾に感激、感動だ。もう次の日は、朝露置いて朝陽に輝くナスの花々、ピーマン、トマトの花々、スイカ、トウガン、カボチャの花々がどこからやってきたのか全開してなんとも色鮮やかで神妙。蝶を呼び、蜂を誘い、遊ぶに任せて悠然としている姿は神々しく奥ゆかしい。まさしく神との共同作業からもたらされる厳かなる畑の奇跡だ。日毎に花咲かせ、やがて数日後に可愛い実をみせ、日々に大きく成長し、深い紫色に染めて輝くナス、緑豊かに絶妙の姿して実を結ぶピーマン、はちきれんばかりに房々と赤い玉を揃えるトマト……。それぞれの姿形、色を現し、足元には細い蔓が這い回る葉陰にカボチャ、スイカ、トウガンが実を大きく太らせて横たわっているのに驚く。この巨大なトウガン、甘露したたる真っ赤なスイカ、菊花型に姿を美しく整えるカボチャ、一体どこからどうしてここに来たのか、だれが造ったのか……。

　いのちが織り成し田畑に現す自然の営みは驚きの連続であり摩訶不思議の世界だ。楽しい、うれしい。

心が弾み、魂が感動する。このいのち豊かな恵みが家族揃う食卓に運ばれたときの感動はまたまた格別であり、納得の幸福感である。挽き立ての小麦粉で焼いた香ばしいパン、炊き立ての御飯に漬物、新鮮な野菜のお味噌汁、籠に盛った畑の幸の数々。食卓の会話は弾み、生きた喜びの言葉飛び交い、生かされていることのありがたさを静かに覚え、生かされ生きていることへの感謝の思い、深くより湧きいでてまいります。

今日の日本の農業、世界の農業の大半は大変な問題を抱えており、根底から解決しないと成り行かないことを多くの人達はすでに知っています。農業が及ぼす環境汚染、環境破壊問題、資源の浪費問題、ゴミ問題、食の安全性の問題、農作業に携わる農夫の安全性と健康問題、農作物の生命力の問題、自給率の問題……。いずれも問題は深くなるばかりです。

この今ここに著され紹介される、耕さず、肥料農薬を用いず、草や虫を敵としない自然農による栽培の案内書は、諸々の問題を根底から解決してくれるものとしての案内書であり、持続、永続を実現してくれるものです。田畑は、菜園は、自然の大調和を損ねることなく美しい清らかな世界を実現してくれます。手作業による菜園の整えは美を好む芸術心を発揮してのいのちの息づく田畑となり、情緒豊かな美しい人間性の成長ともなり、作物を育てながら自らも育てられる栽培法でもあります。

新井由己氏が3年間、遠地の奈良、三重の我が家の田畑と赤目自然農塾に深い思いで取材を重ね、写真に、言葉に……と纏《まと》め上げ、そこに自然農歴22年、早くより田舎暮らしと自給自足の生活を整え、学びの場で指導にあたる鏡山悦子氏の優れた絵と解説、さらには関上絵美氏の楽しいイラストにより多くの理をわかりやすく示し、豊かな誘い書を完成させました。その上に宝島社『田舎暮らしの本』の編集部の方達の強い思いで今日この時代多くの人々の手に届くべく取り組み、立派に整え仕上げて下さいました。本当にうれしくありがたいことです。この著書が多くの人々に届き、大きな働きを成し、日本のあちこちに美しく育ち、豊かに実る田畑や菜園で、野菜達、お米、大麦、小麦達とともにいのちを輝かせて勤しむ人々の姿を楽しく思い浮かべ、多くの人達が真の平和と幸せを手にしてゆかれることを願い祈りつつ……。

平成二十五年　二月　立春の季　**川口由一**

もくじ

本書は
月刊『田舎暮らしの本』(宝島社)
2010年4月号〜2013年3月号に
連載された内容をまとめ、
加筆・修正したものです。

自然農の学びの場
「赤目自然農塾」について

赤目自然農塾は川口さんが指導する自然農の学びの場。三重県と奈良県の県境に広がり、遠方からも塾生が集まる。小さく分割された田畑の区画を自分で選び、野菜やお米を実際につくりながら自然農を学んでいく。常駐スタッフはいないものの、塾生は好きなときに来て作業ができる。毎月第2日曜日(12月は第1日曜日)に勉強会がある。前日の土曜日には農的暮らしに必要な共同作業があり、夜は近くの山荘に移動して言葉を通した学びの時間を持つ。

問い合せ先
柴田幸子 TEL・FAX 0595-37-0864
余語規子 TEL・FAX 0744-32-4707

参考
「気楽に自然農」http://iwazumi.nsf.jp/

1章

自然農の基本

自然農のお手本は、だれが手を貸すわけでもないのに
豊かに茂る自然の森や草原。
しかし自然農の目的は、あくまで「栽培」。
放っておくだけでは充分な実りは得られない。
必要最低限の手入れは必要だ。自然の調和を乱さずに、
多くの実りを得るための基本ノウハウを、作業ごとに解説しよう。

文・写真／新井由己　イラスト／関上絵美

自然農の基本 1

自然農の基本、栽培計画

自然農では耕さず、肥料・農薬を用いず、草や虫を敵としない。けれどもそれは「放任」とは違う。自然の営みに沿った必要最低限の手を貸して、豊かな実りを得よう。

畑の草を根こそぎ抜かなくても、ほんの少し手を貸してやるだけで野菜は立派に育ってくれる。さまざまな草や花のなかで、生命力にあふれた姿が美しい。

自然界の「理《ことわり》」を知る できる限り余計なことはせず 自然の営みに沿い「栽培」する

川口由一さんの「自然農」は、できるだけ余計なことはしないで、自然の営みに沿い、任せていく栽培方法。作業の基本になるのは、耕さず、肥料・農薬を用いず、草や虫を敵としないということ。

「自然界には迷路なく、障害なく、問題もありません。自然界の理に沿って、任せていけばいいのです。問題が生じるのは私たちに問題があるからです。自然に沿ってできないことはなく、できないのはどこかで自然から外れているからです」

かつての採集生活から農耕生活に変化したことで、食糧が安定的に栽培できるようになり、農の在り方や生活そのものが大きく変化した。農耕生活そのものが環境破壊だと考える人もいるが、自然の摂理から外れた栽培方法が間違っていたのだ。自然と共に人間が暮らしていく持続可能な栽培生活を自然農は実現しているといっていいだろう。

一般的に「自然」は次のように定義される。①山や川、草、木など、人間と人間の手の加わったものを除いた、この世のあらゆるもの。②人間を含めての天地間の万物。③人間の手が加わらない、そのもの本来のありのままの状態。

「自然界は、自ら然《しか》しめると書くように、すべてが過不足なく、誤ることなく、生きる糧を用意しています。すべてが一体で個々別々の営みなんですね」

たくさんのいのちを育む豊饒の舞台は、そこに生きている草々や小動物が生死の巡りを重

10月の川口さんの畑。一見すると草に埋もれているように見えるが、畝ごとにさまざまな野菜が育っている。

ねることによって、さらに豊かになっていく。耕してしまうと、その舞台を壊してしまうことになる。草や虫、小動物が生き死に、その場に積み重なることで「亡骸《なきがら》の層」ができ、そこに自然界の微生物が誕生し、さらに豊かな舞台へと変化していく。亡骸の層は土と違って保水力や通気性が高いので、作物も育ちやすい。

自然農では生死のすべてのプロセスが丸ごと畑で起こっている。それに対し、慣行農法・有機農法ではその一部だけを取り出している。本当に大切なのは自然に朽ちさせていく営みなのに。

自然農の注目度は高く、奈良と三重の県境に広がる自然農の実習地「赤目自然農塾」には毎月の勉強会に200名以上が集まる。

栽培する「目的」を考える

現代の農業では、作物を生み出すこと自体が消費行為

現代の農業は、化学肥料で育てられた作物が本来の生命力を損ない、その結果、病虫害を防ぐために農薬が必要になるという悪循環に陥っている。自然に任せておけば人間が畑の土をつくる必要はないが、畑全体を耕して草を抜いて野菜だけを生産するので、多種多様な生命の営みはなく、肥料が必要になる。

肥料、農薬、機械、機械を動かす石油、それらを用意するのに必要な資源やエネルギーなど、畑の外からいろいろ持ち込まないと食糧を手にできないのだ。

そうしてできた食べ物は安全性が危惧され、さらに大地の荒廃、土の流失、土や水や空気の汚染、ビニール・資材のゴミの発生といった問題も招いている。

一方、無農薬農業や有機農業などの代替農法が生まれたが、畑を耕し、有機肥料を与え、虫や草を敵にする点で慣行農法と同じ考え方にある。また、見た目がきれいで流通させやすい均一な大きさ、本来の旬ではない季節での生産などを求めて、品種や生産技術が改良されてきた。慣行農法でつくった野菜は、農薬と化学肥料と大量のエネルギーを使った工業製品のようだ。

現代農業では、耕さないとだめ、肥料・農薬は絶対必要と思い込まれている。まったく逆の考え方をする自然農は、今日の農業が招いている諸々の問題を根本から解決できる永続可能な栽培方法なのだ。

耕してきれいに草管理された有機農業の畑。自然界から野菜だけが切り離されている。

現代のさまざまな農法

慣行農法

農薬 ○ 除草 ○ 耕うん ○ 肥料 ○

現在、最も多く行われている栽培方法で、農薬・化学肥料を使用し、機械や施設の利用を前提とする。できた作物はJAを経由して出荷することが多く、そのときに箱代や手間賃を支払う。農薬・化学肥料・機械・設備もJAからの斡旋・ローンが多い。

無農薬または減農薬栽培

農薬 △ 除草 ○ 耕うん ○ 肥料 ○

農林水産省の特別栽培農産物に係る表示ガイドラインが決められてから、無農薬・無化学肥料・減農薬などの表記を使うことができずに「特別栽培」と表記することになった。慣行的に行われている使用回数の5割以下が基準だが、地域によって農薬・化学肥料の使用回数が異なり、違いがわかりにくくなっている。

有機農法

農薬 ○ 除草 ○ 耕うん ○ 肥料 ○

化学肥料を使用せず、良質の堆肥や微生物で有機肥料をつくり、それを土中に投入して土づくりを行う農法。JAS有機認証制度を取得したものは、JASのマークを付けて有機の表示をして販売できる。一般農法で使われている農薬のうち有機JAS法で認められている農薬については使用が認められ、自然農薬も使われる。

福岡正信さんの自然農法

農薬 × 除草 × 耕うん × 肥料 ×

「不耕起・不除草・不施肥・無農薬」が基本で、多種多様な種を入れた「粘土団子」を蒔いて、その環境に適した作物が育つのを待つ方法。粘土団子には養分や水分が含まれ、発芽するまで種を守る役割がある。砂漠の緑化活動を世界中で行い、その活動が評価されて、海外での受賞も多い。

耕さない畑

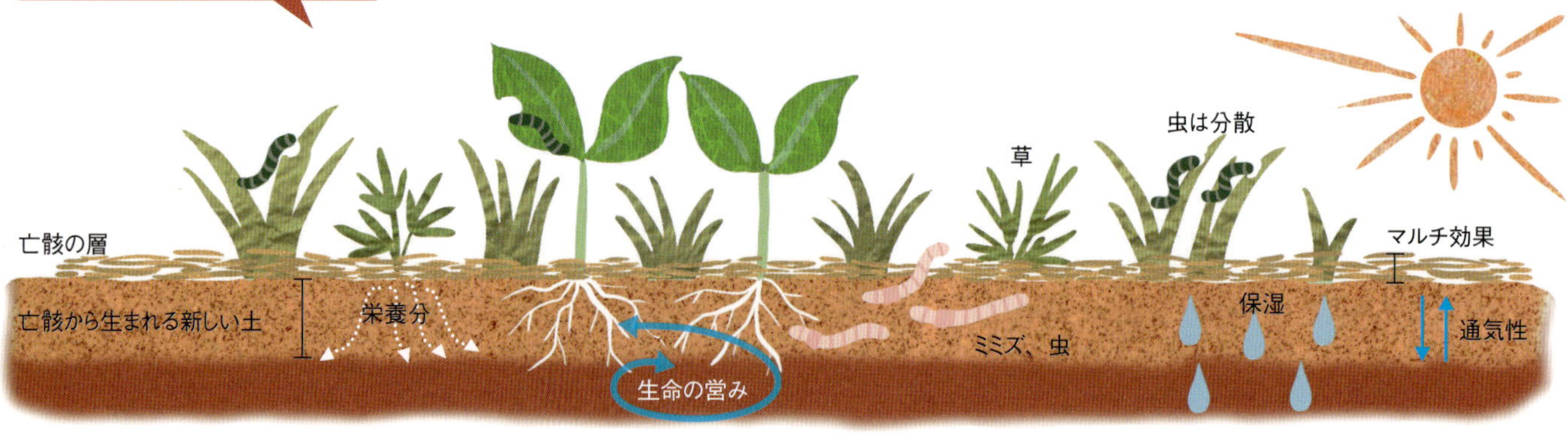

耕さない

大地を耕すことは不自然なこと。たくさんの生命が生きる舞台を壊すのはやめよう

耕すことでさまざまな問題を招いている

耕さないことは自然農の基本であり、自然界の姿と同じ。大地を耕せば、そこにいる多くの生命たちを殺すことになる。

「全面的に耕すと一時的に土がふかふかになりますが、すぐに土が硬くなります。だから、一度耕すとまた耕さないといけない悪循環に陥るんです」

耕さなければ草の根が張って土が柔らかくなるし、虫や小動物のフンや亡骸《なきがら》が積み重なってさらに豊かになっていく。草や虫たちが生命活動を全うして、次のいのちの舞台として循環していくのが、自然な姿でもある。

また、地表の草を刈って敷いておくことで〝草マルチ〟の効果が生まれ、土の乾燥を防ぎながら野菜以外の草の発芽を抑えられる。敷いておいた草はやがて朽ちて栄養分になる。川口さんはこの状態を、草や虫たちの「亡骸の層」と表現している。

自然界では全面的に耕すことはないが、野生動物が部分的に掘り起こすことはある。そう考えると、畝の修復のために土を被せたり、ジャガイモの収穫で掘り起こしたりするのは問題ない。言葉にとらわれずに、自然界の姿に学ぼう。

自然農では種を蒔くことを「種を降ろす」と言う。部分的に地表の草を刈って、必要なら宿根草の根を取り除く。

肥料・農薬を用いない

だれも肥料や水をやらないのに山の木はなぜ毎年実をつけるの？

必要なら少し手を貸し余計なことはしない

自然界を見るとわかるように、だれも耕したり肥料を与えていないのに、木は大きく育ちやがて森になり、山菜やキノコは毎年のように生えてくる。病虫害が発生して枯れてしまうこともない。お米や野菜も同じように、自然の営みに沿うように育てればいいのだ。

ただし、従来の畑から自然農に切り替えると、地中の養分が足りずに作物がうまく育たないことがある。そのときは必要に応じて米ぬかや油かす、草、生ゴミなどを補うとよい。これを外から持ち込む「肥料」と思わずに、生活のなかから出たものを畑に循環させると考えよう。土にすき込む必要はなく、上から振りかけたり、苗の近くに置いておくだけでいい。ゆっくり分解されるため、病気や虫害も出にくい。

そのうち土が豊かになって、何も補わなくても元気に育つようになるはずだ。

肥料を与えると野菜は大きく立派に育つものの、そのぶん味も薄くなってしまう。実は肥料分でふくらんでいるだけで、作物の持つ本来のエネルギーは変わらない。見た目にとらわれずに、本来の味を確かめよう。

畑の状態が豊かになれば、ハクサイやキャベツなども立派に育つ。さまざまな草花と共存する美しい畑の姿。

耕している畑

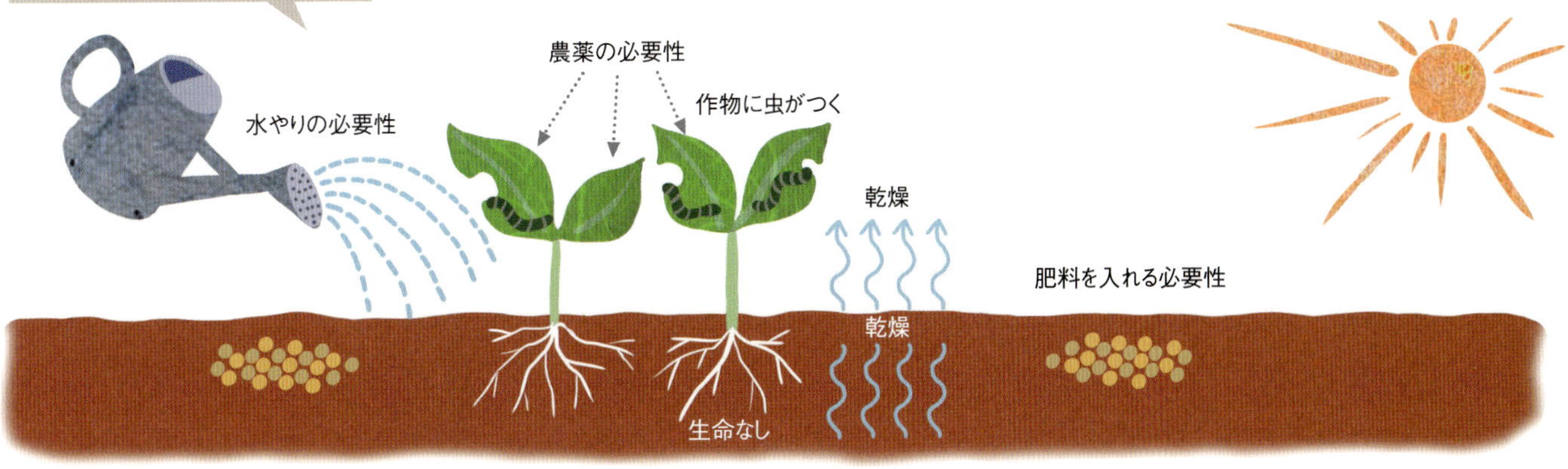

草や虫を敵としない

**草を「雑草」と分類するのは人間の都合。
生態系のバランスが取れていれば「虫害」もない**

生命たちの営みが豊かな田畑をつくる

野菜も草の仲間なので、厳しい環境では育たない。そういう場合は、最初にイネ科やマメ科のものを蒔くといい。草が生える環境ができれば、自然は少しずつ回復していく。

「草が小動物を生かし、小動物が作物や草を生かして、一体の営みをしています。お互いに欠かせない存在なんです」

雑草の「雑」というのは、あくまでも人間の都合で分けているだけ。同じように、自然界に「害虫」はいない。自然の生態系のバランスが取れているときは、病気や虫害は発生しない。人間の都合で肥料分を補い過ぎたり、草を刈り過ぎたりすると、バランスが崩れて病気になったり虫が集まってくるのだ。

自然農は種を蒔いて草刈りもしない放任栽培だと思われがちだが、実際にはきちんと栽培できるように最低限の管理をしている。野菜と草が同時に芽を出すと草の勢いに負けるので、野菜の生育を助けるために地表の草を刈る。特定の虫が大発生したとしても、それを食べる天敵がやって来て、自然にバランスを取ろうとするし、病気が発生したときもすぐに対処するのではなく、作物の生命力に任せて見守るほうがよい結果になる。

赤目自然農塾の田畑では、クモやトンボなど、さまざまな生き物を見ることができる。

自家採種をすると野菜の花が咲くので、そこに蝶や虫が集まってくる。田畑にいるのが楽しくなる。

1年の栽培計画を立ててみよう

連作障害には注意。イモ、タマネギは多めに

限られた畑のスペースで、どこにどの野菜を植えるか、どのくらいの期間で収穫し、その次は何を植えるのか、1年間の作業を見渡せるように、栽培計画を立ててみよう。

野菜を栽培するときに注意したいのは、同じ場所で同じ仲間を続けてつくらないこと。自然農の畑ではたくさんのいのちが生息しているので連作障害が出にくいものの、念のために畝を1～5年ごとに移動していくようにする。

季節ごとに、3～5種類の中心に育てる野菜を決めて、そこに葉物や香味野菜などつくりたい野菜を追加する。面積が広ければ貯蔵の利くイモ類やタマネギなどを多めにつくるとよい。

また同じ種類の野菜でも早生・中生・晩生(P22参照)の品種を組み合わせて収穫期間の幅を広げるような工夫もしたい。春蒔きと秋蒔きの両方で育つ野菜もあるので、どの野菜をいつ栽培するか、全体の流れを考えながら計画するのも楽しい時間だ。

栽培計画をつくるときは、大きめの紙2枚と、記入するための色鉛筆などを用意する。1枚目の紙には畑全体の平面図を描き、畝の位置を記して、方角をもとに日当たりのいい場所や日陰になる場所、風が通る場所などの特徴を書き入れる。建物や木の影響も考慮して、おおまかなブロックに分ける。

2枚目の紙は、種蒔きの時期や収穫期を落とし込んだ年間の農事暦にする。2月から12月(1月は農作業がほとんどない)までを月ごとに上旬・中旬・下旬の3つに区切り、横軸にする。縦軸には作付け計画でつくった畑のブロックを置き、棒グラフのようにつくりたい野菜を書き入れ、種蒔き・定植・収穫などの作業を記入して視覚化する。巻末に川口さんの農事暦をもとにつくった種蒔きの時期の暦があるので、年間計画の参考にしてほしい。

畑のブロック分け

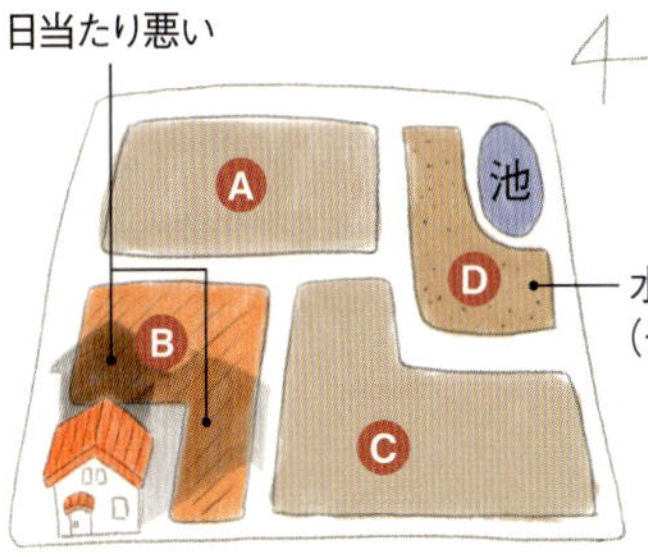

農事暦の書き方例

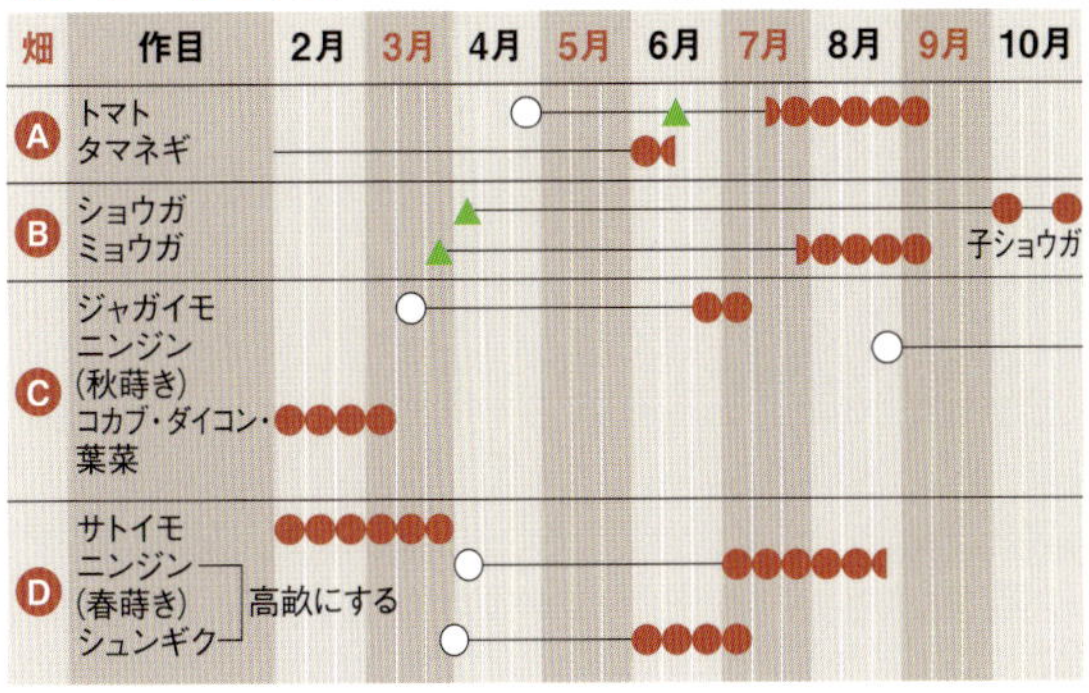

放置されていた場所を畑にするときは、まず最初に溝を掘って畝を立てる。

畑の開墾と畝立て、道具選び

耕さない自然農でも、栽培しやすいように畝をつくる。畝はそのまま使い続けるので、使いやすい畝幅をいくつか用意しよう。

ササが生い茂っていると作業がしにくいので、最初は全体をざっと刈り、そのあとで地表ぎりぎりで刈ってから畝を立てる。

耕作放棄されている畑にはササやススキなどが生い茂っている場合が多い。

自然農の畑に向く土地

放置されていた期間が長いほど自然農の畑にすぐ転換できる

全国各地で耕作放棄地が増え、里山が荒れているという話を耳にする。かつて畑だった場所は一面スギナで覆われていたり、ササやススキが生い茂ったりしていて、「これを元の畑にするのは難しい」と言われてしまう。

ところが、人の手が入らなくなった期間が長ければ長いほど、豊かな自然環境が蘇っていると言えるので、耕さず、自然の営みに沿う自然農には逆に恵まれた環境になるのだ。

長い間、放置されていた畑には、ササやススキなどが勢いよく育ち、荒々しい自然の姿を見せている。宿根草の根がはびこっているときでも根は抜かずに、のこぎり鎌を差し込んだり、スコップを垂直に入れて根切りをするだけでいい。梅雨時から夏にかけて地表部を2～3回刈っていくだけで、ササやススキの生命活動が衰えていき、次第に地中の根も朽ちていく。

耕していた畑から自然農の畑に切り替えたばかりのときは、最初は土が硬くなるものの、草が生えるに従ってさまざまな生命活動が盛んになり、徐々に軟らかくなる。なかなか草が生えず、土が軟らかくならない場合は、周辺の草や落ち葉を集めてきて被せたり、米ぬかや油かすなどを全面に振り撒いたり、イネ科やマメ科の野菜を植えるといい。草が生え始めたら、あとは余計なことはしないで、自然の生命活動に任せていく。

赤目自然農塾での様子。ササが生い茂っている場所を切り開くと、もともとあった棚田の形が現れてきた。

こんな場所も自然農の畑になる！

駐車場、芝生、花壇でも、自然の回復力に任せる

自然農を始めてみたいけれども畑がないと思っている場合は、あらためて身の周りを見回してほしい。

芝生が張ってある庭、駐車場、小さな花壇なども自然の回復力に任せていれば立派な畑になるのだ。

ブロックで囲われた小さな花壇

花壇の下部が地面に接しているなら、そのまま土を動かさずに始められる。通気性や排水性をよくするため、できればブロックは外して畝の形に整えたほうがいい。

硬く踏み固められた駐車場

溝を掘って排水を図り、その土を上げて畝をつくるところから始めよう。栄養分がないので、川の堆積土や山の土を運んだり、米ぬかや油かすなどを補うといい。

森や竹やぶ

かつて畑として使われていた場所が荒れている場合は戻せるが、そうでない場合は昔から畑に向いていないところなので、森ではシイタケ栽培、竹やぶではタケノコ採取などで活用する。

芝生が張ってある庭

鍬やスコップを使って、芝生の表土を削るようにして芝をはがす。そのあとで溝を掘ってその土を上げて畝を立てる。芝草がまた生えてきたら地表部だけ刈っていく。

実践　畑の開墾

ササの茂っていた放置畑を手入れしよう

背丈ほどの高さになったササを刈っていく。ササの勢いがあるということは、それだけ地中に栄養分が多いので、きちんと手入れをすれば野菜もよく育つ。

❶ササを全面的に刈り取る

根は残したままで、地表部のササをていねいに刈る。背丈が高くて作業しにくい場合は、ざっと刈ったあとで、もう一度地表ぎりぎりから刈ってもよい。

❷地中の茎から切るようにする

のこぎり鎌の先端を地中に差し込み、茎と根の付け根あたりから切る。宿根草の根は横に広がっているが、新しく出てきたササの芽を何度か刈って対処する。

❸開墾したときは養分を補う

ササを刈ったあとですぐに野菜を栽培したいときは、落ち葉や腐葉土を全面に振り撒いておくとよい。種蒔きや苗を植えるときに米ぬかや油かすも補う。

水はけがいい畑と悪い畑、保水力のある畑とは？

野菜の生育には水分が欠かせないが、多過ぎると根が腐ったり、野菜の生育によくないので、溝を切って排水を図ったり、畝を高くして対処する。溝を掘るときは、出口まで傾斜をつける必要はなく、平らにすれば自然に流れていく。

雨の翌日に靴で歩けるようなら水はけがよく、2〜3日後でも水たまりがあれば水はけが悪い。一年中湿り気がある場合は、湿地を好む野菜を選ぶようにする。保水力があって排水力があるのは矛盾しているようだが、それが本来の自然の姿でもある。

雨のあとで水たまりができるような場合は水はけが悪いので、溝を修正する。

自然農の畝立て

放任ではなく栽培のために 自然農でも畝づくりを行う

畑の水はけをよくし、野菜を育てるために土を盛り上げた部分を「畝」と呼ぶ。自然農では一度つくった畝で連続して野菜を育てるので、耕して畝をつくり直すことはない。畝の高さや幅によって水はけや通気性を調整できるうえ、作業をしやすくしたり、通路をわかりやすくする効果もある。

スタート時に平らになっている場合は、掘った溝の土を畝側に上げて、緩やかなかまぼこ状になるように仕上げる。このときに土を上げることで耕したように見えるが、地面に土を被せただけなので、塊を細かくして、平均的にならしておけば、すぐ元の状態に戻る。

畝の高さは畑の状態と周囲の環境に合わせて、湿っている場合は高く、乾燥している場合は低くするのが基本。

畝を立てる時期は、秋の終わりから冬の始まりごろが、自然環境の混乱が少なくていい。溝が浅くなったり、畝が低くなってきた場合は、溝の土を畝に上げたり、周囲の土を溝に入れたりして修正する。

木の下に葉物類をばら蒔きしたり、麦などを広い面積で栽培する場合は、畝をつくらなかったり、幅を広くつくる。乾燥しやすい畑や傾斜地でも畝をつくらないほうがいい場合がある。

落葉樹の下に葉物類をばら蒔きするときは、畝を立てなくてもできる。

基本の畝立て

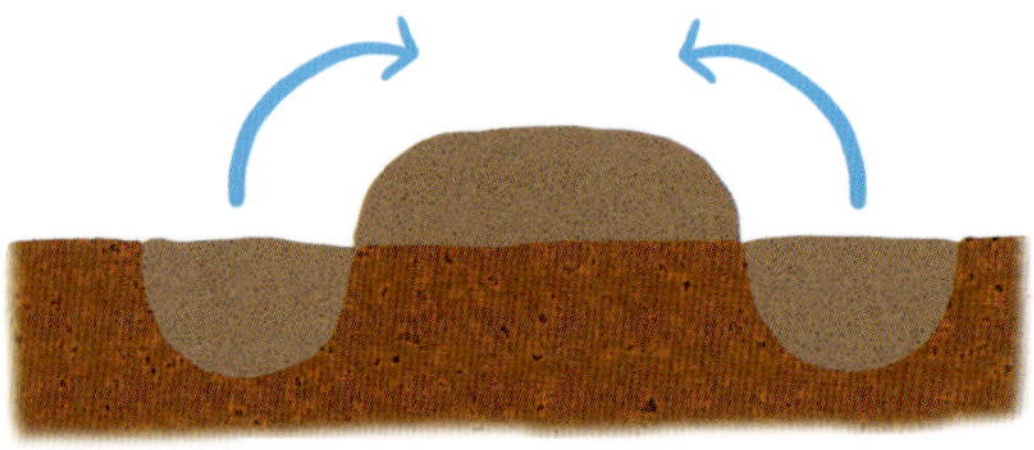

畝の高さと幅、溝の深さは、畑の乾き具合や栽培したい作物によって調整する。2つの畝の間にある溝を埋めてひとつにしたり、幅広の畝を2つに分割することもある。

湿った土地

乾燥した土地

畝の幅

畝の幅は、通路の両側から手が届く1mくらいが基本。カボチャやスイカのようにつるを伸ばす作物の場合は3〜4mの畝幅が必要なので、何種類かの畝を用意しておく。

田んぼを畑にする場合

畝の高さや幅で水はけを調節できるが、田んぼを畑にした場合は周囲から流れ込む水があったり、粘土質で水がたまりやすいので、畑の周囲に「まくら畝」と呼ぶ土手をつくって水が流れ込むのを防ぎ、排水方向も考える。

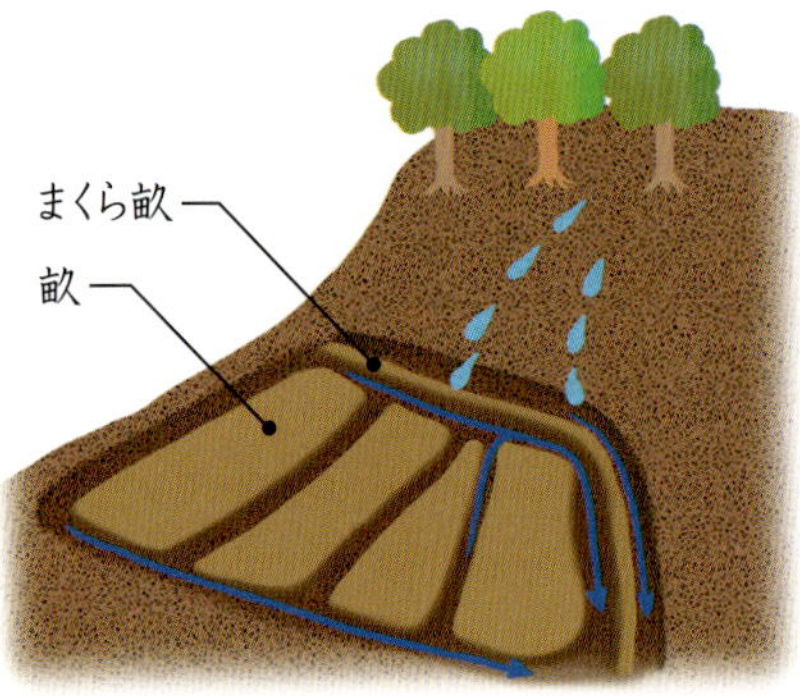

斜面は土質を考慮する

傾斜地の場合は、畝を立てないで等高線状に作付けしてもよい。畑が乾燥しているときは畝を等高線に沿ってつくると保水力が上がり、逆に湿り気が多い場合は斜面方向に畝をつくると排水が図れる。

乾燥している土

湿っている土

畝の方向

畝をつくる方向は、日当たりを考えて南北を基本とし、水はけ、畑の形、作業のしやすさなどを総合的に考えて決める。野菜をつくる場所は、遅くとも朝9時には太陽が当たるところを選ぶこと。自然農では一度畝をつくったらそのまま使い続けるので、畑に余裕があれば、応用が利くように幅を変えた畝を用意しておくと使いやすい。

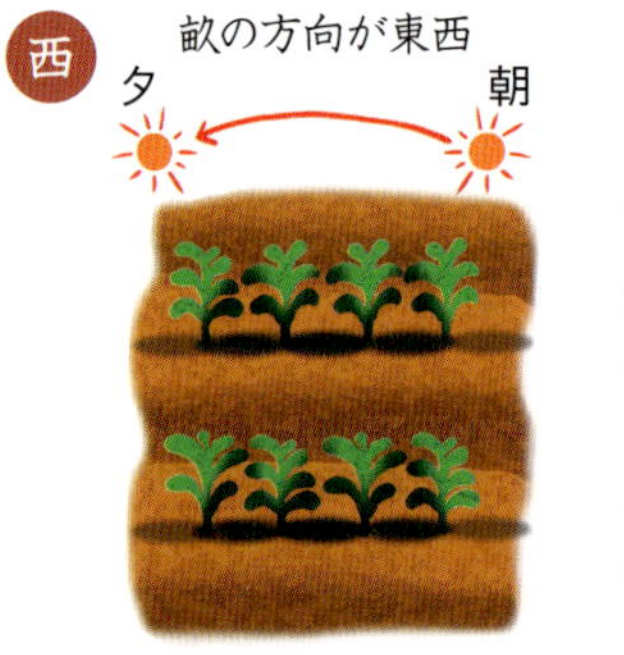

株の間は狭いので、隣の株を日陰にする。

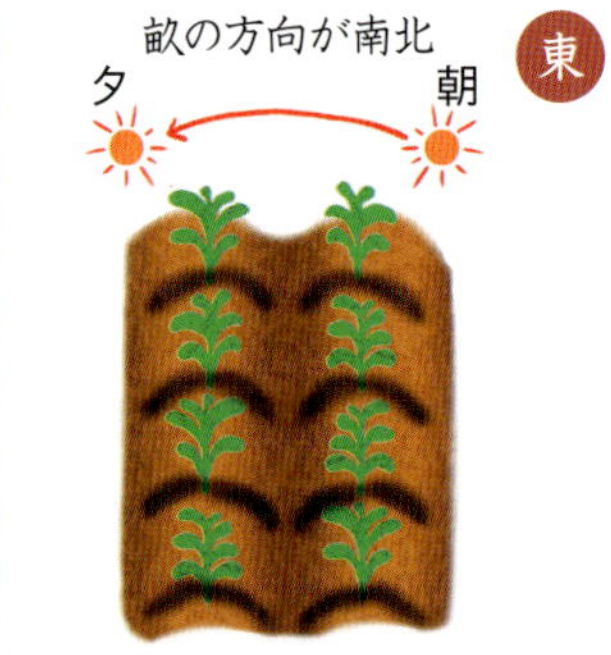

畝の間は広いので、隣の株を日陰にしない。

南北方向が基本

野菜の生育に太陽は欠かせないので、日当たりを優先して畝の方向を決める。南北方向だと太陽が昇ってから沈むまでまんべんなく陽が当たるが、東西だと特に朝夕に隣の株を日陰にしてしまう可能性がある。

実践　畝立てのやり方

ジャガイモ用の畝を立ててみよう

幅3mくらいの広い畝の中央に溝を切って、幅1.2mくらいの畝につくり替える。

❶スコップで溝を掘る

畝幅を決めて目安のロープを張り、スコップで切り込みを入れながら、溝を掘っていく。

❷溝の土を畝に上げる

溝を掘った土は左右の畝に上げる。固まっている土は鍬やスコップなどを使って、細かく崩しておく。

❸全体の形を整える

中央に掘った溝だけでなく、周囲の溝もまっすぐになるように修正する。

❹畝をかまぼこ状にする

スコップで掘った溝の角を削り、かまぼこ状になるように形を整える。土が足りない場合は周辺から運ぶ。

❺米ぬかと油かすを補う

米ぬかと油かすを半々にしたものを全面に振り撒く。作付けしない場合は、周囲の草を刈って被せておく。

ジャガイモの植え付け

約30cmの株間で深さ約5cmの穴を掘って植える。2列以上にする場合は条間を40～50cmにする。宿根草の根は取り除いておく。詳しくは42ページ参照。

切り分けたイモに芽が1～2つ残るようにする。

切り口が斜め下側になるように植え付ける。

自然農の道具選び

自然農では大型機械を使わない。のこぎり鎌・鍬・スコップがあれば、だれでも野菜をつくることができる。

スコップ

先のとがった剣スコップで、柄が木製のものが滑らなくていい。小さなスコップは能率が悪いので、一般的なサイズを選ぶ。

ふるい

竹を編んだものや金網を底にして枠を付けた道具。粒状のものを入れて揺り動かし、粒の大小によって選択・分離するためのもの。

箕《み》

収穫物を入れたり、運搬したり、穀物の選別などに使う。プラスチック製もあるが、昔ながらの竹製のほうが使いやすい。

鎌

のこぎり鎌が1本あれば、いろいろな作業ができる

刃がのこぎり状になっている鎌は土に差し込むなどの作業もでき、研がずに手軽に使える。ただし、鉄やステンレスはすぐに切れなくなるので、鋼のものを選ぼう。

作付け縄

直線に植えるときや畝や溝をまっすぐにするときに用いる。「田植え縄」や「木製糸巻き器」として市販されているが、自作も可。

鍬

刃の角度で用途が異なる。背面が平らなものを選ぶ

木の柄は約1.5mで、厚い鋼の刃が付いたものが最適。土の鎮圧に使うので背の部分に柄の突起がなく、平らなものがいい。刃の角度が60度くらいのものが万能に使える。

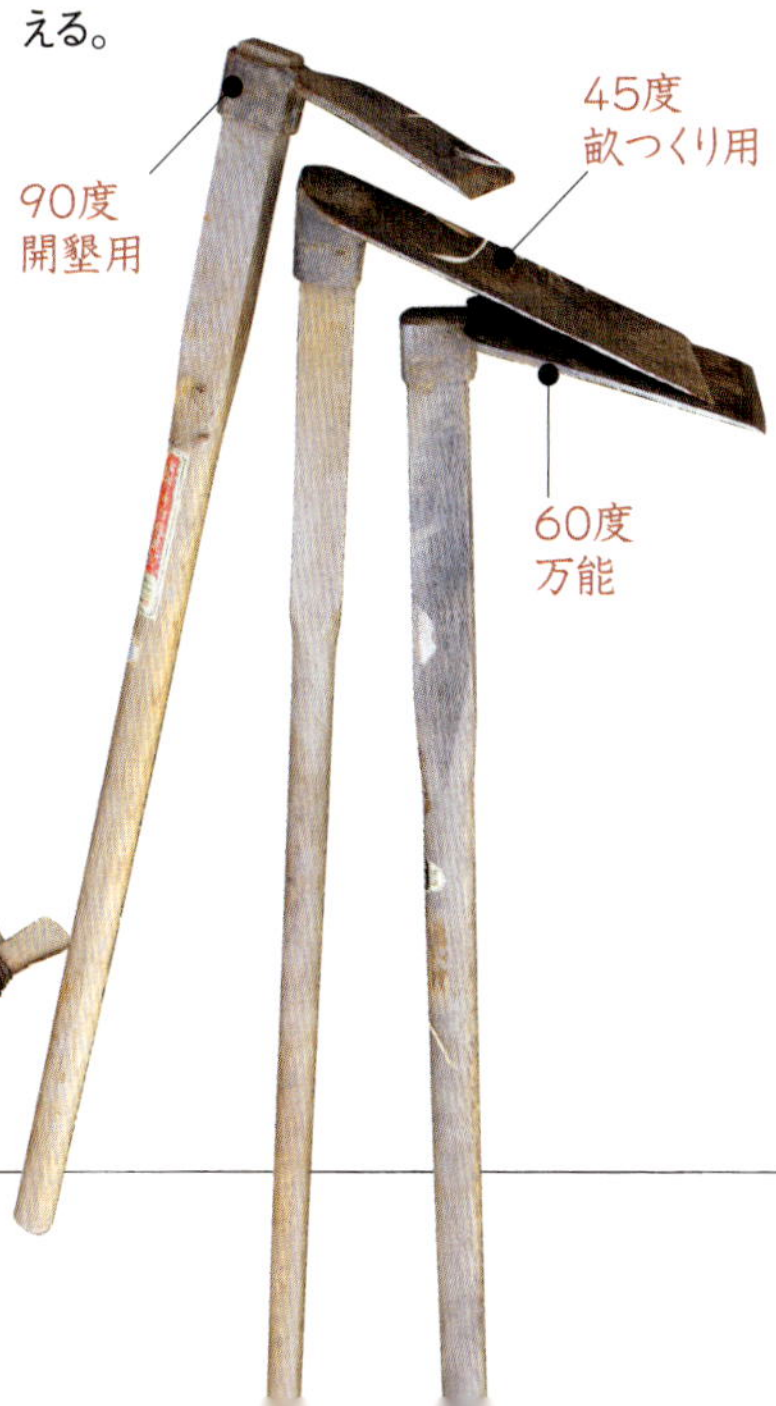

川口さんの畑の様子。元は田んぼだった場所なので、畝を高めにつくって排水を図っている。田んぼ側にはサトイモなど湿気を好む作物を植える。

作物選びのポイント 適地・適期栽培、連作障害

自然の営みに沿う自然農では 畑がどのような環境にあるか観察することが大事。野菜の品種選びと種蒔きの適期を意識しよう。

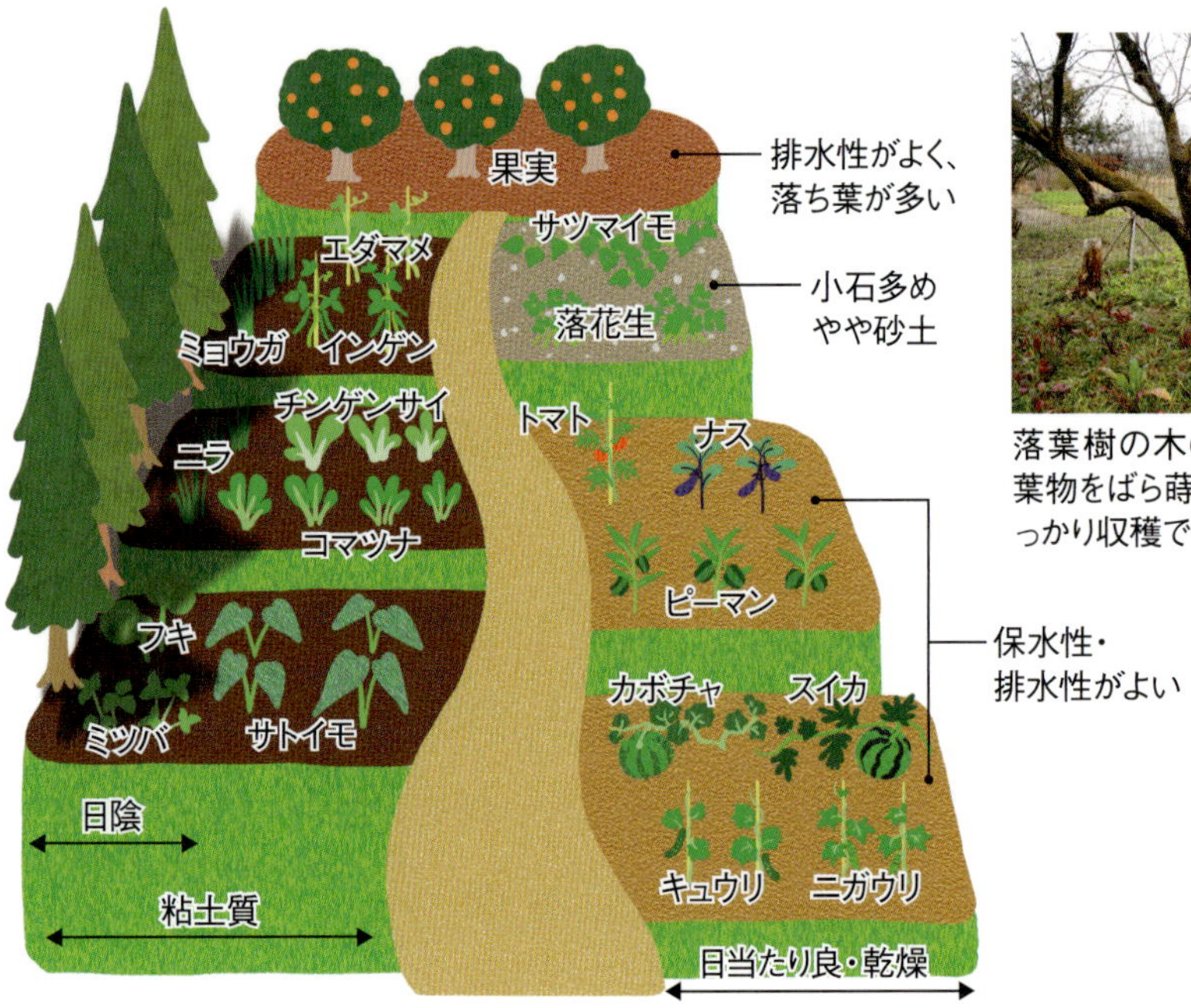

落葉樹の木の下に、カブ、ダイコン、葉物をばら蒔きすると、間引きながらしっかり収穫できる。

作物選びのポイント❶ 畑の個性と向き合う
自分が育てたい野菜より 畑が育てられる野菜が重要

畑を全面的に耕して肥料をすき込んで栽培する従来の方法は、畑が均一化されているので、野菜をつくりやすい。一方、耕さず、自然の営みに沿う自然農では、畑ごとに個性があり、同じ畝でも少し離れるだけでうまく育たないということもあり、その場所の環境をよく観察する必要がある。

「自然農だからできないという作物はありません。畑がまだその作物を育てられる状態になっていないだけなので、いのちの営みが豊かになるまでは、環境に応じて栽培する作物を選んでください」

それでも育てたいという場合は、米ぬか・油かす・草木灰などを必要最低限の量で補うとよいが、過ぎると病気や問題を招く。土が硬いときは、育てる周辺の土をほぐしておく。作物が育つ条件を整えてあげないと、芽が出ても生長しないことがある。生育途中の間引き作業も大切で、株ごとの間隔が狭いと生長が止まってしまうし、間引きをするのが遅れても、元気に生長していくことができない。

そして、正しい時期・適期に種を蒔かないと芽は出ない。それぞれの土地によって気候が異なるため、周辺の農家がいつどの野菜の種を蒔いているのか、あるいは苗を育てて移植しているのか、尋ねてみよう。適期を逃すと収穫時期がズレたり、実が大きく育たなかったり、暑さや寒さに負けたりすることがあるので注意したい。

川口さんが自家採種を続けているナバナ。ゴマを収穫したあとに、茎を残したまま植えている。夏の草は冬に枯れるので、うまく交替させる。

作物選びのポイント❷ 草の状態と畑の状態

畑の状態は生えている草を見ればわかる！

耕していた畑から自然農に切り替えたばかりのときや、荒廃農地をこれから使うときなど、今の畑がどんな状態になっているのか、そこに生えている草の姿を基準に考える。

例えば、草々が大きく育っている場合は、足元は豊かで養分がたくさんある。ただし、ススキやササのように強く勢いのある宿根性の多年草が生い茂っているときは、地をはって育つ作物や背の低い作物はすぐに草に覆われてしまうので、こまめに草を刈るか、あらかじめ背が高く育つ作物を選ぶようにする。

今まで耕して草を抜いていた畑の場合は、土がいったん硬くなり、草の種が少なくてなかなか草が生えてこないやせた状態になっている。最初の数年は育てられる作物の種類が限られるので、麦類・マメ類・イモ類などをつくり、少しずつ草が生えて、草や虫たちの生命活動が盛んになるのを待つ。

草があまり生えていないような畑では、必要に応じて土手の草を運んだり、米ぬかや油かすを補う。2〜3年経てば草の種類が増えて、硬い草から軟らかい草に変化する。そのような草の状態になれば、畝にも適度な湿り気が保たれて、どの作物でもつくりやすくなるはずだ。

草の状態で畑の状態を見極める

❶硬くて荒々しい草

日当たりがよくて乾燥しているところは、チガヤ・ススキなどのイネ科の植物やセイタカアワダチソウなどが目立つ。またササ、スギナ、牧草など単一の草が占拠していることもある。

❷軟らかくて優しい草

カラスノエンドウ、ハコベ、オオイヌノフグリ、ホトケノザ、ナズナなど一年草の種類が多くなり、適度な湿り気がある。豊かな畑の状態になっているので、どんな野菜でもつくれる。

❸湿り気を好む草

少し日陰で湿り気のあるところには、カラムシ、ドクダミ、ミゾソバ、ミツバなどが生える。このような場所には、ショウガ、フキ、サトイモなどが向く。

❹湿地に生える草

セリ、ガマ、ショウブ、ヨシなど、水田や湿地に生える草がある場合は、排水を図って畑に転換するとすぐに弱まる。そのまま使う場合は、レンコンやクワイなどが向く。

草丈が高い

草の背丈が高ければ足元は豊かな状態。養分を多く必要とするナス、タマネギ、キャベツ、ハクサイ、ブロッコリー、トウモロコシ、カボチャなどがよく育つ。逆に大豆などのマメ類は、養分過多になって、葉や茎が育ち過ぎて実が少なくなる。

草が少ない

草があまり生えていない畑はやせているので、ダイズやアズキなどのマメ類、サツマイモ・ジャガイモ・サトイモなどのイモ類、裸麦・ライ麦などの麦類がつくりやすい。開墾した当初は畝全体に腐葉土を振り撒いたり、土手の草を刈って運んでもよい。

草が生えない土地からどのように変化していくの？

耕している畑から自然農を始めると、最初は硬くて短い草が生える(荒々しい様子)が、耕さずに2〜3年つくっていると、次第に軟らかくて優しい草に変わってくる。草の種類が軟らかくなってくると、土中の空気の通りや水はけもよくなり、栽培しやすく、野菜も育ちやすくなる。

切り替えた当初はミミズも増えていくが、次第に減っていく。多様性に富んでいるのが自然な状態で、何か1種類だけ多いのは過渡期と思ってよい。

スギナ

やや酸性の乾燥した土を好み、新しく造成した土地などに最初に生える。スギナの地下茎が広がり、スギナ群落の外側にツクシが生える。カルシウムを大量に含んでいて、枯れるとそれが土に供給されて、酸性土壌を中和してくれる。

イネ科の草

コケやシダ類の次に生えてくる草で、湿気がない場所にはこれが最初に生えてくる。ネコブセンチュウを防ぐ役割もあり、土を豊かにしてくれる。株が大きくなるが、地下茎が横に広がっていかないので、地表部を刈っていれば次第に衰えていく。

作物選びのポイント③ 気候風土と品種

種蒔きの適期を見極め、健全に育つ在来品種を選ぶ

北海道から沖縄まで、同じ時期でも気候が異なる。春になって山の稜線に動物の姿が現れたら種蒔きの始まりといったように、それぞれの地域で種蒔きの目安がある。

苗を定植する時期も、遅くなると苗の葉が変色したり、弱々しくなる。それぞれの野菜、その土地の気候によって適期が異なるので、地元の農家などに聞いてみよう。

同じ野菜でも、早生・中生・晩生というように、生育期間が異なる品種がある。長い期間で収穫したい場合は、これらの品種を組み合わせたり、蒔く時期を少しずつずらしていく。

全国各地には古くから栽培されている伝統野菜がある。在来種は、その地に永年栽培され、その地の風土に適応した品種。固定種は、ほかと交雑しない安定した品種。

最初は在来種や固定種を購入したり、栽培している人から種を譲ってもらうといいだろう。在来種や固定種がなければ交配種やF1種でもかまわない。その畑で種を採り続けることで、野菜そのものがそれぞれの環境に少しずつ適応していく。自家採種した種は、市販の種と比べて発芽率もよく、健康によく育つ。

品種の性質を利用した栽培

早生《わせ》(そうせい) 種蒔きしてから収穫までの期間が短いもの。さらに早く開花したり収穫できたりする極早生という品種もある。

中生《なかて》 種蒔きしてから収穫までの期間が早生と晩生の中間のもの。一般的な時期に開花・収穫できる品種を指すことが多い。

晩生《おくて》(ばんせい) 種蒔きしてから収穫までの期間が長いもの。一般に早生より晩生のほうが収量は多いといわれている。

エダマメ・ダイズの栽培カレンダー

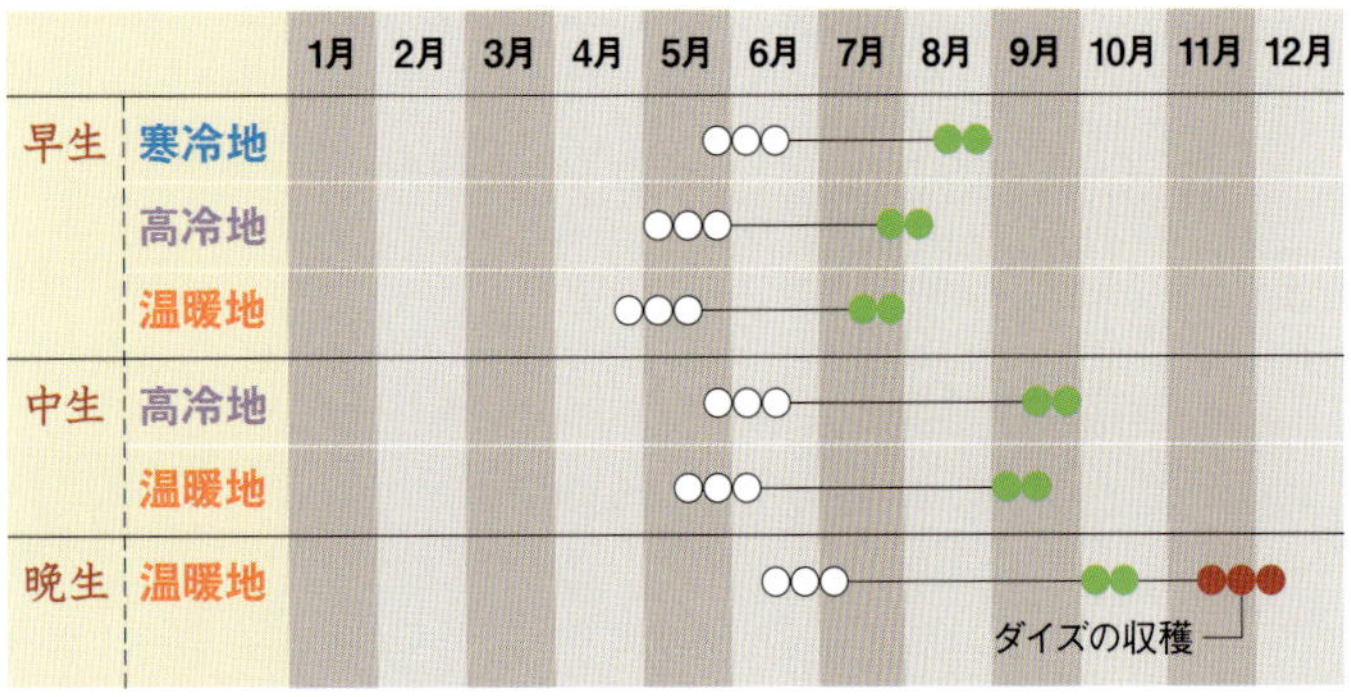

早生	幸福えだまめ、奥原、早生盆茶豆、早生大豊緑枝豆、トヨマサリ
中生	白鳥、だだ茶豆、中生三河島枝豆、えんれい大豆、鶴の子大豆
晩生	青入道、岩手みどり豆、丹波黒大豆、小糸在来、借金なし大豆

種の入手先

光郷城 畑懐《はふう》
〒430-0851 静岡県浜松市中区
向宿2-25-27(有)浜名農園
☎053-461-1472
http://ameblo.jp/hafuu-kougousei/

野口種苗
〒357-0067 埼玉県飯能市
小瀬戸192-1 ☎042-972-2478
http://noguchiseed.com/

たねの森
〒350-1252 埼玉県日高市清流117
☎042-982-5023
http://www.tanenomori.org/

公益財団法人 自然農法国際研究開発センター 農業試験場
〒390-1401 長野県松本市
波田5632-1 ☎0263-92-6800
http://www.janis.or.jp/users/infrc/
※頒布期間と種の量に限りがあります。

日本有機農業研究会
〒113-0033 東京都文京区
本郷3-17-12水島マンション 501
☎03-3818-3078
http://www.joaa.net/
※会員向けに種苗交換会をしています。

自然農専業農家・高橋浩昭さんの品種選び

同じ作物でも品質によって合う合わないがあります。私の住む静岡県沼津市では、ジャガイモは冷涼地向きの男爵やメークインよりも暖地向きのデジマやニシユタカが合っています。ネギは土寄せをしなくても分けつする品種を選んでいます。耕土が浅い畑では長根のダイコンではなく丸型品種を、ゴボウも短根品種を選べば、その条件のなかで実りをいただくことができます。

たかはし ひろあき●1960年生まれ。有機農産物の流通・販売を経て、1988年から自然農に取り組む。伊豆半島北東部にある1haの畑で50種類余りの野菜と数種類の果樹をつくる専業農家。

インゲン
つるありでは、「群馬尺五寸」(交配種)、秋口まで長期間収穫できる「越谷インゲン」、若いさやが軟らかい「モロッコインゲン」「平莢インゲン」「島村インゲン」。

キュウリ
春から初夏は立ちキュウリの「四葉」と「上高地」(交配)、夏から秋は台風対策を兼ねて地ばいキュウリの「霜知らず地這」「ときわ地這」「青長系地這」。

スイカ
黒外観の「南米スイカ」、縞なしの「旭大和西瓜」、小型で黄肉の「嘉宝西瓜」。

トマト
中玉の「メニーナ」「ボニータ」(いずれも交配種)、「アロイトマト」「ブラジルミニトマト」。

カボチャ
日本カボチャでは「富津黒皮」「鹿ヶ谷南瓜」、西洋カボチャでは「かちわり」(交配種)。

ニガウリ
「太れいし」「長れいし」(いずれも交配種)、「沖縄中長苦瓜」「沖縄あばし苦瓜」「沖縄純白ゴーヤー」「さつま大長苦瓜」。

オクラ
丸いさやの「エメラルド」、大型で軟らかい「八丈オクラ」、沖縄の「島オクラ」、歯応えがよく五角形の「五角オクラ」。

マクワウリ
愛知県の在来種で皮が濃黄色の「金俵」、甘味が強くてメロンのような香りの「甘露まくわ瓜」など地域の在来種。

自然界の不思議な仕組み

連作障害はなぜ起こる？

　同じ仲間の野菜を続けてつくると、病気にかかっているわけではないのに生育が悪くなる。例えばエンドウは根が変色し、根菜類は収量が落ち、ウリ類は土壌中の病原菌が増える。

　ある作物をつくるとその根の分泌物を好む特定の微生物が根の周りに増えて、次に同じ作物が植えられると、いっそう力を得て繁殖するようになる。このような現象を「忌地《いやち》」と呼ぶ。セイタカアワダチソウのように、毒素を出してほかの植物を抑えて繁茂するケースもあるが、繁り過ぎると自分が出した毒で「自家中毒」を起こして衰退していく。

　ただし、作物には順応性があり、種を蒔く時期や収穫時期などを含めて許容範囲が広いので、そんなに神経質にならなくていいのかもしれない。ダイズの根粒菌のように、うまく共生できるものもある。

　自然農では畑の中にたくさんのいのちが生息し、偏りがない状態なので、連作障害は出にくいと言われているが、念のために畝を1～5年ごとに移動していくようにする。

　こぼれ種で自然に発芽して立派に育っている姿を見ると、自然界は連作ができるのではないかと感じることもあるが、その畑で採種したものだからかもしれない。1～2年は平気でも、それを続けていると衰えてくるようだ。とはいえ決められたものを的確にやらないといけないと思うと、窮屈になってしまうので、変化を観察するくらいのつもりで楽しもう。

連作障害が起こるわけ

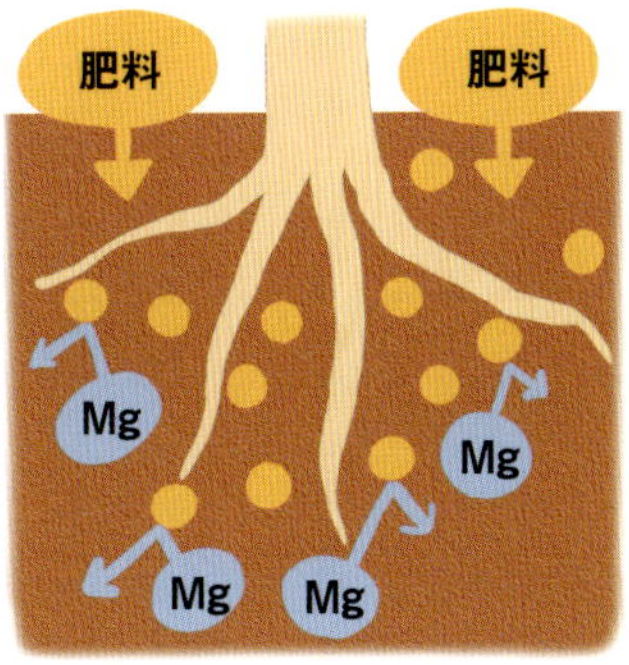

肥料分のバランスが悪化

収量が減り始めたからと肥料を多く投入すると、かえってカリウムなどの養分が過剰になり、マグネシウムの吸収を阻害することになってしまい、さらに育ちにくくなるという悪循環に陥る。

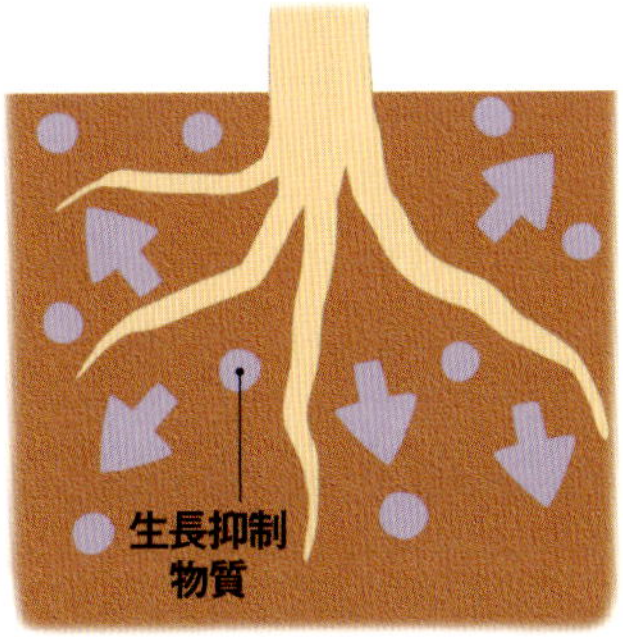

土壌微生物による影響

ある作物は、ほかの植物の生長を抑制する物質を根から放出する(アレロパシーの一種)。通常は作物自身が影響を受けることは少ないが、この物質の濃度が高くなると、作物自身の生育に悪影響を与えてしまう。

センチュウによる食害

センチュウは偏食なので、何回も連作をすることによって、つくっている作物を食べるのが得意なセンチュウが増えて、作物の根が食べられてしまう。つくる作物を変えると、違う作物には対応できずに、増えることはない。

輪作の方法

菜園を最低4つの区画Ⓐ～Ⓓに分けて、春から育てる作物をイネ科、ウリ科、マメ科、ナス科など科が重ならないように割り当てる。秋には春とは異なる科の作物を植える。翌年以降は、前年に区画Ⓐで実施した春秋の組み合わせをⒷで実施、という具合にずらしていく。連作できる野菜は区画を意識しなくてもいいが、それらも科目ごとの畝にしておくと輪作したときに混乱しない。

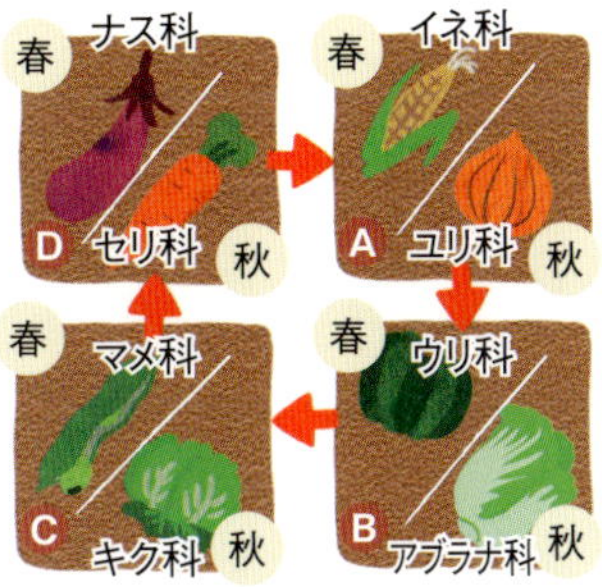

輪作が難しいときは混作する

同じ畝で2種類以上の作物を同時期に栽培する。組み合わせた作物が相互に補い合って、病虫害を防ぐ効果が知られている(コンパニオンプランツ)。株ごとに交互に植える場合と、背丈の高い作物と低い作物を組み合わせてつくる場合がある。

相性がいい作物の組み合わせ

トマト	アスパラガス、ニンニク、タマネギ、ナス、パセリ
ピーマン	つるなしインゲン、シソ
キュウリ	ニンニク、タマネギ、バジル
スイカ、メロン	ニンニク、ネギ、ニラ
トウモロコシ	ダイズやインゲンなどマメ科の野菜、キュウリ
エンドウ	ホウレンソウ、ニンジン
カボチャ	長ネギ、ニラ
キャベツ	レタス、トマト、セロリ
タマネギ	ニンジン
シュンギク	チンゲンサイ

連作障害を避ける輪作期間

●4～5年は空ける

トマト、ナス、ピーマン、キュウリ、ジャガイモ、スイカ、マクワウリ、エンドウ、サトイモ、ゴボウ

●2～3年は空ける

インゲン、ササゲ、ソラマメ、ダイズ、ユリ、ショウガ、ヤマノイモ、トウガン

●1年は空ける

カボチャ、ハクサイ、レタス、セロリ

●連作できる

カンピョウ、イチゴ、スイートコーン、オクラ、ネギ、タマネギ、シュンギク、パセリ、ワケギ、ニラ、ニンニク、ラッキョウ、キャベツ、ブロッコリー、葉物野菜、ホウレンソウ、ミツバ、ダイコン、カブ、ニンジン、サツマイモ、ゴマ、レンコン、クワイ、シソ

種蒔きの基本 その1
点蒔き

野菜ごとに種の蒔き方は異なる。同じ野菜でも畑の状態によって蒔き方が違うこともある。まずは点蒔きの方法を覚えよう。

野菜の種類に応じて株間を開ける。インゲンの場合は、株間30cmくらいで2〜3粒ずつ。

草が生い茂っている畝の上にロープを張って、インゲンの点蒔きの準備をする。

種を蒔く部分の草を円形に刈って、土が見える状態にする。刈った草はあとで被せるので横に置く。

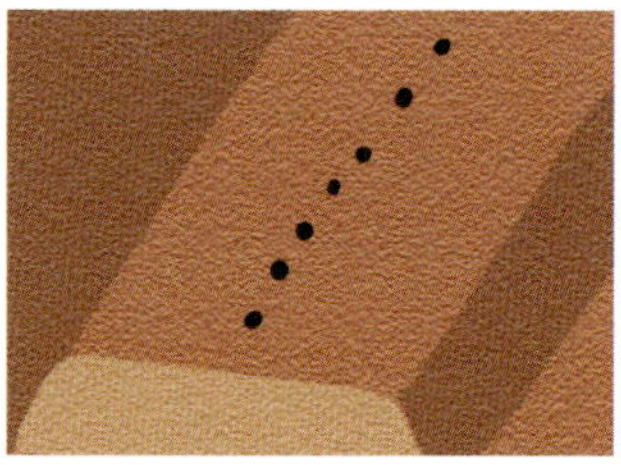

慣行農法の種蒔き

畑を全面的に耕して新しく畝をつくり直してから、種を蒔く。野菜以外の生き物は少なく、目的の野菜だけを育てることが中心。

自然農の種蒔き

収穫する野菜や、種を採るために残しておいた野菜の足元に、次の種を降ろすことができる。多様ないのちが存在する。

自然農における種蒔きとは
預かった種を適期に大地に戻し多くの実りを確実に得る

耕している畑で種を蒔くときは、前につくった作物の残り株やマルチ資材などを片付けて、トラクターで耕して肥料をすき込み、新たに畝を立てたり、種を蒔くための溝を掘ったりする。

ところが自然農の種蒔きは、収穫が続いている野菜の間や種を採るために残している株の足元に、種を降ろしたり苗を植え付けたりすることができる。放置されて草が生えている畑でも、すぐに始められるのが自然農のいいところだ。さらに、種が自然にこぼれて、またその場所で同じ野菜が育つことがある。これは耕していると絶対にできないことだろう。

川口さんは、種蒔きのことを「種を降ろす」と表現する。自然農の畑は、さまざまないのちが生きる場所で、そこに野菜の種をそっと降ろして、確実に育ってくれるようにという願いが込められている。

「野菜の種を採って保管し、それを適期に蒔くことで、多くの実りが確実に得られます。預かった種を、大地に、親の続きのところに戻すのです」

自然農の畑には、野菜だけでなく、たくさんの草や虫や小動物が生息している。耕さないので、その場で生死が巡り、亡骸《なきがら》(死体)が積み重なっていく。

買ってきた種を蒔いて収穫して食べるだけでなく、野菜のいのちの営みと、たくさんのいのちの歴史が重なっていることを実感できるのが、自然農の大きな魅力だろう。野菜を育てるという目的だけでなく、いのちの重なりを手助けする。そして、そこに自分も生かされていることに気づくのだ。

種蒔き前の準備

野菜の種を蒔く部分だけ草を刈り、表土を削って草の発芽を遅らせる

草の勢いが弱い秋から冬の時季は、草の上から種をばら蒔いて地表部の草を刈る方法があるが、多くの場合、種を降ろす場所の草を刈り、土の上に確実に種を降ろす。

畝に草が生えている場合、一度草を刈って横に置いておき、地表近くにある草の種を取り除くつもりで、鍬で表土を削ったり、のこぎり鎌で草の根を少し切るようにして、これから発芽する草のスタートを遅らせる。

宿根草がある場合は、地表部の草を刈ったあとで、のこぎり鎌を差し込んで根を切っておき、野菜の生育に邪魔になりそうな根は取り除いておく。

これらの準備は畝全体に行う必要はなく、種を蒔く部分のみでかまわない。ばら蒔きは蒔き床全体、すじ蒔きは鍬幅、点蒔きは小さな円の部分の範囲で、少していねいに草を刈る。

野菜の芽と草の芽が同時に出てくると、それを選別して取り除くのは困難だが、種蒔きのときのこの作業をしっかり行うと、あとの管理がしやすくなる。点蒔きの場合は、地表部を鍬で削って草の種を取り除くことはないが、野菜の芽の周囲に草が生えてもあとで刈りやすいので、神経質になる必要はない。

種を蒔くタイミングは、雨の降る前がいちばん向いている。雨のあとや草が露に濡れているようなときに種蒔きすると、湿った土が団子状に固まってしまって、通気性が悪くなり発芽しにくくなるので注意する。

蒔き床の整え方

❶鍬で表土を削る

草丈が高いときは地表部を一度刈ってから始める。鍬を使って表土を薄く削り取るようにして、2〜3cmの深さで軽く耕す。これから生える夏草の種を取り除くことが目的なので、なるべくていねいに行う。

❷平らにする

鍬先で軽く耕しても固まっていたり、団子状になっているときは、鍬の横やのこぎり鎌の背を使って細かく砕く。モグラの穴があったら埋めて、目についた宿根草の根は取り除いておく。

❸鎮圧する

種を蒔く場所に凹凸があると、土を被せたときに薄い部分と深い部分ができて、うまく発芽できないものが出てくるので、ほぐした土を鍬の背でたたいて平らに鎮圧する。鍬の背中が平らでないときは手で鎮圧してもよい。

畝の幅や条間を決めるときの目安

ダイコン

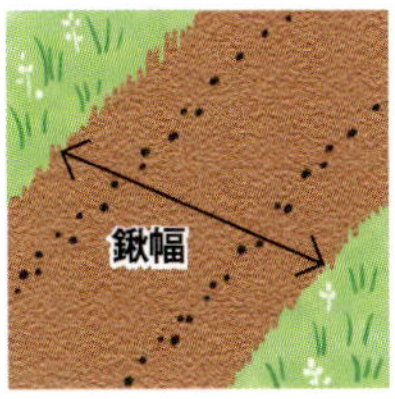

ダイコンやカブなどの根菜類は、鍬幅くらいに2条のすじ蒔きをして、間引き菜を食べながら間隔を調整し、最終的に1本に仕立てる。生長したときの株間が15〜20cmになるように点蒔きしてもいい。

ゴマ

ゴマの場合は、草の上から1mくらいの幅にばら蒔きしたあとで、地表部の草を刈る方法でもできるし、条間50cmで鍬幅にすじ蒔きしてもよい。本葉が触れ合わない程度に間引き、最後は20〜30cmの株間にする。

スイカ

スイカのほかに、カボチャ、地這いキュウリ、トウガン、マクワウリなど、つるを伸ばして大きくなるものは、幅2〜3mの畝に、株間を1〜2m空けて、1カ所に数粒ずつ点蒔きする。

シュンギク

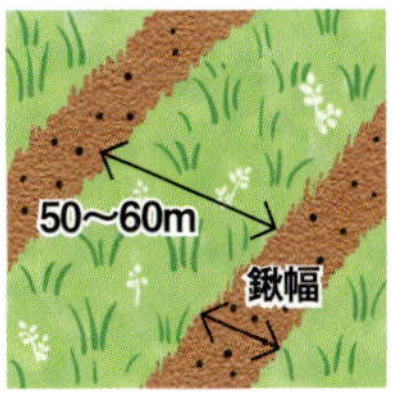

シュンギクやホウレンソウなどの葉物類は、一定幅の蒔き床にばら蒔きをして、間引き菜を食べながら育てるのがよい。条間50〜60cmで、鍬幅にばら蒔きするか、2条くらいのすじ蒔きにすると利用しやすい。

Q 種を蒔く量は何を目安にすればいいですか？

A 狭いスペースにたくさんの種を蒔き過ぎると、間引きするのも大変になることがあります。目的の野菜がどのように芽を出し、どんな形の葉が出て、何日くらいで生長していくのか、本などを参考にして、前もってイメージしておくといいでしょう。間引き菜を食べたい、間引きの手間を減らしたい、草管理との関係などを考慮して、葉物の場合は3〜5cmくらいの間隔を目安にします。

落葉樹の下に、秋にばら蒔きしたダイコン。間引き菜を食べながら、育ったものから収穫。

種蒔きの種類

畑の状態と野菜の性質で種蒔きの方法を使い分ける

種の降ろし方は、野菜の性質に合わせて、点蒔き・すじ蒔き・ばら蒔きに分けられる。この野菜にこの蒔き方と決まった方法はなく、畑の状態や草や虫の様子、季節によってどの蒔き方がいいのか考える。

種と種の間隔は、小さい種は生育がゆっくりなので、間隔が密になっても、多めの種降ろしでもよく、大きい種は早く生長するので間隔を離すほうがよい。芽が出たばかりで幼いときは同じものが群がっているほうが、草に負けずに元気に育ちやすい。ただそのままにしておくと弱々しくなってしまうので、ある程度の時期に間引く必要がある。点蒔きの場合でも、1カ所に1～2粒では草に負けやすい。

基本の蒔き方

点蒔き

間隔を開けて部分的に種を蒔く方法。キャベツやハクサイなどの大きく育つ野菜、トマトやナスなどの果菜類、ゴーヤーやサヤエンドウなど上につるを伸ばす野菜、トウモロコシなど背が高くなる野菜に向くほか、マメ類、イモ類、根菜類などにもよい。

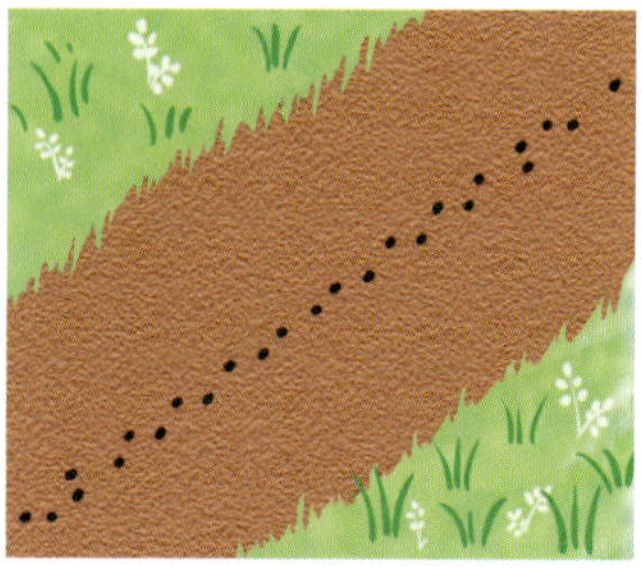

すじ蒔き

鍬幅ほどの部分にすじ状に種を蒔く方法。ホウレンソウ、シュンギク、ニンジン、ダイコンに向く。密生して育つものは鍬幅全体にばら蒔き、一般的な葉物は二条蒔き、種が大きくて生育が早く株が大きいものは一条蒔きにするなど、野菜の性質に応じて使い分ける。

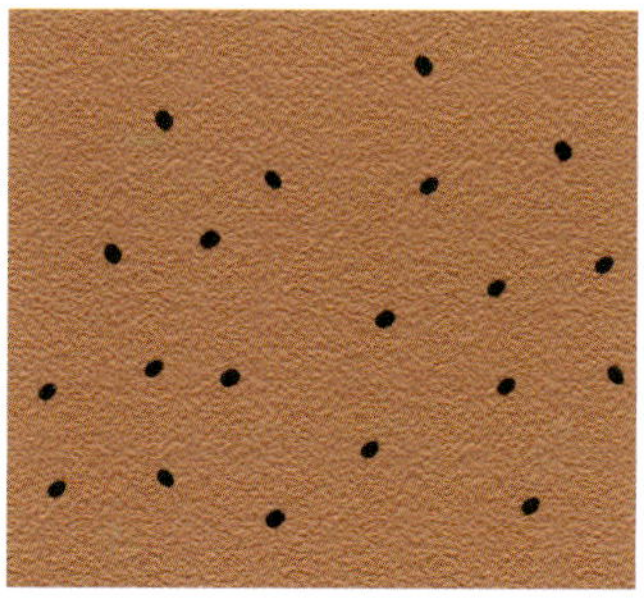

ばら蒔き

一定の面積に種をばら蒔く方法。 コマツナ、シュンギク、サニーレタスなどの葉物、ダイコン、カブなど、間引きながら食べられるものに向くほか、苗床で苗を育てるときにも用いる。草の勢いが弱い秋から春にかけて育つ野菜に適している。

実践　点蒔きの仕方

スイカの点蒔き

❶種を蒔く場所の草を刈る

株間1.5～2m、畝幅2～3mを目安に、のこぎり鎌を使って直径50cm程度に地表の草を刈る。種を蒔く場所の周囲の草はなるべく残しておく。

❷クラをつくる

ウリ類を育てるときは、平らな畝の中心にさらに土を盛り上げて「クラ」と呼ばれるベッドを用意する。溝や畝の土をスコップで掘り上げて、鍬を使って細かくほぐす。

❸鎮圧して平らにする

鍬の背中を使って、円形に鎮圧する。南側に少し傾斜させると日当たりがよくなって生育がいい。乾燥した畝の場合は、クラを高くしないで畝の高さのまま平らにする。

❹種を数粒ずつ置く

1カ所のクラに3～5粒ずつ、ていねいに種を点蒔きする。つるが伸び始めるころに、1カ所1本に間引きする。

ウリ類の種は大粒なので、縦に差したりしないで、種が平らになるように置く。

❺覆土する

指で埋める場合

土が柔らかくて乾燥している場合は、指先で1cmくらい押し込んで土に埋める。

土をかける場合

土が湿っている場合は、草の種が混じっていない乾いた覆土を用意して、手でほぐしながら被せる。

❻鎮圧する（湿っているときはしない）

土をかけた場合は、手の平で軽く鎮圧する。湿り気が多いときは壁土のように硬くなってしまうので、鎮圧はしないほうがいい。

❼草を被せる

土が乾燥しないように草を被せる。ウリバエが来ないように周囲の草は残しておく。梅雨時は湿り気がたまらないように草を刈り、日当たりと風通しを確保する。

種を蒔いたあとのケア

野菜の性質に応じて覆土の厚さや草の被せ方を変える

種を蒔いたあとは、覆土をして草を被せておく。ほとんどの種は光の影響を受けずに温度・湿度・酸素の条件が揃えば発芽するが、光によって発芽が促進される「好光性種子」と、光が当たると発芽が抑制される「嫌光性種子」がある。ニンジン、シュンギク、インゲン、レタス、カブなどは「好光性」なので、覆土は薄くして、草を被せて湿り気を保つ。カボチャ、トマト、ピーマン、スイカ、ダイズなどは「嫌光性」なので、種の厚さと同じ程度で覆土し、草を被せて湿り気を保つ。

いわゆる雑草と呼ばれる草は「好光性」が多く、表土を削ると発芽しやすい。草を被せて日光が当たらないようにしておくと、草が生えにくくなる。

覆土の仕方

覆土の厚さは、種の粒の大きさと同じくらいを目安にする。畝の端から鍬を差し込んで、畝間の深い部分の土を取り出す。表土には草の種が混じっているが、深い部分にはそれがないので、この土で覆土するのがポイント。横着して地表の土を使うと草に負けてしまう。

蒔き床の端に鍬を差し込んで広げ、草の種が混じっていない深い部分の土を手で掘る。

掘り出した土を手で細かくほぐしながら、全体が均一になるように覆土する。

草の被せ方

のこぎり鎌を使って、周囲に生えている青草を短く切って使う。

草の葉がバラバラになるように、均一に振り撒く。乾燥すると小さくなるので多めに。

周囲に生えている青草を短く切って被せる。茶色く枯れている草にはこれから発芽する種が混じっているので使わない。また青草を使うときも、地表ぎりぎりは夏草の種が混じっているので、先端に近い部分を刈って集める。土を裸にしないことで乾燥から守り、水やりの必要がなくなる。被せた草はその場で朽ちて、やがて養分になってくれる。野菜の性質によってかける草の厚さを調整する。

水やりについて

自然農は耕さないので「亡骸の層」に水分が保たれ、水をやる必要はない。ただし、種蒔きの時期が遅れた場合や、乾燥した日が続いているときは、一度だけたっぷりと水をやり、その後も晴天が長く続いて乾燥し過ぎた場合は、様子を見ながら水をやる。

柄杓やお椀を使ってさっと引きながら流すように優しく水をかける。ジョウロでも可。

鎮圧について

種を蒔いたあとに覆土をしてから、鍬の裏側で鎮圧する。ただし、土が湿っているときは団子状になってしまうので、草を被せたあとに軽く鎮圧する程度にする。

発芽に必要な条件

野菜の種が発芽するには、温度・湿度・酸素の3条件が揃う必要がある。適温は15～25℃くらい。硬い皮や殻で守られている種は乾燥した状態で眠っているので適度な湿り気が必要。また覆土が厚過ぎて酸素が届かないと発芽しないので、種の大きさと同じくらいの厚さを基本にする。光を好む種や苦手な種があるので、草を被せるときも、それぞれの種がどういう性質なのか考えながら対応しよう。

種蒔きの基本 その2 すじ蒔き、ばら蒔き

点蒔きに続いて、すじ蒔きとばら蒔きを覚えよう。ばら蒔きの仕方の粗放な方法とていねいな方法は、畑の状況によって、すじ蒔きにも応用できる。

種蒔きの基本の復習

いのちが連続する自然農の畑に次の野菜の種を降ろす

慣行農法の種蒔きは収穫したものをすべて片付けてから行うが、自然農の畑ではさまざまな野菜や草や虫たちが連続して生きているので、収穫中の野菜の足元に次の野菜の種を降ろすこともできるし、種採り用に一部の株を残したまま次の野菜をつくることもできる。

種の降ろし方は、点蒔き・すじ蒔き・ばら蒔きに分けられる。

この野菜にこの蒔き方と決まった方法はなく、畑の状態や草や虫の様子、季節によってどの蒔き方がいいのかを考える。

種を降ろす場所の草を刈り、土の上に確実に種を降ろすのが基本。秋から冬の時期は、ダイコンやカブなどのアブラナ科の野菜、レタスなどの葉物類などは、草の上から種をばら蒔いて地表部の草を刈る方法でも育つ。

ゴボウや麦などの裸の種や小さな種は、覆土が深すぎると発芽しないので、草の上にパラパラとばら蒔くだけでいい。種を降ろしたあと、草を根元から刈って被せておく。

すじ蒔きをするときは、種を指でつまんでひねるようにして、均一に広がるようによく見ながら行う。2〜3回に分けて蒔くようなつもりでていねいに。

どの蒔き方がどの野菜に向くか

点蒔き

種を蒔く場所だけ草を刈り、間隔を開けて種を数粒ずつ蒔く方法。前作の続きで種を蒔きやすい。

姿や株が大きく育つものに向く

大きく育つ野菜、果菜類、上につるを伸ばす野菜、背が高くなる野菜に向くほか、マメ類、イモ類、根菜類などにもよい。

すじ蒔き

鍬幅で草を刈って、すじ状に種を蒔く方法。鍬幅全体にばら蒔きしたり、2条にしたりする。

ほとんどの野菜で可能

密生して育つものは鍬幅全体にばら蒔き、葉物は2条蒔き、種が大きくて生育が早く株が大きいものは1条蒔きなど使い分ける。

ばら蒔き

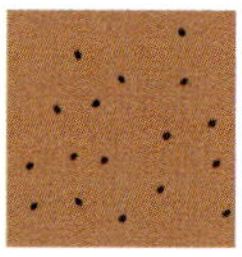

一定の面積に種をばら蒔く方法。草の勢いが弱い秋から春にかけて育つ野菜に適している。

間引き菜を利用する野菜に向く

コマツナ、シュンギク、サニーレタスなどの葉物、ダイコン、カブなど、間引きながら食べられるものに向く。苗床にも用いる。

実践　すじ蒔きの仕方
ニンジンのすじ蒔き

❶畝全体の草をざっと刈る
草の背丈が高いと作業がしにくいので、全体をざっと刈ってから始める。刈った草は最後に土の上に被せるので、畝の脇に置いておく。

❷ロープを張り、鍬幅の草を刈る
種を蒔く場所がまっすぐになるように目印のためのロープを張り、鍬幅より少し広めの幅で、ていねいに草を刈っていく。刈った草は脇に置く。

❸鍬で表土を削り、土をほぐす
鍬を使って2〜3cmの深さで軽く耕し、宿根草があるときは根を取り除く。土が固まっている場合は鍬の横やのこぎり鎌でたたいてほぐしておく。

❹鎮圧する
鍬の裏側を使って鎮圧する。裏が出っ張っていたり凹んでいたりする鍬は適さないので、手のひらでたたいて押さえる。

Point

種を蒔く場所が凸凹になっていると、覆土の厚さにばらつきが出て発芽率が悪くなるので、鍬の裏側や手で平らにしておく。

❺種を蒔く
すじ蒔きをするときは、種を指でつまんで、ひねるようにしながら動かしていく。一度に適量を蒔けなくても、慌てない。2〜3回に分けてていねいに作業する。

❻覆土用の土を取る
蒔き床の端に鍬を斜めに差し込んで、すき間を広げるようにする。

Point

草の種が混じっていない深い部分の土を覆土に使う。表土を使うと、同時に芽吹いた草の管理が大変になるので、必ず深い部分の土を使うこと。

❼覆土する
手のひらでこするようにしながら、全体に均一に覆土する。土が湿っている場合は壁土のように硬くなってしまうので、乾いた土を用意するとよい。ニンジンは種が小さいので薄めに覆土する。

❽鎮圧する
種を蒔いて覆土したあと、鍬の裏側を使ってもう一度鎮圧する。全体が湿っているときは、ここで鎮圧すると固まってしまうので、草を被せたあとに軽く鎮圧するほうがよい。

❾草を被せる
最初に刈っておいた草や、周囲の草を短く切って被せる。茶色く枯れている草はこれから発芽する種が混じっているので使わない。できれば青草の先端に近い部分を集めておくとよい。

❿米ぬかを補う
米ぬかと油かすを半々の割合で混ぜたものを、条間または条横の草の上に振り撒く。種を蒔いた上に補うと虫が寄ってきたり生育が悪くなったりするので注意する。

⓫たたいて落ち着かせる
草の上にかかった米ぬかと油かすが地面に落ちるように、のこぎり鎌などを使って上からたたいて落ち着かせる。

実践　ばら蒔きの仕方

サニーレタスのばら蒔き
（粗放な方法）

❶全体の草を軽く刈る

ばら蒔きの幅を決めてその部分の草を刈る。種が土に落ちるように、背の高い草などを全体に刈る。地表部に草が少し残っていてもかまわない。

❷蒔き幅の目安になる棒を置く
種を上からばら蒔くので、蒔き幅の目安になるように、両側に棒を置くとよい。

❸種をばら蒔く
種を手のひらに持って、指の間からこぼれるように手を動かして、種が均一に落ちるようにする。一度にやろうとしないで、何度かに分けてやるつもりで。

❹草をていねいに刈って種を落ち着かせる
地表に残っている草を刈って、種を落ち着かせる。この作業は除草のほかに種の覆土を兼ねている。この段階でていねいに草を刈っておくことがポイント。

❺草を被せる
周囲に生えている青草を10cmほどに切り揃えて、土が見えなくなる程度に被せておく。地表ぎりぎりで草を刈ると、夏草の種が混じるので、青草の先端を使うようにする。

❻鎮圧する
種を蒔いたあとに草を刈ったことで土が凸凹になっているので、鍬の裏側を使ってしっかり鎮圧する。

ばら蒔きの仕方

シュンギクのばら蒔き
（ていねいな方法）

❶草を刈って表土を削る
ばら蒔きをする場所の幅を決めて目安のロープを張り、その部分の草を刈る。生えている草と夏草の種を取り除くように鍬で表土を削り、2〜3cmの深さで軽く耕す。

❷土をほぐす

鍬で軽く耕しても固まっている土は、鍬の背やのこぎり鎌の背を使って細かくほぐす。モグラの穴があったら埋めておく。

❸宿根草の根を取り除く
宿根草の根があったら、できるだけていねいに取り除く。種を蒔く前に、平らになるように鎮圧しておく。

❹種をばら蒔く

種を手のひらに持って、指の間からこぼれるように手を動かして、種が均一に落ちるようにする。一度にやろうとしないで、何度かに分けてやるつもりで。

❺覆土し、鎮圧する

蒔き床の端に鍬を差し込んで深い部分の土を取り出し、覆土に使う。覆土したあと、鍬の背中を使って鎮圧する。

❻草を被せる

周囲に生えている青草を短く切って被せる。地表ぎりぎりは夏草の種が混じっているので、地表のやや上の青い草を刈って使う。

Q「粗放な方法」と「ていねいな方法」はどのように使い分けるのですか？

A「粗放な方法」は、秋から冬にかけて、草の勢いが弱いときに向きます。背が高く育つ作物は草に負けにくいので、粗放な方法でもかまいません。「ていねいな方法」は、背の低い作物や春蒔きの野菜に向きます。春から夏にかけては草の勢いがあるので、表土を削って草の種を取り除き、モグラの穴をチェックしたり、宿根草の根を取り除いてから種を蒔いてください。

野菜によって苗をつくって移植する
「直蒔き」と「苗床」の使い分け

トウモロコシなど背が高く育つもの、つるありインゲンのようなつる性のもの、ゴボウ・ダイコン・ニンジンなど直根の場合は、直蒔きが向く。直蒔きのほうが、畑の環境に適応して元気に育つことが多い。

一方、タマネギやネギなど狭い株間で植える野菜は、直蒔きをすると草の管理が大変なので、苗を育ててから定植する。キャベツ・ブロッコリー・カリフラワーのように株が大きく育つものも苗をつくって移植するが、直蒔きでも栽培できる。

今育っている野菜の生育や収穫時期と、次に蒔きたい野菜の種の蒔き時が重なるときは、直蒔きではなく苗を育ててから移植する方法を選ぶ。

直蒔き

畑の環境に応じて生長するので、元気よく育つ場合が多い。苗床から移植する手間がなく、移植遅れによる生育障害の心配もない。

苗床で育苗して移植

幼い時期は群がったほうが元気よく育ち、移植の際に根を切るとたくましく育つ性質があるが、移植の適期を逃すとあとの生育が大きく損ねられる。

自家採種と市販の種の違い

最近の市販の種は「種子消毒」と称して、不自然な色の農薬がコーティングされている。種の病気や鳥や虫による食害を防ぎ、蒔いたときに見えやすくするために行われているが、できれば無消毒の種を買うか、自家採種をしたい。また市販の種の袋には「発芽率」が表記されている。これは何%が正常に発芽するかを示す数値で、採種年月から保管期間が長くなるにつれて発芽率は落ちる。自家採種したものは市販の種と比べて発芽率がよく、健全な姿で育つ。

市販のつるなしインゲンの種。青緑色に着色した農薬でコーティングされて、見た目も派手。

野菜の種の蒔き方の目安

◎最適　○適している　△可能

	野菜名	蒔き方			栽培メモ
		点蒔き	すじ蒔き	ばら蒔き	
果菜	立ちキュウリ	◎			条間1m、株間50cmで1カ所に2〜4粒ずつ蒔く。直蒔き・育苗可
	カボチャ	◎			畝幅3〜4m、株間1〜2mで1カ所に2〜3粒ずつ蒔く。直蒔き・育苗可
	ゴーヤ	◎			条間1m、株間40〜50cmで1カ所に2〜3粒ずつ蒔く
	ナス	◎			苗をつくってから、条間1m、株間60cmで移植するのが一般的
	トマト	◎			条間1m、株間50cmで1カ所に4〜5粒ずつ蒔く。直蒔き・育苗可
	トウモロコシ	◎			条間60cm、株間30cmで1カ所に2〜3粒ずつ蒔く
葉茎菜	ハクサイ	◎	○		条間60cm、株間40〜50cmで、1カ所に5〜10粒ずつ蒔く。直蒔き・育苗可
	キャベツ	◎	○		条間60cm、株間30〜40cmで、1カ所に5〜6粒ずつ蒔く。直蒔き・育苗可
	ミズナ		◎	△	条間50〜60cmで、鍬幅に2条すじ蒔きが基本。秋蒔きなのでばら蒔きでも可
	ホウレンソウ		◎	○	条間50〜60cmで、鍬幅にすじ蒔きが基本。春蒔きよりも秋蒔きのほうが育てやすい
	ブロッコリー	◎			真夏に種を降ろすので、苗をつくってから、株間50〜60cmで移植するのが一般的
根菜	タマネギ		◎	△	苗をつくり、20〜30cmになったら、条間25cm、株間10〜15cmで移植する
	ダイコン	○	◎	△	条間60cm、株間30〜40cmを目安に点蒔きするか、3〜5cm間隔ですじ蒔きする
	ニンジン		◎		条間50〜60cmで、鍬幅にすじ蒔きする。密にしたほうが育ちやすいので多めに蒔く
	カブ		◎	△	条間50〜60cmで、鍬幅にすじ蒔きする。種が小さいので蒔きすぎないようにする
	ジャガイモ	◎			条間60cm、株間30cm、種イモの倍くらいの深さで植えつける
	サトイモ	◎			条間90cm、株間60cmで、イモの芽が地上10〜20cmほど出るように植えつける
	サツマイモ	◎			条間60〜90cm、株間30cmで、芽を上にして5cmの深さに植えつける
豆類	サヤエンドウ	◎			条間1.5〜2m、株間30cmで、1カ所に2〜3粒ずつ蒔く
	インゲン	◎			条間1m、株間30cmで、1カ所に2〜3粒ずつ蒔く
	ソラマメ	◎			条間1m、株間30cmで、1カ所に2粒ずつ、寝かせるように1〜2cmの深さに植える
	エダマメ	◎			条間60cm、株間30cmで、1カ所に2〜3粒ずつ蒔く
	ササゲ	◎			条間1m、株間30cmで、1カ所に2〜3粒ずつ蒔く

草管理、間引きの方法

草が生えるままにしていると野菜が育たないので成長に応じた草管理が必要となる。間引き野菜も収穫の楽しみにしよう。

自然農は土を裸にしないことが大事。草を刈るときは地表部のみで、根はそのまま残して朽ちさせる。

「草を敵にしない」とは?

自然に任せればその場に適した草が生え、土地を豊かにする

慣行農法では除草剤を使い、有機農法では機械や手で草を取るという違いはあるものの、一般の農業は草を取り除くことから始まる。一方、自然農は草が生えないと始まらない。

耕していた畑から自然農に切り替えると「草が少ない」「草が足りない」と感じるようになるはずだ。種を蒔いたり苗を植えたりしたあとで土が乾燥しないように草を被せようと思っても、畑に草がないとそれができないので、ほかの場所から草を持ち込まなければならない。

耕さなければ、自然は自ずから豊かになっていく。耕していた畑を自然農に切り替えると、最初の2〜3年は硬くて短い草が生え、次第に軟らかい草に変わっていく。草の種類に善悪はなく、いわゆる「雑草」も存在しない。すべて必要に応じてその場所に生えてくるのだ。

そして草が小動物を生かし、小動物が作物や草を生かして、一体の営みをしている。たくさんのいのちが畑を舞台に生死を巡らせ、積み重なっていき、次のいのちの糧になる。すべてが欠かせない存在なのだ。

慣行農法

畑には野菜しかなく、草は抜くのが基本。乾燥を防ぐマルチ、水やり、虫避けの防虫剤、肥料分などが必要になる。

自然農

野菜のほかに草が生えているので、湿度が保たれて水やりの必要がない。虫は野菜と草に分散され、刈った草は栄養になる。

草の役割

土の乾燥を防ぐ

土の表面が裸になっていると乾燥しやすいので、刈った草をその場に敷いて乾燥を防ぐ。

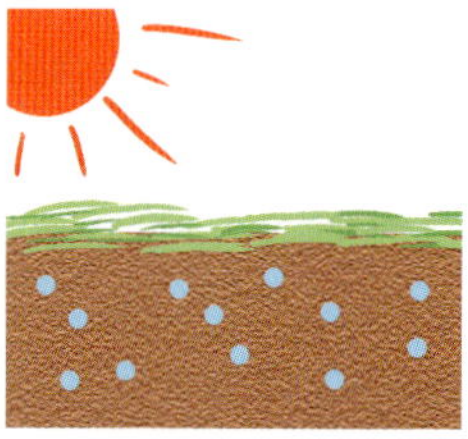

虫の集中を防ぐ

周囲に草があることで、虫が野菜に集中するのを防ぐ。野菜より草が好きな虫も多い。

土を豊かにする

刈った草をその場に敷いておくと養分となるし、草の根が地中から養分を集めてくれる。

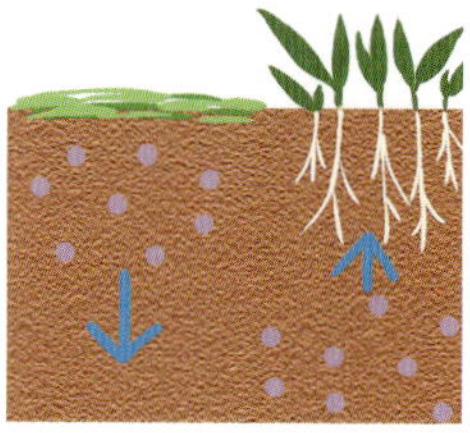

左手の親指が下になるように草をつかみ、右手ののこぎり鎌を引くように地表部を刈る。

草管理のポイント

なるべく刈らずに、草の一生をまっとうさせる

そこに生えている草は理由があって存在しているので、必要がなくなれば違う草に入れ替わるのが、自然な状態。草は自由に葉を茂らせ地中に根を伸ばし、空気中や地中から栄養を集め、その場で朽ちて、いのちを増やす営みをしている。だから、草はなるべく刈らずに、できるだけ草の一生をまっとうさせてやることが大事。

でも野菜が育つのに必要な最低限の除草は行う。野菜の生育を見極め、残すところを考える。

作物が幼いときや草に負けてしまいそうなときは、作物の周囲の草を刈る。梅雨から夏にかけて、日当たりや風通しが悪くなるときも一定の範囲を刈る。ササのような宿根草は芽が出たらすぐ刈るようにしていると、次第に地中の根もそのまま朽ちていくようになる。畑が乾いているときは草を残したり、湿っているときは広範囲に刈ったりする。

草を刈る場合は、なるべく環境の変化を最小限にする。畝全体を一気に刈ってしまうと、そこで生きている小動物や虫たちの行き場がなくなり、バランスが崩れてしまうので、日数をあけて株の片側ずつ刈ったり、1列おきに刈るようにする。

草は地面ぎりぎりで刈るのが基本だが、草の勢いがあっても、夏草と冬草が交代する時期はそのままにして、刈らずに倒すだけでもいい。

草の種類や生長の具合、そのときの季節や天候によってどう対処するか変わるので、野菜の性質と合わせて、最善の方法を考える。草の元気がなくなってきたら、作付けを少し休んで草が茂るまま放置して、草の力を借りて地力を回復させる。

草管理の例

倒すだけ
夏草と冬草が交代する時期は、刈らずにそのまま倒すだけでもよい。草の一生もまっとうさせてやる。

株の周りだけ
ウリ科は周囲に草がないとウリバエが来るので、作物の生長に合わせ、日当たりや風通しを考慮して草を刈る。

片側ずつ
作物の両側の草を一気に刈ると、小動物や虫たちのすみかがなくなるので、2週間くらいあけて片側ずつ刈る。

Q 週末菜園をやっています。夏場は草の勢いがすごいので、一気に刈っても平気ですか？

A 1週間くらいだとそれほど草が伸びないので、種を蒔く畝だけ草を刈り、翌週に隣の畝の草を刈ってというように、順番に時期をずらしていくといいでしょう。種蒔きの時期をずらしていくことで、草刈りのタイミングもずれるので、全体の作業が楽になります。夏場は2週間、それ以外で1カ月近く行けないときは、一気に刈るケースもあります。

キャベツが草に埋もれて日当たりや風通しが悪くなっている。株の周囲と片側の草を刈り、あとでもう片側を刈る。

野菜の生長に合わせて手を貸す

乳児期
芽吹いたばかりの状態は、生まれたての赤ん坊と同じ。気候の変化や、虫や鳥による被害に遭わないようなるべく目を離さずに、必要なことには手を貸してやる。

幼年期
少し手が離れて、心配することは少ない。ただし、生長に必要な栄養が足りているか、手の貸し方は合っているか、作物の状態をしっかり観察することが大事。

青年期
幼年期を過ぎて作物の背丈がしっかり育てば、ほとんど手がかからなくなる。足元に草があるほうが、土が乾燥しないし、虫が作物につくこともない。

苗が幼いときは草の根ごと抜く
芽が出たばかりの幼いときや、苗を植えたときは、株元の草をていねいに刈る。小さい草は根ごと手で抜く。

生長したら根を残して刈る
草の根を残して、地面ぎりぎりで刈るのが基本。草が低くて野菜が上に育つものならそのままでも問題ない。

間引きのポイント

幼いときは競い合って元気に育つ。生育途中は間引き菜を味わおう

作物が幼いときには集団の中で少し密の状態で育てるほうがいいので、種を降ろすときには厚めに蒔き、生長に合わせて元気なものを残して間引く。

均一に種を蒔いても発芽しないものもあるので、間引きで全体を調整していく。種を厚く蒔くと草管理の手間が少ないが、そのぶん間引き作業が増える。逆に種を薄く蒔けば間引きの手間は少なくなるが、野菜の芽がない場所に草が生えやすいので、除草の手間がかかる。どの作業を優先するか、間引き菜をどのように活用していくのかを考えて決めていく。

間引きする基準は、育つのに適した距離、密度を保つこと。生長とともにひとつひとつが大きくなるので、混み合ったところやひょろひょろと徒長したものから徐々に間引く。最初は葉が重なる程度の密度にして、次に葉と葉が触れ合う程度の距離を保つ。何度かに分けて少しずつ間引きするつもりで、最終的にその作物に合った株間にする。作物によって、間引きして移植できるものもある。

間引きの方法は、株ごと根を抜く場合と、根元をのこぎり鎌やハサミで切って根は残す場合がある。ダイコン、ニンジン、ゴボウ、カブなどの根菜類は、根が地中にまっすぐ伸びるので、すっと抜ける。そのほかの野菜は、横方向に根が広がっているので、根ごと引き抜くと残しておきたい株の根を損ねるので、地上部だけ刈るようにする。

果菜類と豆類を除いて、ほとんどの野菜は、間引き菜として食べることができる。若々しくて生命力にあふれる葉や、ミニサイズのダイコンやニンジンなど、間引き菜の味も楽しみたい。

葉物類やダイコンを畝全体にばら蒔きしてある。葉が重なっていたり、混み合っているところを間引く。

ダイコンの間引き。片方の手で押さえ、隣の株の根を傷めないようにする。葉が周りと絡まっているので、一緒に抜かないように。

シュンギクの間引き。ギザギザの本葉が2枚以上出てきたら、隣の葉と重ならないような間隔で間引く。

間引きの方法

根元で刈る

根菜類を除く野菜は横に根を張り、そのまま抜くと残す株の根を損ねるので、地表部で刈る。

根ごと抜く

ダイコン、ニンジン、ゴボウ、カブなど、地中に根をまっすぐ伸ばす根菜類は、根ごと引き抜く。

Q 間引きに手間がかかるので、何かいい方法はありませんか？

A すじ蒔きやばら蒔きをする野菜は、幼いときには群がっていたほうが競い合って元気に育つので、種を多めに蒔いて間引くようにするとよいのですが、ダイコンやニンジンなどは株間に応じて数粒ずつ点蒔きすれば、間引きの手間は省けます。ただそのぶん株の間の草刈りが必要です。間引くのを手間ととらえるのではなく、「間引き菜を収穫する」と考えてはいかがでしょうか。

間引きのタイミング

幼いときは密に育てる

芽が出た幼いときは密になっている状態のほうが、元気に育つので、種を多めに蒔き、生長に合わせて間引く。

混み合ったところから徐々に

隣と葉が触れ合うようになったら間引くのが基本。間引き過ぎてスペースができると、草が生えてくるので注意。

作物に合った株間に

背丈が大きくなったころ、作物の性質に合った株間にする。ここまで育てば、足元に草があっても問題ない。

❸刈った草は その場に敷く

梅雨の時期に周囲の草が多いと風通しが悪くなり、湿度が高くなるので、6月ごろにはこのくらい広々とさせておく。刈った草はその場に敷いておく。

Point

刈った草の外側は草を残しておく

ウリ類は草がないとウリバエが来て葉を食べてしまうので、生長に合わせて草を刈り、周囲の草は刈らずに残しておくのがポイント。

❹約1カ月後、つるが伸びる方向だけ刈る

さらに大きく育ってきたら、つるが伸びる方向だけ刈る。カボチャはほかのウリ類のように摘芯の必要はなく、伸びるに任せる。つるの下の草を刈って敷き、実が傷まないようにする。

実践　点蒔きの管理

カボチャの除草と間引き

❶間引いて1本にする

1カ所に種を3粒ずつ直蒔きした場合、種蒔き後は30㎝くらい草の空間をつくり、周囲の草は残しておく。本葉が2～4枚になったら3本のうちいちばん元気な株を残して2本は刈る。育苗した場合は、本葉が2～4枚になったころに定植する。

❷生長に合わせて周囲の草を刈る

本葉が3～4枚になったら、周囲の草をさらに刈って、日当たりをよくする。株から半径1mくらいの範囲を目安にして、株の周囲を回る感じで刈っていく。

種採り用の畝の手入れ

秋に蒔いたニンジンを収穫しないで置いておくと、6月ごろに花が咲く。種採り用に残した株の周囲の草を刈る。

ニンジンの株の足元の草だけ刈って、その外側は残しておく。

実践　すじ蒔きの管理

ニンジンの除草と間引き

❶周囲の草を刈る

秋にニンジンの種を蒔くと、12月ごろにはニンジンの葉が大きく育ってくる。ニンジンの葉が草に負けそうになっているので、周囲の草を刈る。

❷外側の草を刈り、少しずつ間引く

種を蒔いた部分はニンジンが密になって芽を出していて間引きがしにくいので、まず外側の畝の草を刈り、そのあとで外側のニンジンから少しずつ間引いていく。

❸最終的に5～10㎝の株間にする

ニンジンは鍬幅にばら蒔きをしたので密になっている。混み合っているところを何度かに分けて少しずつ間引き、最終的に5～10㎝の株間で揃えるようにする。

育苗の方法、温床のつくり方

畑に種を直接降ろすのが基本だが、野菜の種類やその土地の気候によっては苗をつくってから定植する方法を選ぼう。

自然農における育苗とは?

気候に応じて苗を育てることで確実に実りを得ることができる

野菜をつくるときは、その土地の気象条件に合わせる必要がある。野菜には、春から夏にかけて育つものと、秋から冬にかけて育つものがある。暑い時期に育つ夏野菜の種を蒔くときに気温が低い場合は、畑に直蒔きしてもうまく発芽しないので、別の場所で苗を育ててから、畑に移植する。

自然の営みに沿うのが「自然農」の基本だが、野菜を栽培して自分の食糧を確保するのが目的なので、確実に実りを得られるように、自然界の理《ことわり》から外れない範囲で工夫する。気温が低くて発芽しないときは保温して苗の生育を助ける。保温のために覆った場合は雨が入らないので、必要に応じて水をやる。

ほとんどの野菜は、畑に直接種を降ろし、その場所で生長して、収穫時期を迎えたあと、種を結んで一生を終えるが、野菜によっては、初期の一定期間は別の場所で育苗し、幼い時期を過ぎたころに畑に移植したほうがいいものがある。

基本的に、畑の一画で苗を育てたほうが、その環境に応じた生命力のある苗ができる。寒い地域ではハウスや踏み込み温床を利用することもあるが、その場合も、なるべく自然界にあるものを利用する。育苗用のポリポットや加温用のビニールなどは、できれば使用しない。

苗床を用意する場合は、畑の土をふるいにかけて、腐葉土と混ぜて育苗用の土を用意する。腐葉土は、近くに山があればそこから運ぶ。もしくは、果樹の足元には落ち葉の腐葉土があるのでそれを用いる。苗床の土に養分が足りなければ、種を蒔いて発芽後、少ししてから、米ぬかや油かすを補う。

苗床をつくるために、草の種が含まれている表土を鍬で削る。

畑の一角につくった苗床で育苗すると、その場所に適した健康な苗ができる。

苗床にする場所は地表部を削って草の種を除き、野菜が草に負けないように手を貸す。

育苗の方法

畑の一画に苗床をつくるのが基本 地温が低い場合は温床を用意する

苗は、露地でつくる場合と、ハウスや温床でつくる場合とがある。自然農では、畑の一画に苗床を用意して、そこで苗を育てるのが基本。寒冷地や高冷地で2月~3月に夏野菜の栽培を始めたいときや、日当たりなどの関係で露地だとうまく育たない場合は、温床を利用する。稲わら、青草、米ぬか、人糞尿、水などを積み上げておくと発酵して温度が上がるので、その上に育苗用の土を入れ、30度前後に温度が安定したら種を直蒔きする。

温床の目的は、日中の気温を外気温よりも少し高くすることと、夜間に気温が低くなり過ぎないようにすること。畑が小さい場合は用意する苗の数が少ないので、段ボールや小さい木箱などを利用して、日当たりのいい家の廊下やベランダ、軒下などの暖かいところで育苗するのもよい。

本格的に育苗する場合、木で枠をつくるのが一般的だが、稲わらを積み上げたり、地面に穴を掘って腐葉土を入れたりする方法のほうが、簡単にできる。

木枠でつくった温床。奥には地面に落ち葉を積んだ温床がある。

Q 育苗用のポットを使ったほうがいいのですか?

A 畑の一画に苗床をつくるときも、温床で苗をつくるときも同じように直蒔きします。育苗用のポリポットを使えば手軽に移植することができるので、苗をたくさん用意する専業農家では重宝するかもしれませんが、家庭菜園ではわざわざ自然界にないものを畑に持ち込まなくても充分に育苗することはできます。移植の際は、育った苗の周辺に移植ゴテ(シャベルなど)を差し込めば、問題ありません。直蒔きと比べてポットのほうがよく育つということもありません。

実践 露地での育苗

ナス、トマト、万願寺トウガラシの育苗

❶表土を削る

草を刈ってから、表土を削るように鍬を入れて、2~3cm軽く耕して土を細かく砕く。宿根草の根はなるべく取り除き、モグラが通った穴がある場合は埋めておく。

❷凸凹をていねいに調整する

鍬で平らにするのがうまくいかない場合は、のこぎり鎌を使って表面を削るようにしてもよい。凸凹になっている部分をなるべく減らして、全体をきれいにならしておく。

❸鎮圧する

鍬の裏側を使って鎮圧する。鍬の刃の背の部分に柄の突起があると穴が開いてしまうので、平らなものを使う。手で鎮圧する場合は均一に平らになるように注意する。

❹筋をつける

のこぎり鎌の背を使って、種を蒔くための筋を引く。筋の間隔は10cmくらい開ける。筋の深さはあまり深くならないように、筋がV字になる程度でよい。

❺種を降ろす

筋を引いた部分に、種を降ろしていく。ナス、トマト、万願寺トウガラシの種を、10cm間隔で1粒ずつそっと置くようにする。筋を埋めるように指で土をかける。

← 38ページに続く

❻青草を短く切って被せる

種を蒔いた部分を手で軽く鎮圧してから、草を被せる。夏草の種が交ざらないように、周囲の青草の上部だけを選び、なるべく細かく切って使う。

❼水やり

柄杓やお椀を使ってさっと流すように優しく水をかける。ジョウロで全面にかけてもよい。乾燥した日が続いて土に湿り気がないときは、必要に応じて水をやる。

❽鳥や小動物よけ

種が芽を出したところを鳥に食べられないように、苗床全体に枝を渡しておく。また、小動物が入ると芽を踏まれてしまうので、小動物が入りにくくする効果もある。

Point

ササや細長い枝など、自然界にあるものでつくるようにする。

補いについて

耕していた畑を自然農に切り替えてすぐの場合や、温床に入れた土に養分が少ない場合は、発芽して双葉が出たころに米ぬかや油かす、または両方を混ぜたものを補う。10cm間隔で苗が育っているならば、その間に置く。

ナス

トマト

万願寺トウガラシ

❾本葉が4～6枚になったら定植する

本葉が4～6枚になったら定植する。適期を逃すと、葉が黄色くなって苗の元気がなくなってくるので、移植のタイミングを外さないこと。

育苗のポイント

ポイント❶ 苗床への種の降ろし方

苗床での種の蒔き方は、すじ蒔きとばら蒔きを使い分ける。ピーマン、トマト、ナスなどのほとんどの野菜はすじ蒔きで、のこぎり鎌ですじを引いて、種を10cm間隔くらいで1粒ずつ降ろす。タマネギやネギなどは種の間隔が1～2cmになるようにばら蒔きして、生長に応じて混んでいるところは間引く。種蒔きの間隔によっては、そのまま間引かないでもよい。苗の長さが20～30cmになり、鉛筆くらいの太さになったら定植時期。

ポイント❷ 育苗したほうがよいもの

タマネギやネギのように、苗が細くて、植えるときの株間が狭いものは、できれば育苗してから移植する。畑にすじ蒔きした場合、初期の生育段階で草に負けやすく、弱々しくなってしまうからだ。一般的に、苗のときに細いものは、幼いときに群がっていたほうが元気よく育つ性質がある。小さな芽が出るニンジンも同じで、群がって育つことで、ほかの草が生えにくく、草管理の手間が少なくてすむ。また、移植するときに一度根を切られたほうが、そのあとでたくましく育つ性質がある。

ポイント❸ 前作と重なる場合

同じ畝で冬野菜と夏野菜を連続してつくる場合、冬野菜の収穫時期と夏野菜の初期生育の時期が重なるので、そのようなときは苗床で夏野菜の苗づくりを行い、冬野菜の収穫を待ってから定植するようにする。例えば11月に種を蒔いたサヤエンドウは翌年6月ごろから収穫が始まる。このあとにナスを植える場合は3月ごろから苗床に種を蒔いて苗を育て、6月下旬ごろにサヤエンドウの足元に定植すると、サヤエンドウの収穫が終わるころに、ちょうどよくナスが育ってくる。

ポイント❹ 季節による違い

秋以降は草の生育も穏やかなので、秋蒔きの葉物野菜は育苗しないで畑に直蒔きでも元気に育つ。前作との関係がない場合は、直蒔きでいいが、夏野菜の収穫が残っている場合は苗をつくって定植する。例えば、キャベツやブロッコリーは種蒔きの時期が6月～7月が適期で夏野菜の収穫時期と重なるので、苗をつくって定植するのが一般的。一方、春蒔きの時期は草の生育が旺盛なので、苗をつくって定植したほうが草の勢いに負けにくく、確実に実りを得ることができる。

温床のつくり方

夏野菜の種は地温が20℃以上ないと発芽しない。
稲わらや落ち葉、米ぬかなどを層にして積み上げると発酵が始まり、約3日で50〜60℃まで温度が上がる。
1週間くらいで30℃前後に安定したら、種を直蒔きできる。

A 稲わらを積み上げる

❶稲刈りしたときに縛った状態の稲わらをそのまま利用する。バラバラになっている場合は、株側で揃えて縛る。株が交互になるように横に並べて1段目をつくる。

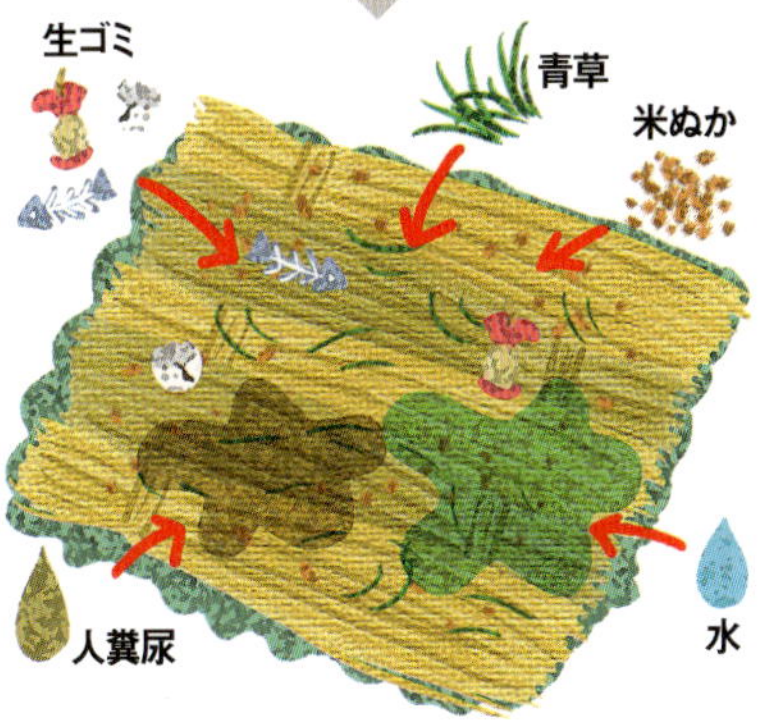

❷青草、米ぬか、生ゴミなどを混ぜて全体にまんべんなく被せて、人糞尿や水など水分をたっぷりかける。米ぬかは微生物の発酵を助ける役割があるので必ず入れる。

❸株の向きを90度ずらして、稲わらを横に並べて2段目をつくり、同じように米ぬかや水などを入れる。米ぬかは苗床全体に覆うくらいを目安に、やや多めに入れる。

❹稲わらと米ぬかをサンドイッチ状に4段くらい積み上げて、30〜40㎝くらいの高さにする。全体の水分は60%くらいで、握って水がにじむくらいを目安にする。

❺いちばん上の四方に稲わらを2段ずつ置いて、北側だけ3段にして少し高くしておく。南側が低いと日当たりがよくなる。

❻稲わらの内側に苗床用の土を20㎝くらい入れる。田畑に亡骸の層がある場合はそれを使い、養分が少ない場合は腐葉土を混ぜる。畑の表土は草の種があるので避ける。

❼上部を油紙で覆ってひもで縛って保温する。ビニールは日差しの強いときに高温障害を招き、温度管理に手間がかかるので避ける。土が乾燥してきたらジョウロで水をやる。

利点　一般の踏み込み温床のように、木枠をつくらなくていいので簡単にできる。1〜1.5m四方の大きさを目安にする。1m四方で約80個の苗がつくれる。

B 地面に穴を掘ってつくる

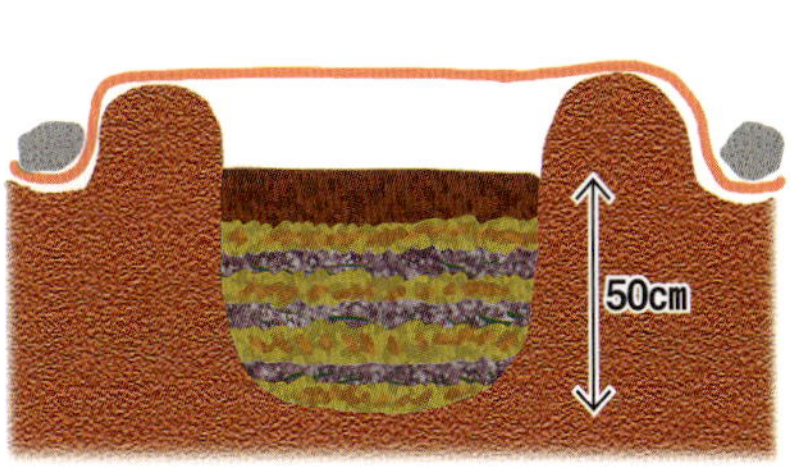

約50㎝の穴を掘り、雨水が入らないように土手をつくる。穴の底に稲わらや落ち葉を入れ、青草、米ぬか、生ゴミ、人糞尿、水などで層にする。最後の20㎝は苗床用の土を入れて、土手を覆うように油紙を被せる。

利点　稲わらがないときや、木枠をつくるのが手間なときはこの方法が簡単で、稲わらの代わりに落ち葉を使うこともできる。寒いときにも地中の温度は暖かく安定している。

C 木で枠をつくる

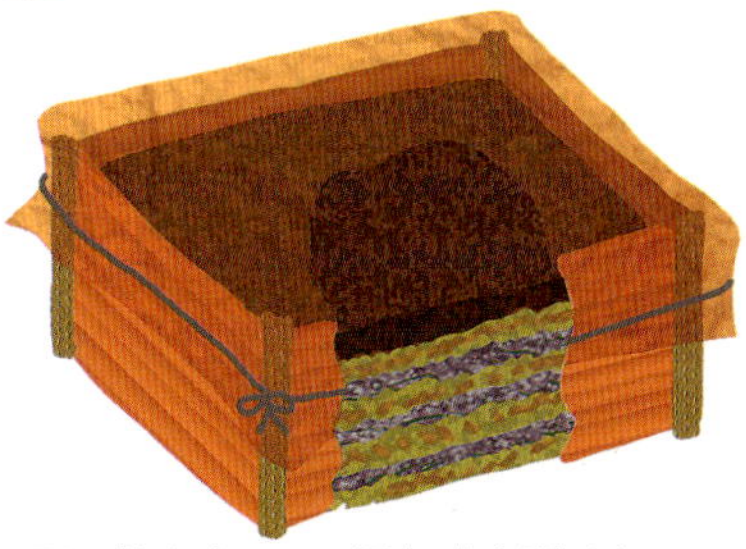

四隅に柱を立てて、通気穴を開けたコンパネを立てるか、細長い板を横に積み上げて壁をつくる。枠の底に稲わらや落ち葉を入れ、青草、米ぬか、生ゴミ、人糞尿、水などで層にする。最後の20㎝は苗床用の土を入れて、油紙を被せる。

利点　稲わらがなくて、落ち葉をたくさん利用できる場合は、穴を掘るか木枠を利用するとよい。大きい温床をつくりたいときは、市販のコンパネを使うとつくりやすい。

D 2段階のばら蒔き育苗

タマネギやネギなどは幼いときに群がっているほうが元気に育つので、トロ箱などに土を入れて種を密にばら蒔きして、芽がすっと伸びたころに苗床に移植して育苗する方法もある。

利点　初期の草管理の手間を少なくできる。

植え付けの基本、苗・種イモ・株分け

苗床で育った幼い野菜を畑に移植するときは豊かな自然の中にそっと仲間入りさせるように。種イモの植え付けと、株分けの方法も覚えよう。

自然農において定植とは

苗床で集団で育っていた幼年期の野菜を畑で独り立ちさせる

畑に直接種を蒔けば育つ野菜でも、野菜の性質と気候が合わない場合は、育苗してから苗を定植する方法を取る。自然界の営みには「移植」はないが、野菜を栽培するという目的から、確実に実りを得られるように工夫しているのだ。

苗を定植する畑では、すでにたくさんの草や虫たちが生命活動を行っている。苗を植え付けることは、そのいのちの営みの中に野菜を仲間入りさせることでもある。草を刈る場合や穴を開ける場合は、畑の環境を大きく変えないように気をつける。

定植するときは、なるべく風のない曇りの日を選ぶようにする。前日に雨が降って、畑全体が湿っている日が理想的。晴れている日に作業する場合は、日差しが弱くなってくる夕方以降に行うとよい。

苗を畑に植え付けるときは、植える深さに気をつける。苗に付いた土の部分（根鉢）の上面が地面より少し低くなるように置いて、その上にその場の土を少し被せて、地面と同じ高さに仕上がるようにする。

苗を浅く植えてしまうと、酸素は供給される一方で、倒れやすく、根が露出して乾きやすくなる。逆に深植えした場合は、根張りが短くなって、元気に育たないので注意する。

育苗したナスの苗の周囲に移植ゴテ（シャベル）を差し込み、土ごと苗をとる。開いた穴は周囲の土で埋めておく。

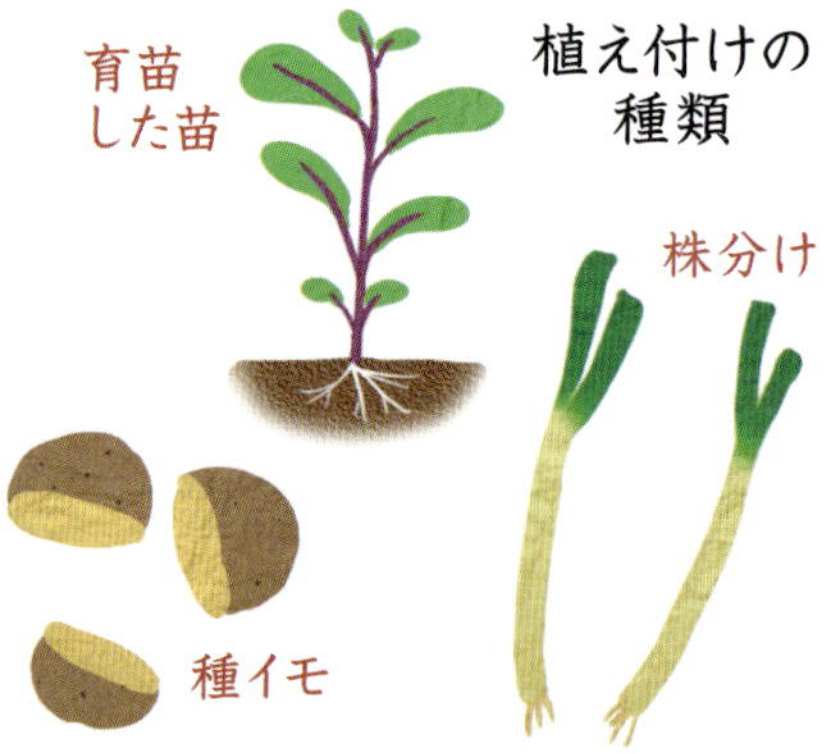

購入する苗の選び方

○いい苗

茎が太くて葉と葉の間の節が短い。葉が厚く、色が特に濃かったり、薄かったりしない。病気や虫食いがなく、子葉がしっかりしている。ポットの土が崩れておらず、根張りがよくて根の先端が白い。

×悪い苗

茎が細くて葉と葉の間の節が長く徒長している。葉が薄く、色が薄かったり特に濃かったりする。病気や虫食いがあり、子葉がなかったり、傷んでいる。ポットの土が崩れて、根の先端が黄褐色をしている。

苗を植える場所の草を刈り、穴を開けて定植する。

育苗した苗の植え付け

基本の植え付け

ほとんどの野菜は、畑に直接種を降ろしてその場所で生長するが、冬野菜の収穫時期と夏野菜の初期生育の時期が重なるような場合は、苗床で苗をつくって適期に移植する。春蒔きの時期は草の生育が旺盛なので、苗をつくって定植したほうが草の勢いに負けにくく、確実に実りを得ることができる。

またタマネギやネギのように、苗が細くて、植えるときの株間が狭いものも、育苗してから移植する。

潅水《かんすい》の方法

土が乾燥している場合は、掘った穴に水をたっぷり注ぎ、水が染み込んでから苗を植える。土に湿り気がある場合は、潅水の必要はない。

❶苗床から苗を取る

苗の本葉が4〜6枚になったら、畑に定植する。直径8cmを目安に苗の周囲に移植ゴテを差し込み、根を損ねないように円柱形に土ごと掘り出す。苗床が乾燥していたら20〜30分前に水をかけておく。

❷植え穴を開ける

のこぎり鎌を使って、植え穴を掘る。穴の大きさは、苗の土の部分(根鉢)より少し大きめにし、土を手でほぐして、宿根草や小石があったら取り除いておく。たくさん植える場合は目印にロープを張るとよい。

❸苗を入れて土を寄せる

苗の根元の生長点が隠れないように穴の深さを調節する。深過ぎた場合は、穴の中で苗を浮かせるように持ち、周りの土を寄せる。覆土した場所を手で押さえ過ぎると根を傷めてしまうので注意する。

実践　市販の苗の扱い方

チマサンチュ

❶ロープを張って苗を配る

畝全体の草を刈ってから目印のロープを張り、30cmの株間を目安に苗を置いていく。苗を定植した場合は、約30日で外葉から収穫できる。

❷ポット苗の土を落とす

市販されている苗のポットの土は、化学肥料や農薬が混ざっているので、土を落としてから植える。根を切らないようていねいに落とし、落とした土は畑の外に捨てる。

❸のこぎり鎌で植え穴を開ける

のこぎり鎌を使って、苗の土の部分より少し大きめの植え穴を開ける。掘るようにしながら土をほぐし、宿根草や小石があったら取り除いておく。

❹苗を浮かすようにして土を寄せる

穴の中で苗に浮かすように苗を片手で持って、周囲の土を寄せて植え付ける。

❺土を軽く押さえて、草を被せる

表土を強く押さえると根を損ねてしまうので、軽く押さえてから、苗の周囲に草を被せておく。

Point

植える深さに注意する

茎と根の付け根部分にある生長点を土に埋めてしまうと元気よく育たないので、苗の根元の生長点が隠れないように注意して苗を植える。

種イモの植え付け

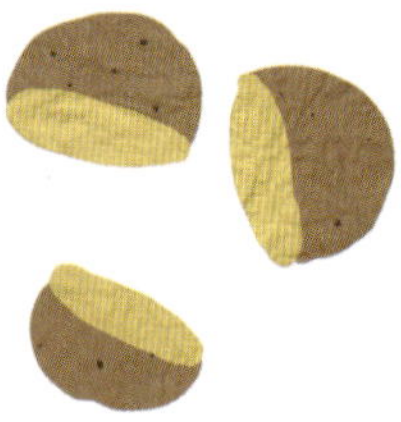

ジャガイモ、サトイモ、ニンニク、ショウガなどは、種を蒔いて育てるのではなく、食べられる状態に育ったものが、そのまま次の世代の種になる。種イモや種にする球根は、元気に育っている株から選んで、傷みのないものを貯蔵しておく。箱などに広げて全体を新聞紙などで覆って保存する。サトイモは寒さに弱いので貯蔵しておくのが難しいが、ジャガイモは寒さに強く、種イモを残しやすい。

実践 前作との連続
サトイモ

①前作の足元に植え穴を開ける

種採り用に残したナバナの足元に、植え穴を開ける。自然農は畑を全面的に耕さないので、このように連続して栽培できるメリットがある。

②種イモを植え付ける

のこぎり鎌を使って穴を掘り、覆土する土をほぐして横に置いておく。宿根草の根があったら取り除く。4～5cmの深さに掘り、イモを植える。

Point

植える向きに注意する

種イモを植え付けるときは、芽が出ている部分が上になるように土に埋める。

③土を被せて、草も被せておく

種イモを植え付けたら、乾燥しないように草を被せておく。20日くらいで発芽するが、背の高い草やつる性の草で葉が覆われなければ、除草せずに草を残しておいたほうが湿り気を保ちやすい。

実践 種イモの植え付け
ジャガイモ

①種イモを切る

芽の位置を確認しながら、切り分けたイモに芽が1～2つ残るようにする。種イモの切り口は乾くとコルク状の膜ができて腐りにくくなるので、できれば植え付ける前日に準備しておく。

②ロープを張って、植え穴を開ける

30cmくらいの株間を目安に、植える場所の草を刈る。2列以上にする場合は条間を40～50cm開ける。のこぎり鎌を使って、種イモの倍くらいの深さに掘る。宿根草があったら取り除いておく。

③種イモを植える

種イモの断面が上を向いていると水分が当たって腐りやすくなるので、切り口が斜め下になるように置いて、イモの倍くらいの深さに植える。

Point

④土を被せ、目印を立てる

埋めたあとで枯れ草をかけておくと遅霜の被害を防げる。また、植えた場所がわからなくなるので、枝などを刺して目印にしておくと、発芽したとき、手入れしやすい。

⑤米ぬかと油かすを補う

米ぬかと油かすを半々に混ぜたものを、植えた場所から10cmくらい離れた位置に振り撒き、のこぎり鎌の背中でたたいて落ち着かせておく。

株分けした苗の植え付け

ひとつの植物を根および茎の部分で分けて増やすことを「株分け」と呼ぶ。サツマイモは種イモを植え付けて、そこから出てきたつるを苗にする。このほか、葉ネギ、フキ、ニラ、ワケギ、アサツキなども株分けして増やしていく。通常の長ネギ（根深ネギ）は5月～6月にネギ坊主（花茎）ができるので、それを種にするのが一般的だが、ネギ坊主ができずに株分けで増やしていく品種もある。

実践　株分けした苗の植え付け　長ネギ

❶長ネギの根元の株を切り落とす

分けつして30～40cmに生長したネギの根元を、10cmくらいの長さに切り落とし、1本ずつに分けて苗とする。

❷ロープを張って、植え付ける

15cm間隔で2～3本ずつ植え付ける。秋蒔きしたネギは3月～4月、春蒔きは6月～7月、6月蒔きは8月下旬に定植する。

株分けした苗の植え付け　サツマイモ

❶畝全体の草を刈る

畝を覆うほどつるを伸ばすので、前もって畝全体の草を刈って、その場に被せておく。

❷サツマイモの苗を用意する

サツマイモの苗をつくる場合は、種イモを畑に植えて、50日前後で30cmくらいに伸びたつるを切って使う。ひとつの種イモから15～30本の苗が取れる。

❸植える溝を細長く開ける

被せた草をかき分けてから、苗が入るような溝状の穴を掘る。深さは5～10cmにする。

Point

植える方向に注意

苗の長さの3分の2くらいを土に埋める。のこぎり鎌を当てている部分が地表部になるつもりで、苗が斜めになるように植え付ける。

❹苗を植える

30cmくらいの株間で苗を植える。畝幅によって2列にする。条間は60cmほど。苗の上にもかかるように、周囲の草を寄せておく。

実践　株分けした苗の植え付け　フキ

❶育っているフキの根を掘り上げて使う

育っているフキの根を春か秋に掘って、適当な長さに切る。親からひと節目は捨てて、2節目から使う。

❷細長い溝を掘り苗を植え付ける

苗が土に隠れる程度の溝穴を掘って埋める。根の節々から芽が出るので、畝の広さと苗の量によって植える方向を決める。たっぷり水をやってから移植するとよい。

実践　株分けした苗の植え付け　葉ネギ

大きくなった株から1本ずつ分けて植える

葉ネギは多年草なので、一度植え付けると3～4年は収穫できる。株が大きくなったら一部を掘り上げて移植する。株間10cmで1本植えが基本で、細くて弱々しい場合は2～3本まとめて植える。苗を植えたら土を軽く押さえて、草を周囲に寄せておく。

支柱立て、水やり、脇芽かき、土寄せ

自然農は「放任」ではなく「栽培」なので作物が健康に育つため、最低限の手を貸している。必要なこと、必要ないことを見極めよう。

支柱のつくり方

地面をはって実をつける野菜以外は生長に合わせた支柱が必要

地面をはって実をつけるもの以外は野菜の性質によって、ふさわしい支柱のつくり方を選ぶ。合掌式に組んだり、直立式の支柱を立ててロープを張ったり、野菜の株の四隅に立てて囲ったり、株の枝を支えるように支柱を立てたりする。支柱の高さは1メートルから3メートルくらいまで、作物に合わせて用意する。

エンドウマメ、キュウリ、ゴーヤーのようにつるが伸びて巻きひげでつかまりながら生長するものは、麻ひも、ネット、稲わらなどを組み合わせる。ゴーヤーは上に向かって勢いよくつるを伸ばすので、高めの支柱を用意する。トマト、ナス、ピーマンなどは、麻ひもで支柱に結びつける。実をつける枝の位置を誘引することもあるが、できるだけ作物が伸びたいように任せ、それに沿うようにする。

支柱を立てる時期は、作物が生長してつかまる場所がなくならないように、作物の生長に遅れないように適期を見極め、早めに準備しておこう。特に生育途中に台風シーズンを迎える場合や、風が強い地域の場合は、途中で倒れないように筋交いを入れるなど、しっかりしたものを立てる。

竹を使う場合は、水分が少ない冬の間に切っておくと腐りにくい。遅くとも春になる前の新月までには伐り出す。保管するスペースがなければ、屋外で、寝かさずに立てかけておく。

支柱を連続して使いたい場合は、つくる野菜をうまく組み合わせる。ただし、支柱に使う木や竹は、土に刺さっている部分から腐ってくるので、使い終わったら土を落として、雨の当たらない日陰で乾燥させたほうが長持ちする。

いろいろな支柱の立て方❶

川口さんの畑のゴーヤーの支柱。畝全体を被うように太めの支柱を用意している。両側から勢いよくゴーヤーが育っていて、通路から収穫しやすい。

合掌式

ゴーヤー、キュウリ、ミニトマトなど、側枝が勢いよく広がりながら上に伸びるものは、支柱をA形に立てかける合掌式の支柱が使いやすい。

ジャガイモは土寄せしないが、サトイモは種イモの上に親イモがついて子イモをつけるので、土寄せする。

赤目自然農塾の実習畑でつくったエンドウマメの支柱。笹(しの竹)や稲わらなど、田畑やその周囲にあるものを上手く活用している。

基本の支柱の立て方

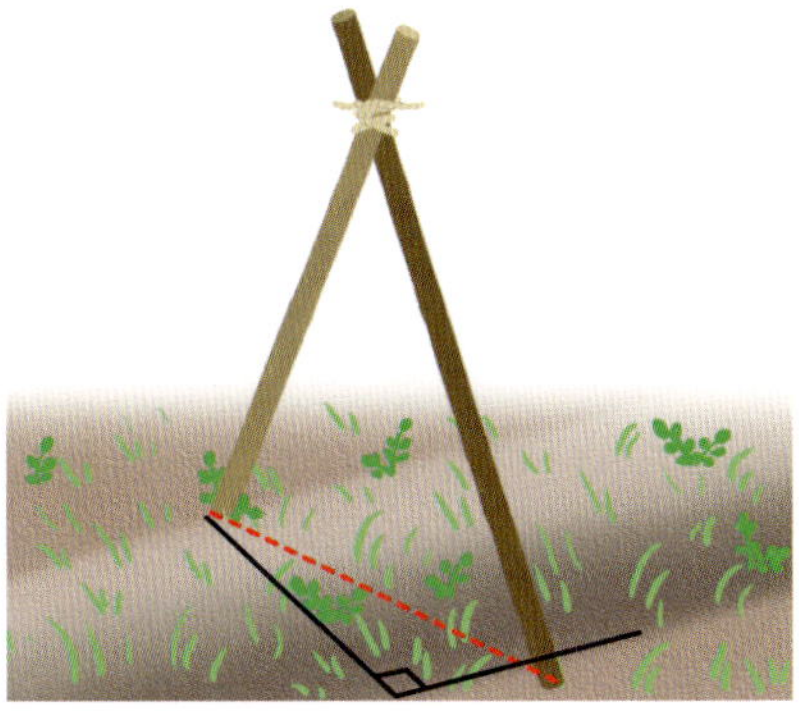

❶A形に柱を立てる

柱になる棒や竹をA形に合わせて、土に差し込む。このとき、風や野菜の重さで倒れにくくするために、畑の畝に対して直角よりも少し斜めにしておく。

❷A形の柱の交差部をしばる

交差させた柱の上部をひもでしばる。柱をしばるときは、1周巻いたところから上のほうに巻いていくと結び目が滑り落ちてこない。

❸もう片方にもA形の柱を立てる（ハの字になるように）

もう片方にも同じように柱を立て、柱の4点が台形になるようにする。このときハの字の短い側の柱が内側になるように組み合わせる。

❹上に横木を渡す

交差させた柱の上に、横木や枝を渡して、柱と一緒にしばる。

❺斜めに支えの柱を打ち込む

A形に立てかけた2本だけだと安定しないので、支えになる柱を打ち込んで、ひもで固定する。

短い場合は横木をひもでつなぐ

写真は稲を乾燥させるための「はせ」。支柱の横木が短い場合もこれと同様に、重ねてしばって連結する。

基本のロープワーク

ロープのしばり方をいくつか覚えておくと、支柱をしばったり、収穫した野菜の袋をしばるのにも役立つ。2本のロープをつなげる「本結び」（強くてほどきやすい）、ロープの端に固定した輪をつくる「もやい結び」（強くてほどきやすく、輪が締まらない）、ロープを柱にしばり付ける「巻き結び」（強く締まる）、「ねじ結び」（ほどけにくい）、「ひばり結び」（手軽）などが基本。

川口さんのナスの支柱は、株ごとではなく、両側に柱を立てて荒縄を渡している。ナスの生長に合わせて、枝を荒縄にしばっていく。古布の切れ端（1cm幅で長さ30〜50cm）を用意しておくとよい。

いろいろな支柱の立て方❷

直立式

エンドウマメやつるありインゲンなど、上に伸びていくものは、直立式の支柱が使いやすい。初めから高く用意してもいいし、生長に合わせて段を増やしていってもよい。

エンドウマメの支柱。柱を垂直に立てて何カ所か斜めに支えを打つ。荒縄を巻き付けるように横に渡して、足元に育つエンドウマメが伸びてきたら稲わらを下げつかまらせる。

トマトの支柱は50cm間隔くらいで直立式の柱を立てて、横に荒縄を渡して枝を支える。

実践 合掌式
ゴーヤーの支柱立て

❶合掌式に支柱を立てかける

笹(しの竹) を3〜4本まとめて、ゴーヤーの足元から畝の中心にかけて、両側から立てかける。ゴーヤーは上に向かって勢いよくつるを伸ばすので、高めの支柱を用意する。

❷横にも竹を渡して組む

地上から約1.2mで交差させて、その上に竹を横向きに渡していく。長さを合わせながらしっかり組む。3方向で交差させて、荒縄でしばると安定する。

❸両端に支えを立てる

この段階では畝の方向に動いてしまうので、両端に組んだ竹の足元を固定する感じで、斜めに竹を組んで仕上げる。

❹斜めに筋交いを入れる

風が吹いても倒れないように、斜め方向にも竹を組んでおくと安心。つるが絡まったあとでは作業しにくいので、あらかじめ準備しておく。

実践 直立式
エンドウマメの支柱立て

❶等間隔に柱を打ち込む

支柱になる木の杭を一定間隔で打ち込み、その間に笹(しの竹) を立てる。柱や竹でA字形に組んでもよい。

❷両側の柱に支えを打つ

両端の柱が倒れないように、斜めになる支えを内側に打ち込んで安定させる。距離に応じて途中にも支柱を入れる。

❸1段目の高さにロープを張る

端の柱にロープ(荒縄) を結び、途中のしの竹と柱に1周ずつ巻き付けながら、横に張る。腰よりやや高いくらいの位置を1段目にし、生長に合わせて3段くらいまで上げる。

❹稲わらを結んでぶら下げる

エンドウマメが伸びる位置に、荒縄から稲わらをぶら下げると、そこにエンドウマメのつるが巻き付いて上に伸びていく。株元を下にして細いほうを縄に巻き付けて縛る。

水やり・脇芽かき・土寄せ

自然に任せて作物の生長を見守る。過保護になると生育を害してしまう

水やり

耕さず、刈った草を敷いて土を裸にしない自然農の畑は、保水力があり、適度な湿り気が保たれているため、苗床をつくるときや苗を定植するときに畑が乾燥している場合を除き水やりの必要はない。水をやるとよく育つと思うかもしれないが、生育途中で水をやると、作物が軟弱になって生育が悪くなったり、畑のバランスが崩れて虫が寄ってきたりする。部分的に水やりを行うと、その場所にミミズが集中し、ミミズを狙ってモグラがやって来て、根を切られてしまうこともある。

日照りが続くときは草を多めに被せて対応する。乾燥していて生育が遅いと感じても、水分を求めて根を地中深くまで伸ばしているので、結果的に健康で元気な野菜が育つ。

脇芽かき

作物によっては摘芯・整枝という作業があるが、その目的は、花の数を増やして収穫できる量を増やすこと。自然農ではなるべく野菜が育つ姿のままに任せる。

また、トマトなどの枝が繁茂し過ぎて、日当たりや風通しが悪くなると、生育が遅れて完熟しにくかったり、病気になったりするので、脇芽（枝の途中にできる芽で、側芽《そくが》とも言う）をかいて枝を整えることもある。

ジャガイモは、種イモから出た芽が多過ぎると、茎葉が増えてイモの数が多くなり、イモが大きく育たないので、2〜3本に芽かきを行う。

土寄せ

ジャガイモ、サトイモ、長ネギなどは、一般的に土寄せが必要とされている。土を株元に寄せて盛り上げることで、収穫量を増やしたり、倒れないようにしたりするほか、草の生育も制御できる。土に層ができることで乾燥に強くなって、湿度や温度が安定する効果もある。

自然農の場合は、ジャガイモは種イモの横と下に子イモを付けるので土寄せはしない。サトイモは種イモの上に親イモを付け、その親イモの周囲に子イモを付けるので、溝の土などを株元に寄せるか、あらかじめ深植えしておく。

長ネギは白い部分を増やすために土寄せを行う。穴を掘ってネギを育て、生長に応じて土を被せる方法もあるが、雨水が溜まりやすいので注意する。

水やりをする場合

苗床をつくったとき
柄杓やお椀を使ってさっと流すように優しく水をかける。畑に湿り気があるときは必要ないが、乾燥した日が続いているときは、種蒔きのあとでも、必要に応じて水をやる。

苗を植えるとき
晴れの日が続いて土が乾燥している場合は、掘った穴に水をたっぷり注ぎ、水が染み込んでから苗を植える。

苗が幼く雨が少ないとき
基本的に水やりの必要はないが、数カ月雨が降らないようなときは、作物が枯れないように、様子を見ながら水をやる。

芽かきをする場合

ジャガイモ
種イモから5〜6本発芽した場合は、イモが小さくなるので、太い芽は1〜2本、細い芽は3〜4本に芽かきする。

トマト
葉の根元から出てくる脇芽をそのままにすると枝が増えて風通りが悪くなり、実も小さくなるので芽かきする。

穴を掘って土寄せをする場合

長ネギ
植え付けるときに深さ20cmくらいの溝をつくり、掘り上げた土を北側に盛り、育ち具合に合わせて土を株元に寄せる。

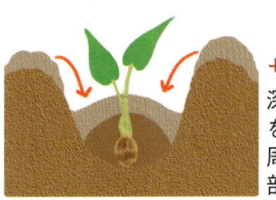

サトイモ
深さ10〜20cmくらいに種イモを植え付け、生長に合わせて周囲の土を寄せ、イモが地上部に出ないようにする。

自然農の基本 10

亡《なき》骸《がら》の層、補《おぎな》いの方法

「肥料・農薬を用いず」という言葉にとらわれて野菜がうまく育たないことがないように自然農における「補い」の意味を理解しよう。

自然農における補いとは？

生活の外から持ち込まず 生活の中から出たものを循環させる

農的生活をしていると、田畑の畦《あぜ》草や生活周辺の草、米ぬか、小麦のふすま、菜種を搾った油かす、野菜くずなどが残るので、それを田畑に巡らせる。ただし、やせた土地で育つダイズやアズキなどには養分過多になるので補いはしないこと。川口さんが言う「補い」は外から持ち込む「肥料」ではなく、生活の中から出たものを畑に循環させること。ただし買ってきた野菜が多かったり、家畜のエサを購入していたりすると、そこから出たものを循環させると養分が多過ぎてしまう。畑の状態や作物によって補いの方法を考え、量が過ぎないように気を配ろう。

草や虫などの〝死骸〟は上に積み重なっていくのが自然界の姿なので、補うときは常に上に置く。土中に埋めると発酵してガスが出て根を損ねてしまう。生ゴミなどは犬や猫やカラスが寄ってくるので、草を被せておく。また野菜は地中だけでなく空気中のものからも養分を吸収するので、土の状態だけにとらわれないこと。

生ゴミを畑に戻す場合は、土に埋めずに上に置くのが基本。見た目や鳥獣害が気になるときは草を被せる。

川口さんの田んぼ。今は裏作の麦をつくっていないので、冬草の勢いが強く、生命力にあふれている。

野菜が必要とする養分

野菜を栽培するときに必要な三大栄養素にとらわれないこと

野菜の生育に必要な肥料成分として、チッ素・リン酸・カリの3種類がある。一般的に、チッ素は葉や茎の生育を促進し、リン酸は実を大きくし、カリは根や茎を丈夫にする効果があると言われている。

自然農の畑は、草や虫や微生物の生命活動が盛んで、三大栄養素だけでなく、さまざまな成分が畑に含まれている。全体のバランスを整えれば、肥料や農薬は不要で、そこを舞台にして健康な野菜が育つのだ。

良質な油かすの入手先

油かすはホームセンターや種苗店で購入できるが、化学的に精製されたものが多く、油かすに薬品が含まれているので、できれば非遺伝子組み換えのナタネを使って、昔ながらの圧搾法で搾った油かすを入手したい。

米澤製油／埼玉県熊谷市上之2793／☎048-526-1211

㈱JOYアグリス／愛知県岡崎市福岡町字下荒追28／☎0564-51-9414

米ぬかと油かすを半々にしたものを基本とする。米ぬかと小麦のふすまを半々にしたものも使う。

米ぬか

米ぬかは、糖分やタンパク質が豊富に含まれているので、土中の微生物のエサとしても有効。米ぬかの養分は、チッ素2%、リン酸4%、カリ1.5%の割合。

油かす

油かすは、ナタネやダイズなど、油の原料となる作物から油を搾ったあとのカスのこと。油かすの養分は、チッ素5%、リン酸2%、カリ1%の割合。

ふすま

小麦のふすまは、お米で言うぬかの部分にあたり、小麦の外皮部分のことを指す。小麦の粒からふすまと胚芽を取り除いたものが小麦粉。

土壌調査により実証!

慣行農の畑より豊か。自然農の畑はチッ素と炭素が年々増加している

2011年に横浜国立大学と近畿大学が、自然農の田畑の土壌について調査・分析を行った。川口さんの田畑と赤目自然農塾で、耕していた田畑から自然農に転換してから、0、5、10、15、17年になる畑から土壌を採取した結果、耕さない年数が長くなればなるほど、土中のチッ素や炭素の量が増えていることがわかった。

横浜国立大学大学院環境情報学部・荒井見和さんは、自然農の田畑の土壌を次のように分析する。

「土壌の全チッ素は不耕起の経過年数とともに増加しています。1年間の1平方《メートル》当たりの全チッ素の増加量を算出すると、約0・59《グラム》にもなります」

特に、川口さんの自然農の水田と付近の慣行農の水田を比較したデータでは、自然農の水田の表土には、慣行農の水田の約1・4倍の炭素とチッ素が含まれているだけでなく、その上の「亡骸の層」には表土と同量の炭素とチッ素が蓄積されていることがわかった。施肥を行っていないにもかかわらず、チッ素が増加するのは、興味深い研究結果になったそうだ。

土壌の全チッ素現存量

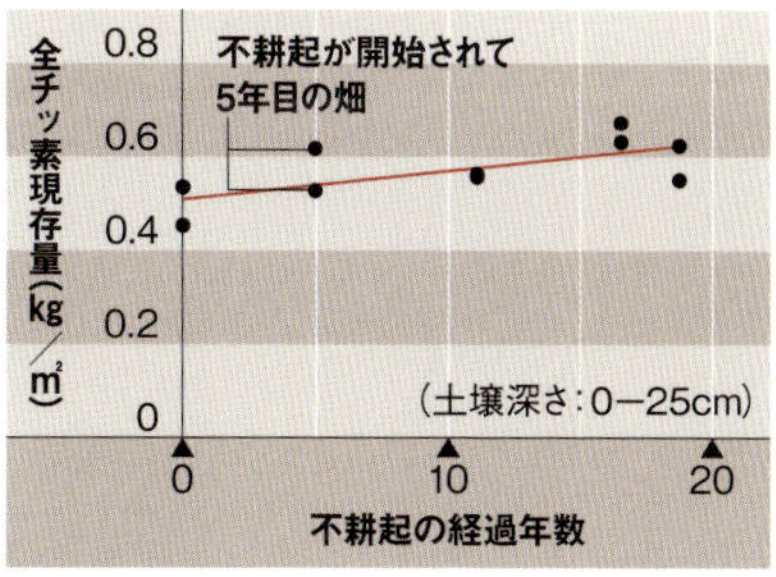

赤目自然農塾で0、5、10、15、17年になる畑の、チッ素量の変化を示すグラフ。

川口さんの自然農の水田における炭素とチッ素の蓄積量(内訳)

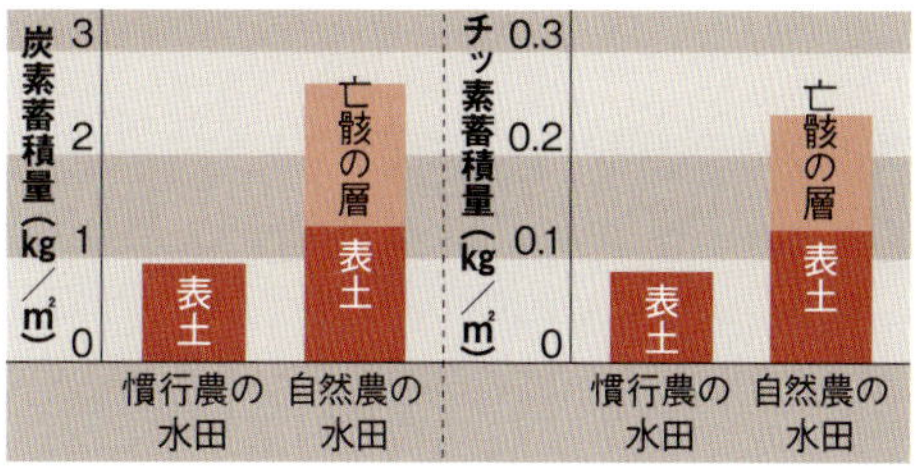

自然農の水田の表土(深さ0〜5cm)のほうが多く、亡骸の層にはその同量以上の養分がある。

亡骸の層について

草や虫や小動物が生死の巡りを重ねることによって、「亡骸の層」ができ、さらに豊かな舞台へと変化していく。亡骸の層は、土と比べて保水力が高く、通気性もいいので作物が育ちやすい。「自然の営みに任せていれば、そこに必要な微生物が誕生し、虫や小動物の生命活動が盛んになります。耕さないで生命たちが活動している舞台そのものを大切にすること。これがいいとか悪いという区別をしないで、自然に任せるのが最善なんです」と、川口さんは言う。

基本の補い方

1 畝立てをしたときに補う

耕していた畑で自然農を始める場合や、荒れ地でスタートする場合に、最初に溝を掘って土を盛り上げて畝をつくる必要がある。その土地の状況によっては地力がないので、必要に応じて補う。

畝幅を決めて目安のロープを張り、スコップで切り込みを入れながら、溝を掘っていく。溝を掘った土は左右の畝に上げて、かまぼこ状になるように形を整える。

米ぬかと油かすを半々にしたものを全面に振り撒く。畑の状態に応じて、腐葉土などを上に被せてもよい。補いをしないで、やせ地でも育つイネ科やマメ科の野菜を植えてもよい。

土を上げて草がない状態なので、周囲の草を刈って畝全面に被せておく。草を被せたあとで補いをしたときは、草の上に載っている米ぬかや油かすをたたいて地表部に落として落ち着かせておく。

なるべく補わないで育ててみよう！

自然農では基本的に補う必要はない。耕していた畑から自然農に切り替えたときは必要に応じて補うといいが、できる限り補わないで育ててみると、養分なしでどの程度育つのか、あるいは足りていないのか、しっかり観察できるはず。ただし、あくまでも収穫が目的なので、育たなかった場合は、翌年から補う量を少し増やして様子を見る。

2 苗床での補い

耕していた畑を自然農に切り替えてすぐで、苗床にする場所に養分が少ない場合は、発芽して双葉が出たころに、米ぬか・油かす・ふすまなどを混ぜたものを補う。

10cm間隔ですじ状に種を蒔いたところでは、発芽した苗にかからないように、その間に置くように補う。

補った米ぬかや油かすが苗にかかったときは、稲わらや細長い草などを水平に動かしながら落としておく。

3 株の足元にひと握りずつ置く

点蒔きしたり、苗を移植したときは、全体に振り撒かずに部分的に補う。補いは必ずしも必要ではなく、葉の色があせてきた場合に、ひと握り置くくらいでよい。

野菜が育っている足元から、10〜20cmくらい離れたところ、根が広がる先のあたりを意識し、草をかき分ける。

地表部に直接、ひと握りずつ置く。1つの株に1カ所でよい。

野菜を大きく育てようと思って補い過ぎると、畑の環境のバランスが崩れて虫が異常に発生したり、野菜が病気になりやすいので、補う量がわからないときは、少なめにしたほうが安心。

5 野菜から少し離れた場所にすじ状に振り撒く

種を蒔いたり苗を植えたところを避けて、少し離れたところに振り撒く。すじ蒔きした場合や、畝全体の地力が弱いときに向く。育っている野菜にかからないようにする。

ニンジンが育ってきた列に沿って、少し離れた畝の上に振り撒く。畝幅に余裕があったり、隣に作付けしていなければ、広い範囲に振り撒いてもよい。

ニンジンの苗にはかかっていないが、足元や畝の草には載ってしまっている。

のこぎり鎌の背でたたきながら、草の上に載った米ぬかや油かすを地表部に落として、落ち着かせておく。

4 土寄せをしたときに振り撒く

自然農ではジャガイモの土寄せはしないが、サトイモは種イモの上に親イモと子イモをつけるので、溝の土などを株元に土寄せする。このように畝の土ではなく、溝の土を上げたときは少し補っておく。

子イモが露出すると茎が太らないので、土寄せする。土が団子状に固まっていたらほぐしておく。

サトイモをイノシシに掘り返されてしまったときは、凹凸を平らにならす。このとき、野菜に元気がない場合は、米ぬかと油かすを半々にしたものを全体に振り撒いておく。

米ぬかや油かすが地表部に出ていると、虫が寄ってくるので、周囲の草を刈って畝全面に被せておく。

6 育っている全面に振り撒く

背が高く育つ野菜の苗床や、畝全体に種をばら蒔きした場合は、野菜に元気がないときだけ、米ぬかや油かすを全体に振り撒いてから、あとで野菜にかかったものを落としておく。

タマネギの苗床全体に振り撒く。多過ぎると育ち過ぎて次の春にトウ立ちするので注意。不足すると育ちが悪いので、生長の具合を観察して、量を調節する。

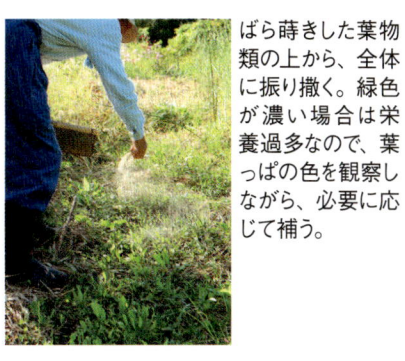

ばら蒔きした葉物類の上から、全体に振り撒く。緑色が濃い場合は栄養過多なので、葉っぱの色を観察しながら、必要に応じて補う。

苗にかかった米ぬかや油かすをは、細長い枝や稲わら、草の穂先などを水平に動かして落としておく。

葉っぱの上にかかったものは、細長い枝を使って払うか、稲わらや長い草をほうき状に束ねたもので落とす。

病気、虫害、鳥獣害

自然界には「害」になるものはなく、すべてが関係性を持って存在している。病気や虫害、鳥獣害が発生したときは、その原因を考えよう。

病気、虫や鳥獣害をどうとらえるか

畑の環境のバランスが悪いと不健康に育った野菜に虫がつく

自然農の3原則に「草や虫を敵としない」というものがあるが、「敵としない」というのはどういうことなのか?

「私が生きるために野菜を育てているので、野菜に虫がついていたら、手で捕殺します。ただし、目についたものだけでよく、畑にいる虫のすべてを目の敵にする必要はありません」

川口さんは、草を敵にしないのと同じように、野菜が育つために最小限の手を貸している。

自然は常に「よくなろうとする営み」で、調和を保とうとしている。人間から見ると畑の食害は困った状況だが、自然界から見れば、そのときにその場所で必要なものが現れていることになる。自然に任せて余計なことをしなければ、問題を招かない最善の結果につながる。

食害に遭うのは、畑の環境のバランスが悪いから。そこで育っている野菜が健康的ではないとも言える。野菜が元気に育っていれば、少しくらい食べられても問題ない。

これは人間も同じと考えれば納得できるだろう。脂っこくて消化に悪いものを食べたり、お酒を飲み過ぎたり、生活習慣が不規則だったりしたら、体調が悪くなっていずれ病気になってしまう。野菜に肥料をたくさん与えることは、肥満を招き、コレステロールがたまって病気になるのと同じなのだ。

野菜の食害については、大きく、①虫によるもの、②鳥によるもの、③獣によるものに分けられる。自然界ではすべてのものが調和して成り立っているとはいうものの、最近は乱開発などで生態系のバランスが乱れているため、全国的に鳥獣害が増えている。

ゴマの枝についていた大きなアオムシ。被害が少ないときはそのままでもいいが、必要に応じて捕殺する。

赤目自然農塾では、横にしたトタンを2段にしてイノシシが飛び越えないようにしているが、それでも破られる。

9月ごろ、ゴマやモロヘイヤの葉についていた毛虫。川口さんは、見つけたら手で引っ張って半分にする。

川口さんの畑の様子。収穫時期は鳥が下りてこないように、何本か糸を張っている。

虫による害

草を刈るのと同じように虫を殺す。自然界は生かし合い、殺し合いの関係

春先にキャベツに青虫がたくさんついて、葉っぱが食べられて網のようになっていることがある。だがキャベツは中心のところから葉っぱをつくって結球していくので、外の葉だけ食べられていても問題ない。

秋蒔きの野菜の場合は、気温が低いと生きられない虫が多いので、種を早く蒔くと虫害を受けやすい。逆に遅くなると生育が悪くなるので、その土地の気候に応じて7~10日間くらいの間で調整する。ニンジン、ホウレンソウ、レタス、サニーレタスは苦味があるのか、虫害は少ないようだ。

虫による害については、目についた虫を捕殺したり、場合によってはネットなどで防ぐことも考えられるが、畑の環境に応じた作付けをしてなかったり、草を刈り過ぎたり、補いが過ぎたりしていることが原因になっていることが多い。周囲の草を刈り過ぎてしまうと、虫や小動物は野菜を食べに来る。

また、同じ場所で同じ仲間の野菜をつくり続けていると、地中の肥料成分のバランスが崩れたり、特定の土壌微生物が集まったりして、連作障害が起こる。

「虫に食べられない、また食べられても回復できる健康な野菜を育てるようにすること、偏りなくたくさんのいのちが生息できる畑の環境を維持するように心がけることが大切です」

虫の異常発生による被害は、作物も草々も小動物も、調和をもっていのちの営みができないような環境になっているときに起こる。そういうときは、ためらわず、憎しみを持たないで、慈しみの気持ちを持って虫を殺す。それが生きるという行為そのもの。人という生き物は、ほかのいのちを殺して食べないと生きることができない。

草に負けないように草を刈って生育を抑えるのも、草を殺していることになる。ときには虫を殺して、作物のいのちを助ける。これは栽培している以上は避けられないこと。そして最後に、作物のいのちを殺して、私のいのちに変えるのだ。

バッタを捕食するハチ。自然界には害虫・益虫の区別はなく、生態系のバランスで成り立っている。

10月の川口さんの畑では、コマツナをはじめとする葉物が、健康的な姿で美しく育っていた。

Q 虫が大発生してしまったらどうすればいいですか?

A 特定の虫が大発生するのは、養分過多だったり、日当たりが悪かったり、風通しが悪かったり、さまざまな理由が考えられます。もし大発生してしまっても、その虫を全滅させるような方法は取らず、できればそのまま受け入れます。育てている野菜が全滅することは少ないので、大発生してしまった野菜をあきらめて、その原因を考えて、翌年から対応するようにしましょう。

アオムシ

アオムシは、アブラナ科の葉物が大好物。羽化したチョウチョはかわいいので、殺すのはかわいそうな気もするが、油断していると葉を食べられて、レース状になってしまうので、見かけたら、箸でつまんで捕殺しよう。

ハスモンヨトウ

秋になるとハスモンヨトウが発生する。ヨトウムシの仲間で、形は少し小さく、模様があまりない。ハクサイ、キャベツなどの軟らかい芯を食べられてしまう。日中は土の中に潜み、夜間に食害する。株の根元に潜んでいるので、見かけたら捕殺する。

ヨトウムシ

野菜が食害されているのに幼虫の姿が見えないときはヨトウムシかもしれない。育ち始めのニンジンの茎を切られ、次第に枯れていく。日中は株の脇の土中に潜んでいるので、土の表面を少し削って殺す。夜にライトをつけて観察するのもよい。

カメムシ

ダイコン、カブ、野沢菜、コマツナなど冬の葉物について、葉を食べられてしまう。春のダイコンには、小さな白いカメムシがつく。野菜の周囲に草があれば平気なので、カメムシが多いときは、草を刈り過ぎないように注意する。

鳥による害

野菜が食べられないように知恵を巡らせて対処する

鳥による食害は地域や野菜の種類によって異なるが、山間地の畑では、青菜が少なくなる冬から春にかけてヒヨドリなどの鳥が群れになって葉物類を食べることがある。また、夏の時季はトマトなどの果菜類がつつかれてしまう。

被害を防ぐ手段は、食べられたくない作物の近くに糸を張ることが簡単で効果的。遠くから見て目立つ糸でもいいし、逆に近くに来てから気がつくような糸を張るのもいい。

豆類の種を蒔いたあと、ハトやカラスに食べられてしまうのを防ぐには、糸を張るほかにも、周囲に草を残した状態で種を蒔き、種を蒔いた上にも草を被せておき、目立たないようにすることで対処できる。

鳥に作物を食べられてしまうとがっかりするが、鳥が運んでくるもので畑は豊かになり、虫を食べてくれて、畑の調和を保つ役割もある。来ることを拒むのではなく、あくまでも部分的に対処する。

種が芽を出したところを鳥に食べられないように、苗床全体に枝を渡しておくと、小動物も入りにくい。

苗床全体の上に糸を張る方法もある。間隔の目安は、鳥が羽を広げて下りにくい程度にする。

野菜が育っている畝に鳥が下りられないように、四方に枝を立てて、糸を張っておく。

カラス

エダマメやトウモロコシなどを特に好む。トウモロコシの種蒔き時には、芽が出たあとすぐに、苗が引き抜かれて種子部分が食べられてしまう。収穫時期には外から実をつついて食べるので、翼を広げたら当たるくらいの間隔で糸を張って防ぐ。

ハト

都市部ではドバト、山間地ではキジバトが生息。ダイズなどの豆類の被害が特に多く、種を蒔いた直後や発芽直後の軟らかい新芽が好物なので、種を蒔いた場所の10cmくらい上に糸を張るといい。トウモロコシや葉物野菜でも、種蒔き時に食べられてしまうことがある。

スズメ

稲や麦の播種期や収穫期の被害が多いほか、穀類以外の野菜でも、蒔いた種や芽吹き時に食害に遭う。稲をはせに掛けた場合は、穂から20〜30cm離れたところに糸を張る。苗床は枝や竹などを渡して上部を覆う。スズメは、虫を食べてくれる益鳥でもある。

ヒヨドリ

ブロッコリー、エンドウ、ハクサイなど、地上の青いもののほとんどを好み、主に軟らかい部分が食べられてしまう。寒波が厳しい年は、南部で被害が増える。育っている野菜の上に1本、両横に2本、糸を張り、なるべく早めに収穫して被害を防ぐ。

獣による害

山の食べ物が減り、猟師が少なくなり動物が里に下りてくるようになった

せっかく育てた作物を荒らされると悲しい気持ちになり、イノシシやサルに敵対心を持つが、そのことに執着しないで、何ができるのかを考える。目的は野菜を育てて自分のいのちの糧を得ることなので、作物が荒らされないように工夫したり、ときには追い払ったり捕獲する覚悟も必要。

わなを仕掛けて捕獲するのにはわな猟免許が必要だが、捕獲したものはそのいのちに感謝していただく。いのちと向き合うことは、人間の暮らしに害を与える動物に限らず、魚や野菜の命も同じだ。

音が鳴るような鈴をつけたり、夜はラジオを点けっぱなしにしたり、蚊取り線香と爆竹を組み合わせて不定期に音を鳴らしたり、LEDの点滅ライトを設置したり、芳香剤や人の髪の毛など匂いのあるものを置いたり、さまざまな方法があるが、どれも効果が一時的で、すぐに慣れてしまうようだ。モンキードッグなど、犬を放すのは効果的。また、獣害に遭いにくい作物を選ぶことも検討する。

赤目自然農塾では、わな猟免許を取得した塾生がイノシシ用の檻を仕掛けている。

動物は人を見て、自分より弱いと思ったら攻めてくる

かつての農家は、手作業だったので時間がかかり、田畑に人がいる時間が長かった。今は機械化してすぐに畑からいなくなってしまう。猟師が減って里山の境界線で動物を追い返せなくなったのも、獣害が増えている理由のひとつ。それらの理由が重なり、動物が安心して畑にやって来るようになってしまった。けれども野性動物は、どの人間に害を与えると怖いかということを見極めている。自分がしっかり畑に立って農作業をしているか振り返ってみよう。動物に対峙する気持ちが弱くなると来るので、農作業する人の心構えがいちばん大事なのだ。

モグラ、ノネズミ

モグラやノネズミは、数年に一度は大発生することが多い。主に若い苗や葉が食べられてしまう。草むらの中が好きなので、周囲の草を刈り、日当たりをよくすると活動しない。野菜が幼いときに地面が持ち上げられたら、足で踏んで押さえておく。野菜が生長してきたら問題ない。苗床にする場合は、周囲に溝を掘ると確実に防げる。その場合は、苗床の周囲に通路幅をとり、その外側に溝を掘る。

ワイヤーメッシュの柵

コンクリートに埋め込む補強用の建築資材であるワイヤーメッシュは、透光性・通風性があるので野菜の生育にも影響が少なく、便利に使える。ワイヤーの太さは5mm以上、マスの間隔は10cm以下を選ぶ。

シカ

豆類や葉物、タマネギなどを食べられてしまう。2mくらいの高さは飛び越えてしまうので、トタンの上にさらにネットを張っておく。夜に行動することも多く、センサーライトや点滅するライトを設置するのも効果的。

ウサギ

トウモロコシ、豆類、青菜などが食べられてしまうが、そのほかの野菜の被害はあまり聞かない。野菜の周囲に30cmくらいの高さで糸を張って防ぐのが効果的。ダイズ畑など広い場合は畑全体を30cmくらいの高さの板で囲うとよい。

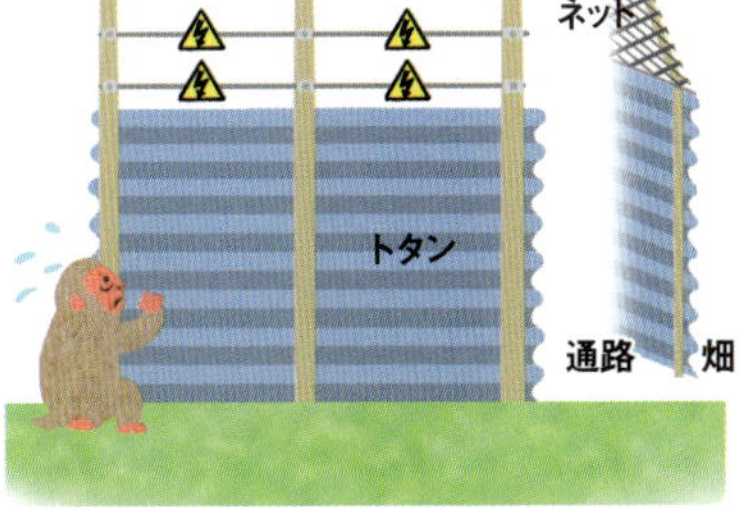

サル

獣害のなかで、サルの防除はほかの動物に比べて難しい。柵を乗り越える場合は、トタンの上に電柵をつけると効果的。トタンの上にネットを足して、斜め外側に緩めに下げておくと、サルがネットにつかまったときに登りにくくなる。

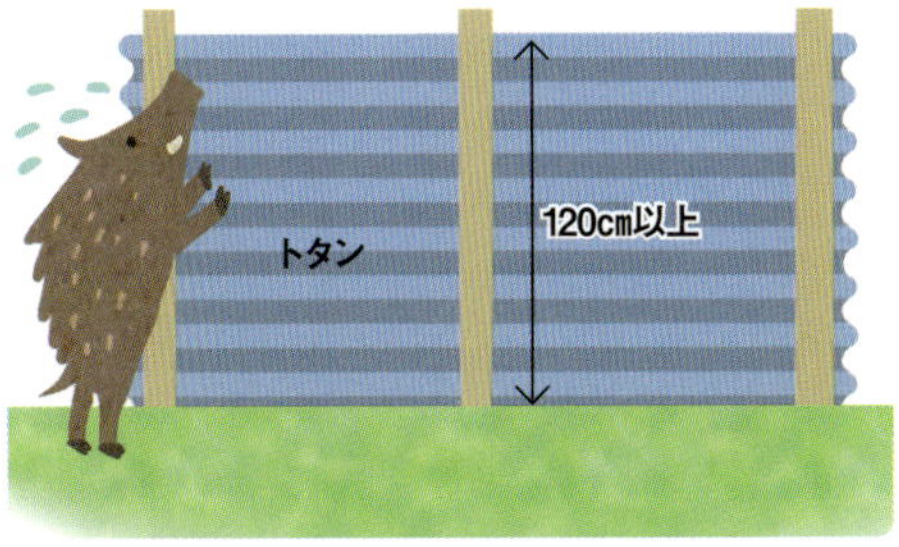

イノシシ

イモ類や米の被害が多い。トタンなどで囲うしかないが、1.2mの柵を助走なしで飛び越えるので、それ以上にしておく。常に見回り、壊れていないかチェックする。電柵を張る場合は、草が接すると地面に放電されてしまうので、まめな草刈りが必要。

自家採種、種の保存

固定種は生育にバラつきがある一方、その多様性があるから気候変動にも対応できる。畑の環境に適して〝進化〟する種を採り続けよう。

自分で種を採り続けることで畑の環境に合った野菜がつくれる

自家採種で多様性を保つ

全国各地には古くから栽培されている伝統野菜がある。これらの野菜は在来種・固定種と呼ばれ、姿形のいいものを選んで残し、自家採種してきた結果である。どんな作物でも、子孫を繁栄させるために次の世代に種を引き継ぎ、それぞれの環境に応じて少しずつ進化していく。北の寒い地域では寒さに適応し、南の暑い地域では暑さに耐える生命力を宿す。その土地に合っているので、自家採種の種は発芽率もよく、健康に育つ。

有機農家の中には自家採種をしている人も多いが、畝を次の作付けに使うには、種を採る株を移植する手間がかかる。自然農は耕さないので、野菜の花が咲いて種を結ぶまで置いておいても、その足元で次の野菜をつくることができる、自家採種向きの栽培方法なのだ。種を採る野菜と次につくりたい野菜の性質を考えて、野菜がうまく交代するようにするといいだろう。ときにはこぼれ種で同じ場所に前年の野菜が実をつけることもある。

採種する株や果実を生育している段階で選ぶことを「母本《ぼほん》選抜」と呼ぶ。どの株から種を採るかによって次に育つ野菜が決まるので、姿形がよく、健康的に育っているものを選ぼう。

また、近い仲間の野菜同士は交雑するので、種を採りたい場合は距離を離して栽培するように気をつける。花の色が違うと科が違うので交雑しないことが多い。マメ科同士やレタス類の仲間も交雑しにくい。ただし、自家用の野菜であれば、交雑しても気にせずに、種を採り続けてもいいだろう。いろいろな姿や味のものがあり、自分の畑の野菜が年々変化していくのを見るのも楽しい。

種採り用に残しておいた万願寺トウガラシ。健康に育っているものを1株当たり1本を残して、真っ赤に完熟させてから種を採る。

長ネギは、ネギ坊主が茶色く乾燥し、黒ゴマのように種が外に出てきたら穂首を収穫する。もみほぐすか逆さまにして種を出し、陰干しして乾燥させる。

ゴマは脱穀したあとに手箕を使って風選し、殻や茎などの細かいゴミを飛ばす。食べるためのゴマがそのまま種になる。

ゴボウは花が咲き終わり、茎と花が茶色く乾燥したら刈り取り、中の種をほぐして出す。

果菜類

穀類や豆類は完熟した種をそのまま食べるが、ゴーヤーやナスのような果菜類の一部は、完熟する前の状態で収穫する。野菜の一生から見ると未成熟の状態なので、丈夫で健康に育っているものを選んで残し、完熟させてから種を採る。トマト、カボチャ、スイカなどは完熟した状態で収穫するので、食べるときに種が採れる。

　トマトのように軟らかい実のものは丸ごと潰し、ナスやカボチャなどは種の部分をかき出して、種を水で洗ってぬめりを取る。成熟した種は水に沈むので浮いた種やゴミを捨てる。カボチャやトウガンの種は浮いたものをザルでこして使う。

　水選した種をそのままにしておくと、芽が出てきたり、表面にカビが生えたりするので、採種するときは、晴れた日の午前中から行いたい。種を水で洗ったあと、新聞紙などに重ならないように広げて直射日光に当て、夜間は部屋に取り込む。日陰に置く場合は日数がかかるが、乾燥が足りなくてカビてしまうことがあるので、最低でも直射日光で2～3日は干すこと。

Point

- □食べごろと種の採りごろが違うものがある。
- □食べるときに未熟な野菜は、種用の実を残して完熟させる。
- □種の周りについているぬめりは水で洗い、よく乾かして保存する。

ゴーヤー

❶緑の状態の食べごろを過ぎるとオレンジ色に熟してくるので、実が破裂する前に収穫する。

❷中の種は赤い綿状のものに包まれていて、この部分は甘くておいしい。中の種を取り出し、水で洗って干す。

カボチャ

❶カボチャは食べごろが種の採りごろ。食べるときに種を残しておくとよい。

❷中の種と綿を取り除いて、水の中に落として洗う。カボチャの種は水面に浮くものを使い、沈んだものは使わない。

❷洗った種を新聞紙などに広げて、乾燥させる。種が重ならないように間隔を開けて、天日に2～3日干す。

ナス

❶姿形がよく、健康に育っているものを1株当たり1本くらい選び、収穫しないで種採り用に残しておく。

❷皮が茶色い紫に変わり、実が固くなるまで完熟させて、実を2～4つに割って種を出す。

❸ナスの実をほぐしながら、中の種を水の中に落としていく。水洗いして、浮いてきた種は捨てて、沈んだものを使う。

❹洗った種を新聞紙などに広げて、乾燥させる。種が重ならないように間隔を開けて、天日に2～3日干す。

Q 固定種と交配種(F1)の違いは?

A 市販の種の多くはF1と呼ばれる交配種(一代交配種、一代雑種)で、種を採っても、かけ合わせた元の品種の特徴が出て、同じものがつくれません。その代わり、発芽時期が一定だったり、作物の大きさが均一に育ったりするので、管理しやすい特徴があります。一方の固定種は在来種とも呼ばれて、栽培を繰り返すなかでそれぞれの土地や気候風土に適した性質を持ち、伝統野菜として定着しています。

葉物・豆類・根菜類

果実に種をつけるもの以外に、収穫した実がそのまま種になるものと、収穫時期を過ぎてトウ立ちして咲いた花から種ができるものがある。ダイコンやニンジンなどは、花が咲くのを見たことがない人も多いだろう。

ゴマやサヤインゲンのように、食べる実がそのまま種になるものは、さやから種を取り出し、余計なゴミを取り除く作業が必要。ゴマは小さい粒なので、食べられる状態にするのにも手間がかかる。さやに実を結ぶものは、さやができて全体が茶色く枯れてきたら刈り取り、風通しのよいところにぶら下げて、2週間ほど乾燥させる。その後、ゴザやシートの上でたたいて種を取り出す。ダイコンのようにさやが硬い場合は、木づちでたたくとよい。

イネ科（トウモロコシを除く）とマメ科は自家受粉なので類似品種と交雑しないから、栽培時に隔離する必要はない。一方、アブラナ科やウリ科、トウモロコシなど他家受粉するものは、類似種と交雑してしまうので、なるべく離して栽培したほうがよい。

Point

□収穫時期を過ぎてトウ立ちして花を咲かせたあと、さやのできるものは茶色く枯れるまでおいても平気。

□ニンジンのようにさやのないものは枯れると種が落ちるので、その前に採種する。

花から採る

ニンジン

ニンジンは、トウが立って白い花が咲くので、その部分が茶色く乾燥したら刈り取る。バケツなどの容器や敷物の上で、手でほぐすようにして種を落とす。

花から採る

シュンギク

❶シュンギクはその名の通り、黄色いきれいな花が咲く。

❷花が枯れて黒ずんでカラカラに乾燥したら、花の部分だけ指でつまむようにして採る。

❸ほぐしながら容器に集めて、息を吹きかけてがくなどを飛ばし、種だけにして乾燥させる。

さやから採る

サヤインゲン

さやが薄茶色になってカラカラになるまで熟させる。刈り取って直射日光に当てて乾かし、さやから豆を取り出したあと、傷んでいるものを取り除いてもう一度乾燥させる。

さやから採る

ゴマ

ゴマは刈り取ったあと天日で乾燥させて、さやや茎が茶色くなってから脱穀する。袋の中で振ったり、ゴザに包んでたたいたりして、さやからゴマの実を出して、天日乾燥させる。

さやから採る

ダイコン

❶ダイコンはトウが立って、株全体が淡褐色に枯れてきたら刈り取る。

❷ゴザの上に広げて木づちでたたいたり、手でほぐして、さやの中にある種を取り出す。

❸ふるいにかけて、さやと茎や葉を取り除く。

❹手箕で風選して、細かいゴミを取り除き、種だけにしてから乾燥させる。

イモ類ほか（種イモの保存）

ほとんどの野菜は種を採って次の栽培時に使う種子繁殖だが、ジャガイモ、サトイモ、サツマイモ、ショウガ、ラッキョウなどは、その一部を種イモとして使う栄養繁殖である。ニンニク、葉ネギ、ウド、フキなどは「株分け」をして増やす。種イモにするものは、病気にかかっておらず、姿形のいいものを選ぶ。株分けするものは、勢いがよく健康的な姿の株を選ぶ。

ショウガは、よく洗って土を落としてから、日に当てて乾燥させる。ほどよい大きさに分割し、ひとつずつ新聞紙に包んで発泡スチロールの箱に入れ、ふたを少しずらして、10度以下にならない場所で保管する。

Point

- □サトイモは子イモを種イモに使うのが一般的。
- □ジャガイモとサツマイモは5℃前後、サトイモは7～10℃が保存の適温。

サツマイモ

種イモにするサツマイモは、姿形がよく、傷のないものを選ぶ。つるを切らないように株ごと掘り上げ、新聞紙に包んで段ボールか発泡スチロールの箱に入れ、密閉しないように家の中の気温が下がりにくいところに置いて貯蔵する。サトイモと同じように土に埋めて貯蔵する方法もあるが、外気温が5℃以下になるときは腐りやすいので注意する。

ジャガイモ

収穫したジャガイモのうち傷みのないものを選び、風に当てて土をしっかり乾燥させる。湿気が残っていると腐りやすい。春ジャガは日陰で保存し、芽が出てきたものを秋に植え付ける。秋ジャガは箱などに広げて全体を新聞紙でくるんで保管する。ジャガイモはサトイモやサツマイモと比べて寒さに強く、種イモは保管しやすい。

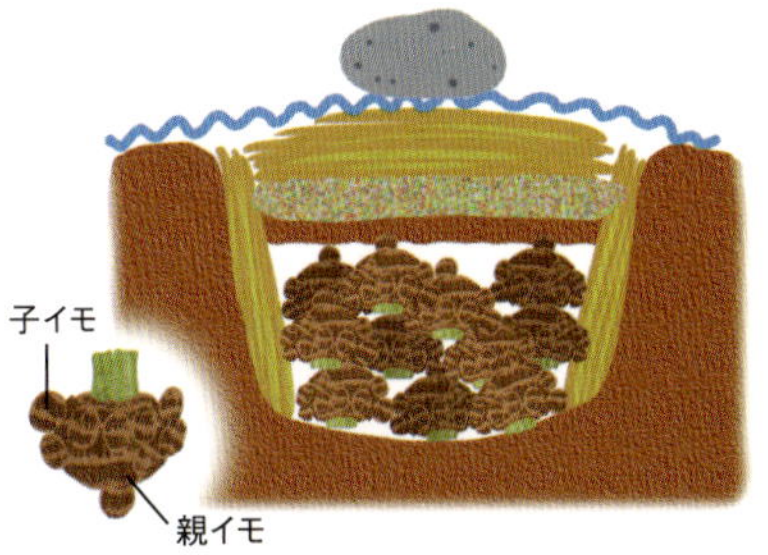

サトイモ

種イモにするのは子イモ部分で、掘り上げずに稲わらや草を厚く敷いて翌春まで置くか、ひと株ごと掘り上げて穴に埋める方法がある。埋める場合は、深さ70cmくらいの穴を掘り、側面に稲わらを立てかけ、内部にサトイモの株を逆さまにして置き、土をかけてから、もみがら・稲わらをかけ、トタンなどで雨がかからないようにする。

地域に根差した野菜の種を守るシードバンク

本来の野菜の多様性がなくなる危機感から、国内の種の銀行である「シードバンク」が増えている。日本有機農業研究会の「種苗ネットワーク」が種子の保存と種苗交換会をしている。長野県の「安曇野シードバンクプロジェクト」は無料で種を貸し出し、借りた種は翌年に2倍にして返すというシステム。高知県の山奥の集落・椿山の「SEEDS OF LIFE」は、全国でシードバンクを展開。地域間の種の交換も企画している。

問い合わせ先

種苗ネットワーク
日本有機農業研究会
〒113-0033　東京都文京区本郷3-17-12
水島マンション501
☎03-3818-3078　http://www.joaa.net/

安曇野シードバンクプロジェクト
シャロム　シャンティクティ　臼井健二
〒399-8602　長野県北安曇郡池田町
会染552-1
☎0261-62-0638
http://www.ultraman.gr.jp/shantikuthi/

SEEDS OF LIFE
〒783-0055　高知県南国市双葉台15-1
☎088-855-4248
http://www.seedsol.org/

種の保存方法

種を保存するときはカラカラに乾燥させる。直射日光に当てて、最低でも3日間は干したい。乾燥が足りないと瓶に入れて保管している間にカビがついてしまう。しっかり乾燥させたら、空き瓶や空き缶に入れて、湿度の少ない冷暗所に置き、ネズミの害に遭わないように保管する。このとき、忘れないように野菜の名前と採種日を記入しておく。種の量が少なくて紙袋を使う場合は、冷蔵庫(野菜室は湿度が高いので向かない)に保管するとよい。

種の保存には生活の中から出た小さな空き瓶を利用しよう。きれいに洗って乾燥させてから使う。

種の発芽年限

(全国農業改良普及協会発行『豊かな自家菜園』より)

1年	ネギ、タマネギ
2年	ゴボウ、ニンジン、キャベツ、エンドウマメ、インゲン
3年	カブ、ダイコン、レタス、ホウレンソウ、ハクサイ、カボチャ、ピーマン、ナス、トマト
4年	シュンギク、ソラマメ、ウリ、スイカ
5年	キュウリ

※保管期間が経過するほど発芽率が落ちていくので、なるべく新しい種を使うこと。

ラベルをつけた小瓶を野菜の種類ごとに分類しておくと、使うときにわかりやすい。

自然農
Q&A
教えて、川口さん！①
自然農の成り立ち

Question1

自然農は川口さんが考案したのですか？

A　専業農家の長男として生まれ、中学卒業と同時に農薬や化学肥料を使う農業を始めました。しかし自分の健康を損ね、その原因を求めるなかで、有吉佐和子さんの『複合汚染』という本に出会い、これまでの農法の大きな問題点に気づいたのです。

その後、農薬や化学肥料を一切やめてみたものの、3年間米は全滅。試行錯誤は10年続きました。それからどの程度手を貸せばいいのかが少しずつ分かってきて、その方法を人に請われて教えるうちに、またさらに新たな気づきや発見がありました。それはその時々の気候や田畑の状態によっても変化しながら、35年経った今でも続いています。実践しているのは私が一番長いかもしれませんが、「自然農のノウハウ」と呼ばれていることの多くは、取り組まれてきたみなさんの経験と知恵の蓄積だと思っています。そして自然農とは実践される方の生き方そのものだと考えています。

Question2

川口さんの畑からは箸墓《はしはか》古墳が間近に見えます。畑の下には古代の遺跡があり、卑弥呼の宮殿かもしれないと聞きました。そうした環境は川口さん、そして自然農とどんな関わりがあるのかお聞かせください。

A　発掘調査をするには、田んぼでの耕作を休む必要がありましたが、もともと私も歴史が好きだったので喜んで協力しました。するとまさにここが日本国家の始まりとなる神殿があった場所かもしれないことが分ったわけです。

現在、国家の政《まつりごと》は混迷のなかにあります。農も同じで、これまでの間違ったやり方のツケが表面化して、このままでは続けられないことに多くの人が気づく時代になりました。

少し話が大きくなってしまいますが、この土地に生を受けた者として、現在の社会のなかで持続可能な農のあり方を、後世の人に確実に伝えて残していかねばならないのではないか、という使命のようなものは感じています。

Question3

鍬の使用、虫の捕殺、補いは、３大法則に反しませんか？

A　鍬は使わなければ使わないで、虫を捕殺せずとも、補いをせずとも植物は育ちます。しかし自然からの採取ではなく、あくまで我々が生きる糧とするための栽培なわけです。まったくの放任では、生きるために充分な実りは得られません。生きるということは何かの犠牲の上にしか成り立たない、つまり自分は生かされているのだと理解したうえで、自然の調和を乱さずに、鍬の使用や除草、虫の捕殺は実りを得やすくするために少し手を貸しているのだと、また補いは畑から出たものを畑に戻して循環させているのだと考えてはどうでしょうか。

Question4

なぜ種を「蒔く」ではなく「降ろす」というのですか？

A　慣行農法でやっていたときは私も「蒔く」と言っていたんですよ。しかし自然農を実践し、田畑やそこに息づくたくさんのいのちをつぶさに見つめるうちに、自分はそのなかで生かされているにすぎないということに気づくようになりました。すると土に種を埋めるということが、大事ないのちを扱う行為だと思うようになったのです。それは慣行農法で蒔いていたときとはまったく異なるものでした。そのような気持ちの変化から自然と「降ろす」と言い始めたのだと思います。

Question5

自然農の学びは人間的な成長につながりますか？

A　おおいにつながると思います。自然農を実践するということは、自然界、さらには果てのない宇宙のなかで生かされていることを悟り、知ることにつながります。そして自然や宇宙がなす、絶妙な働きを知ることにもなります。今日、人々が抱える問題、社会全体が抱える問題にはさまざまなレベルのものがありますが、その多くは、自然界から離れて、自分がどこに、あるいは何に生かされているのか分からない、というところからきているのではないでしょうか。

ジャガイモは4カ月、お米は7カ月で、芽を出し、生長し、子孫を残し、そして一生を終えます。草1本、虫1匹とっても何ひとつ無駄なことはありません。日々の農作業のなかで、自然の絶妙さを知ることは、自分や社会の抱える問題の根源を問い直し、幸せな生き方とは何かを悟るための多くの気づきを与えてくれるでしょう。

2章

自然農で しっかり収穫！

耕さず、肥料・農薬を使わずとも、
充分な収穫を得ることはできる。必要なのは、
種降ろしから収穫、採種まで、
折々の細やかな観察と必要に応じた手入れだ。
ここでは福岡県の糸島半島で自給自足生活を営む、
自然農暦22年の鏡山悦子さんが、
代表的な野菜23種の栽培方法を紹介する。

文・イラスト／鏡山悦子

ナス

ナスの栽培カレンダー

○種降ろし ▲定植 ●収穫

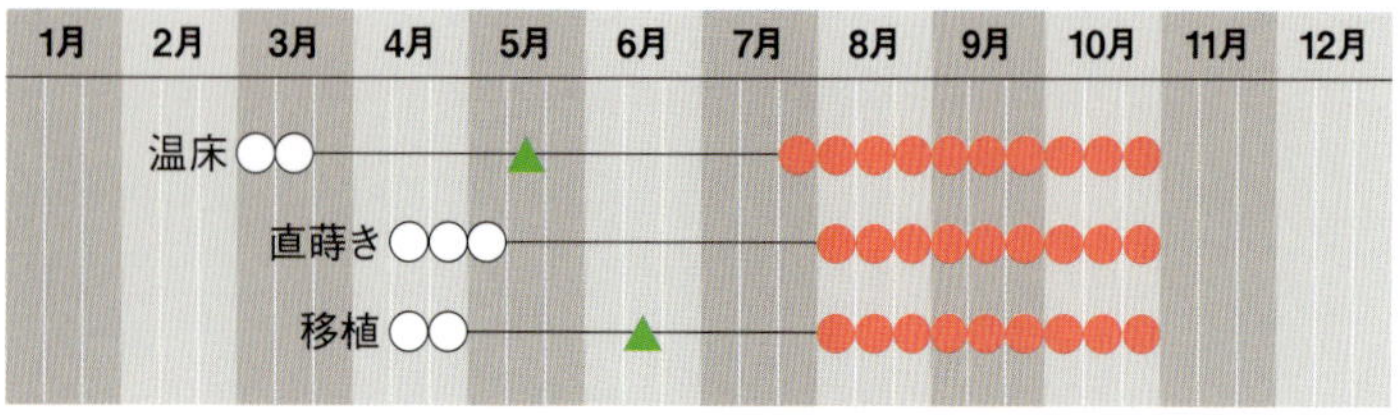

品種

長ナス	博多長ナス、長崎長ナス(晩生)
中長ナス	真黒ナス、千両ナス、白ナス(中長ナスの類は数々の交配種の親に使われる。皮・果肉ともに柔らかい)
卵形ナス	信越水ナス、米ナス、賀茂ナス、橘田ナス、在来青ナス(水ナスは漬物に使われることで有名。米ナスは丸みがあって大きく、味はやや淡白だが、田楽などに向いている)
小ナス	民田一口ナス、十全一口ナス(20g前後のものを収穫してからカラシ漬けなどにする)

ナスの原産は東インド。種は古いものでもよく発芽し、7〜8年はもつと言われている。

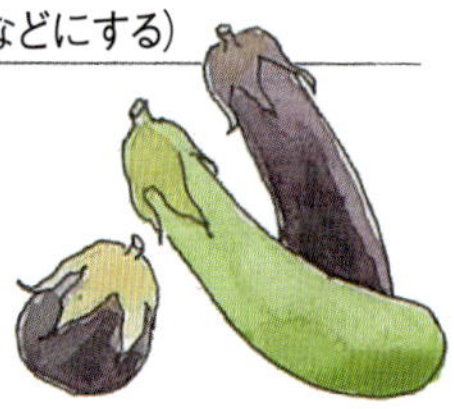

夏の食卓に欠かせないナス。秋まで長く収穫できます。

ナスは、ナス科の作物同士(ジャガイモ、トマト、トウガラシなど)の連作を嫌います。

自然農の畑では、たくさんの草々と共生しますので、連作の障害は少ないと言えますが、1〜2年は連作は避けたほうが無難でしょう。

ナスは地力を必要とする作物ですので、冬の間に残菜、油かす、米ぬかなどを畑に振り撒き地力を補って、豊かになったところに作付けをするとよいでしょう。この際、水やりは多めに、また、場所は、水はけよく、日当たりのよいところを選ぶようにします。

【種降ろし】

種降ろしは、直蒔き、ポット蒔き、苗床をつくって……など、畑の状況に応じていろいろな方法でできますが、ここでは、苗床で苗をつくる方法を説明します。

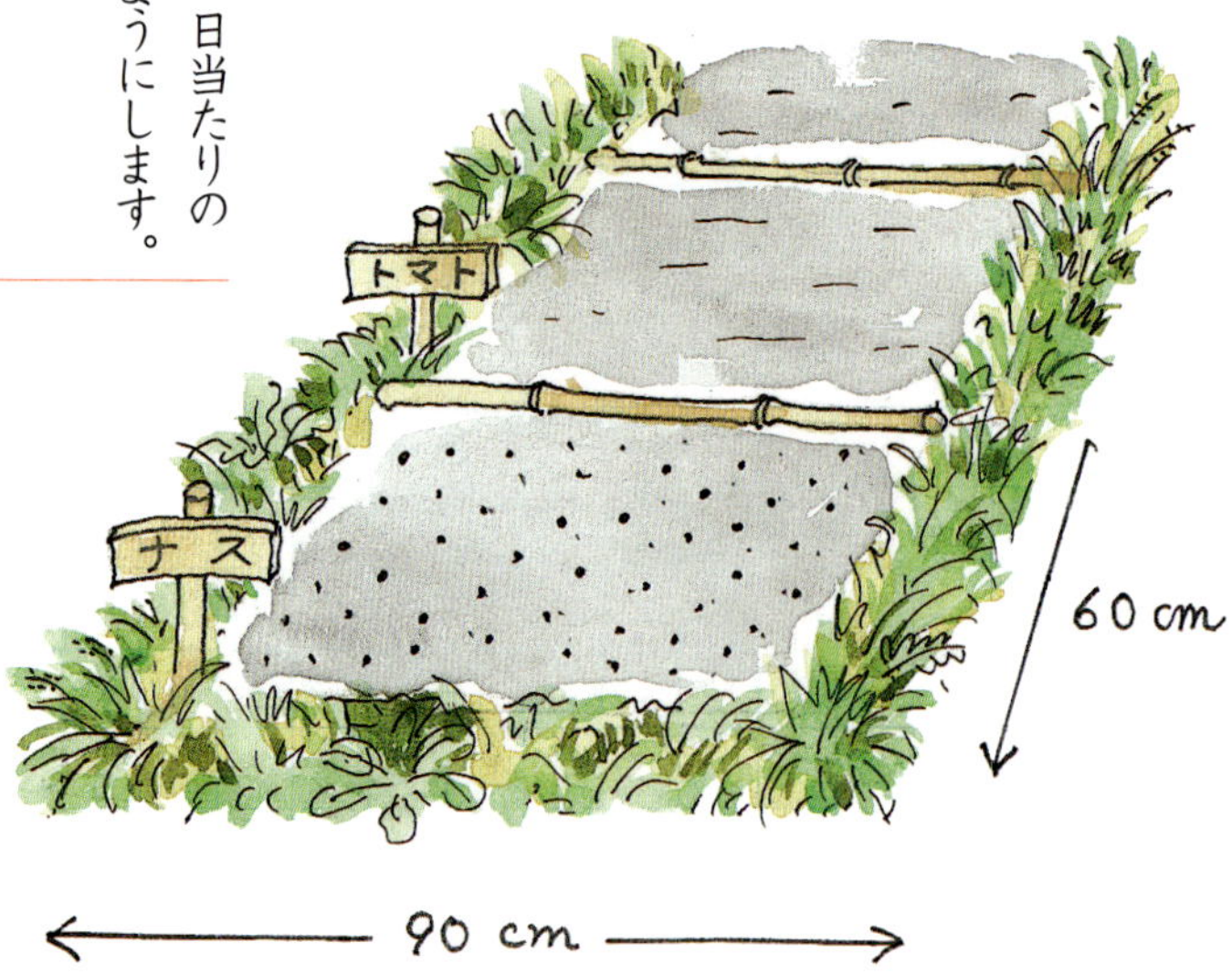

❶苗床の広さは、必要に応じて、例えば自給用なら、90センチくらいの幅の畝の場合、60〜70センチずつの区画に分けて夏の果菜類(トマト、ピーマンなど)をまとめてつくるとよいでしょう。

❷初めに草を刈り、鍬で表土を3〜5センチの厚みで削り、雑草の種の交じった箇所を除き、宿根草の根なども取り除きます。

❸鍬の背で軽く押さえて平らにし、そこへ種を降ろしてゆきます。種と種との間隔が3〜4センチとなるように、混み合っている箇所は、手で種の間隔を調整します。

❹種が隠れるくらいの厚みで覆土してゆきます。覆土する土は、雑草の種の混ざっていない箇所の土を選びます。

左の絵のように、鍬を斜めに打ち込んで、上の土を草々と一緒に持ち上げたところの、その鍬の下の土などがよいでしょう。

ふるいを使ったり、手でもみほぐしながら覆土します。

❺再び鍬の背で軽く押さえ、乾燥しないように周囲の草を刈って振り撒き、覆っておきます。

折々の灌水は、よほどの干ばつでもない限り必要ありません。

【発芽と間引き】

発芽温度は、20〜30度で、約

作付け縄はたくさんの苗をまっすぐに定植するときに便利。

2週間ほどかかります。この期間はこまめに様子を見て、上から覆った草が発芽の妨げになっているようであれば、双葉が頭を持ち上げるころ、被さっている草を落としてやります。

混み合っている箇所は、葉が重ならないのを目安にして間引きます。フォークで根を傷めないようそっと間引いて、ポットなど別のところで育てることもできます。

【移植】

本葉が6～7枚になったら、用意しておいた畝に定植します。

日中の強い日差しを避け、夕方か曇りの日に行うと移植によるダメージが少ないでしょう。

定植する畝は、日当たり良好で地力が豊かなところとします。冬の間に残菜や油かす、米ぬかなどを補っておくと実りがよいでしょう。

株間を60～70センチくらいとって、草を刈り、定植する穴を開けます。そこへジョウロなどで水をたっぷり入れ、その水が土中に染み渡ったら、苗床から用意した苗を植え込み、周囲の土を寄せて収めます。

苗床が乾燥している場合は、移植作業の30分くらい前に灌水しておくと植え傷みが少ないでしょう。

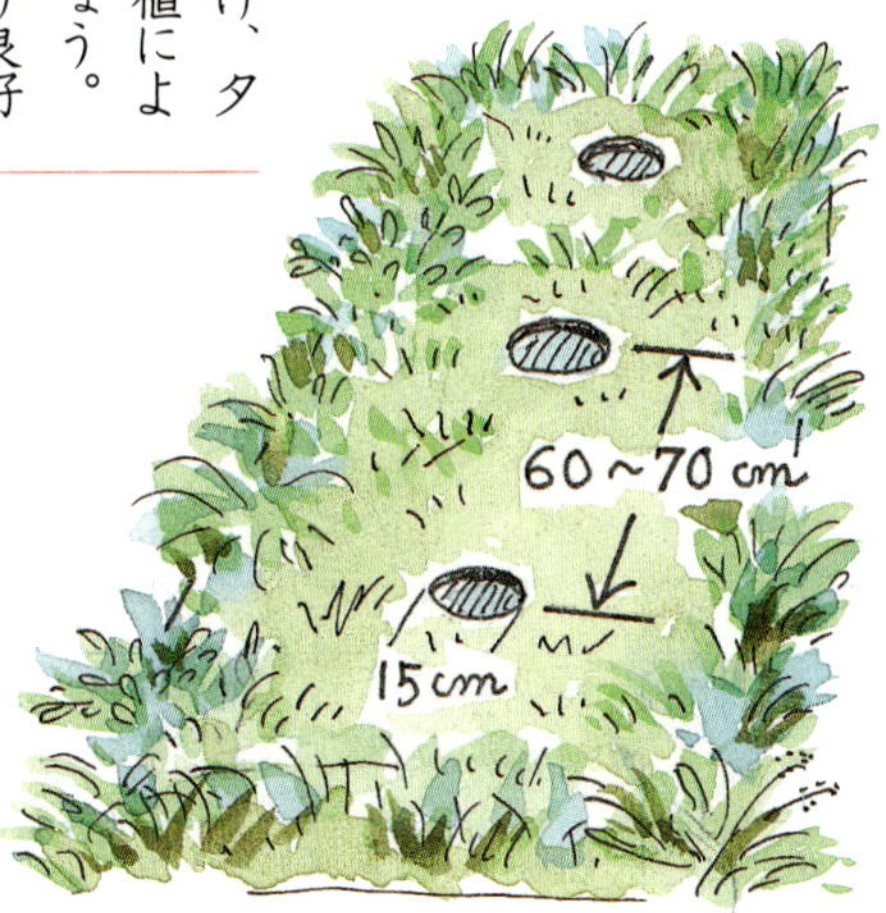

ナスの場合、移植の際、深植えをしないようにすると育ちがよくなります。根がちょうど地中に収まるような深さの穴を用意するようにします。

定植したナスの株元には、乾燥を防ぐために刈った草を敷いておきます。

【支柱を立てる】

移植して1週間もすれば活着し、気温の上昇とともに勢いよく生長します。次々にわき芽も出てきますが、一番花の上から3～4本を残し、あとは摘んでおきます。

右は3本仕立てのものです。竹の支柱（70～90センチくらい）を用意し、3本の枝にそれぞれ下側からそっと支えるように当てて地面に差し込み、それぞれの枝とを緩くひもで結び付けます。

3本の支柱の交わる部分は、さらにひもでぐるりと巻いて固定しておきます。

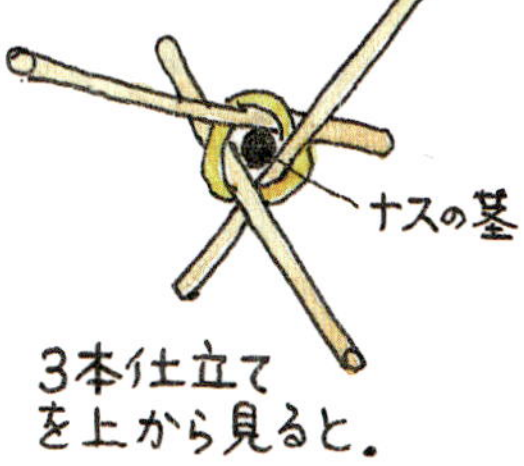

【収穫】

ナスは両全花《りょうぜんか》といって、ひとつの花の中に雄しべと雌しべがあり、条件が揃えばほとんどの花が結実します。

一番花を小さめのうちに摘み取ると、その後の結実がよいようです。また、収穫もやや早めにしたほうが軟らかいです。

折々に畦草、台所の生ゴミ、米ぬかなどを条間に敷いたり振り撒いておくとよいでしょう。過多にならないように注意します。

【種採り】

食べごろを過ぎて若々しい紫色から茶色い紫に変わって、実も硬くなってから種を採ります。実を縦に2～4つ割りにして種を採り、水に入れて沈んだものだけをよく乾かして保管します。

キュウリ

キュウリの栽培カレンダー

○種降ろし ●収穫

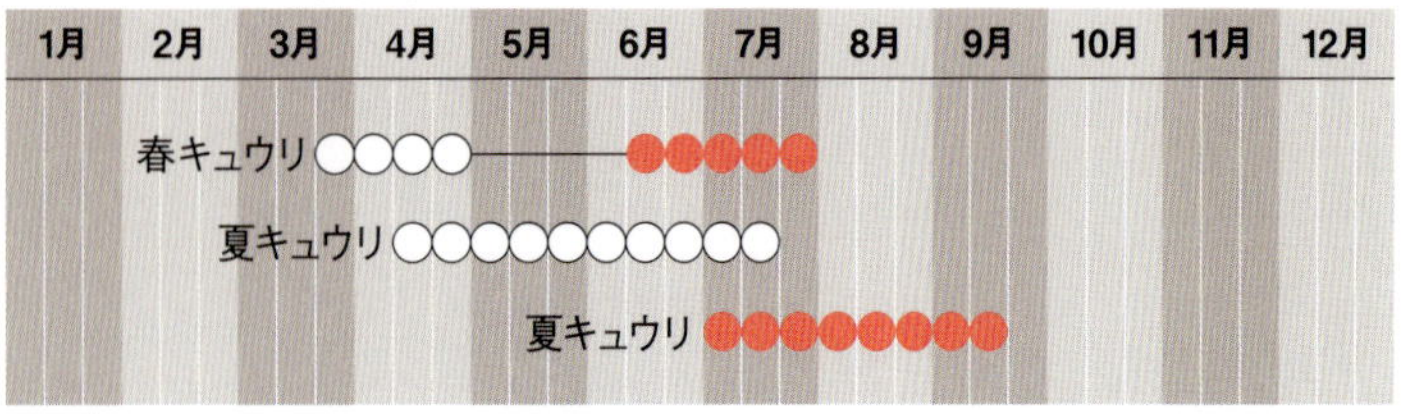

品種

立ち性と地ばい	支柱を立てて、つるから出てくる巻きヒゲを絡ませて上っていく立ち性のものと、地面をはっていく地ばいのものとがある。 **地ばい種**……霜不知地這、ときわ地這
節成りと飛び成り	**節成り**……親づるに第1雌花がつくと、その後もほとんどの節に雌花がつくもの(春キュウリ)。夏秋節成、加賀節成、今井節成 **飛び成り**……親づるにあまり雌花をつけないで、子づる・孫づるの第1、第2節に必ず雌花をつける(夏キュウリと言われ暑さに強い)。つばさ、奥路、大豊在来、相撲半白
イボの種類	黒イボキュウリ、白イボキュウリ
その他地方の在来種	下津井在来(高知)、阿蘇地キュウリ(熊本)、しろうま(長野)八町キュウリ(長野)

キュウリはウリ科です。同じウリ科のスイカは乾燥地を好みますが、キュウリは水分を多く含み、それでいて水はけのいい土壌を好みます。

ウリ科同士の連作は避けたほうが無難でしょう。

また、雌花が咲いてからほぼ10日ほどで収穫でき、次々と実がなりますが、収穫期間がわりと短いので、品種を選び3〜4回に時期をずらして種を降ろすと夏じゅう収穫できます。

生のキュウリは暑い夏の時季のからだの熱を冷ましてくれる食べ物ですが、炒めてもおいしく、またぬか漬け、かす漬けなどいろいろな漬物にも向いています。

【種降ろし】

種を降ろす時期は品種にもよりますが、3月中旬から7月中旬まで(東北地方・高冷地では4月中旬から6月上旬まで)、少し時期をずらして3回くらいに分けて降ろしていくと長く収穫できます。

立ち性の場合は支柱を立てるので、1条に降ろすか、2条に降ろすかを考え合わせ、畝幅を選びます。

地ばいの場合は支柱を立てる必要はありませんが、つる先が伸びるので、畝幅は広いほうがよいでしょう。

株間は、立ち性の場合は40〜50センチ、地ばいなら1メートルほどあるとよいです。

まず、種を降ろす箇所だけを直径15センチくらいの円形に草を刈り、表土を薄くはいで、軽く手のひらで押さえて平らにしてから、そこへ種を3〜4粒降ろします。

種が隠れるくらいに覆土し、再び手のひらで軽く押さえた後、周囲の細かい草を刈ってその上にパラパラとうっすら被せておきます。

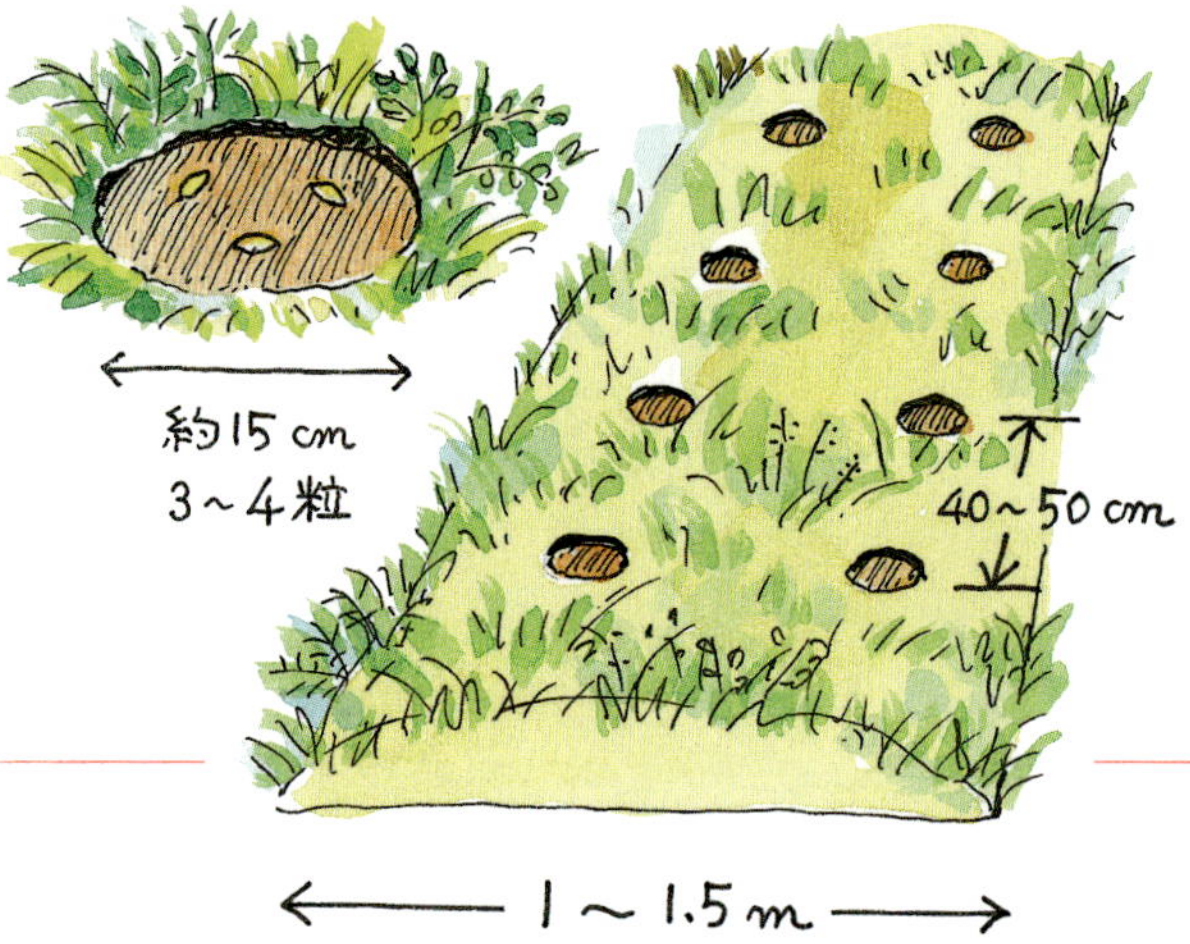

こうすることで乾燥を防ぎ、灌水の必要はなくなります。

【発芽と間引き】

種を降ろして約5〜6日で発芽します。上から被せた草などが絡まっている場合は、その部分をそっと取り除いてすっきりとさせてやります。

幼苗の本葉が重なってきたら丈夫で健康そうなものを1〜2本残しハサミで切るなどして間引きを行います。

最終的には1株にしますが、初期に間引いた苗がしっかりしていれば、それを移植することもできます。

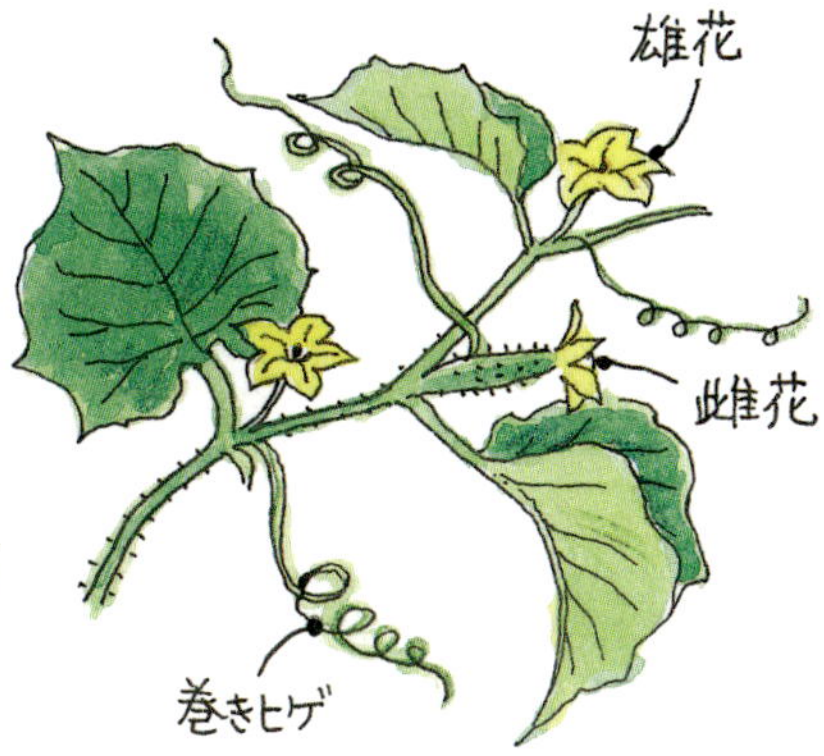

【支柱を立てる】

　竹などの支柱を用意し、三角に組んで1・5㍍ほどの高さのところで横木を渡し、倒れないように麻ひもなどでしばって組んでいきます。

　キュウリのつるはそれ自体がらせんを描いて支柱に巻き付くのではなく、節ごとに出る巻きヒゲがつかまるところを察知して、くるくると巻き付きながら伸びていくという性質があるので、枝のたくさんついている竹を苗ごとに立てていったり、

支柱に横ヒモを何段にも渡したりして、巻きヒゲがつかまるところをつくってやります。

　本葉が4〜5枚になるころ、すでに間引いて1本になった幼苗を初めだけ支柱やヒモに誘引してやります。キュウリの茎は折れやすいので、ヒモは8の字に緩みを持たせて巻くとよいでしょう。

　周囲の夏草も勢いよく茂り始めますので、負けないように随時刈って、キュウリの足元に敷いておきます。

【摘芯について】

　節成りは親づるに、飛び成りは子づる・孫づるに雌花をつけます。どちらも5〜6節まで摘芯をし、一本仕立てにする方法が通常の栽培ですが、自然農では、摘芯することなく作物に任せます。こうすることで地力に応じてほどよく収穫が得られます。むしろ多収量を目的とした摘芯は親株を弱らせてしまいます。

　地ばいキュウリの場合も摘芯しなくても充分に実をつけてくれます。

　自然に任せたほうが、親株も弱らず長い期間収穫が楽しめます。

【生長と収穫】

　気温が上がるにつれ草の勢いも増してきますが、草があることで乾燥から守られますし、小動物の生息場所でもあるので、一気になくしてしまわないよう、草を刈る際は充分に配慮します。キュウリの苗が草に覆われ、太陽の恵みが受けられない、あるいは風通しが悪いという状況の場合にのみ、その株の周りだけ、またはその畝の片側だけを刈って、しばらくしてからその反対側を刈るなどします。

　葉が黄ばんできたり、勢いがなくなってきたら、株元から少し離れたところに油かすや米ぬかなどを補ってあげるとよいでしょう。

　地ばいキュウリは、カボチャや白ウリと同じように地面をはって生長し、畝の上に転がって実がなります。結実したところの草が少ないときは、土の水分が直接当たって傷まないよう、刈った草を敷いてやります。

【採種】

　キュウリは雄花と雌花ができますが、カボチャやスイカと違って、受粉しなくても実を結びます。受粉せずに結実したものには種はありません。

　種を採るときは、最盛期にいくつかの実を黄色く完熟するまで待って、少し軟らかくなったくらいのものを選びます。実を割って種を取り出し、水に浸け、沈んだものだけをよく乾かして保存します。こうすることで充実したよい種だけを選別できます。

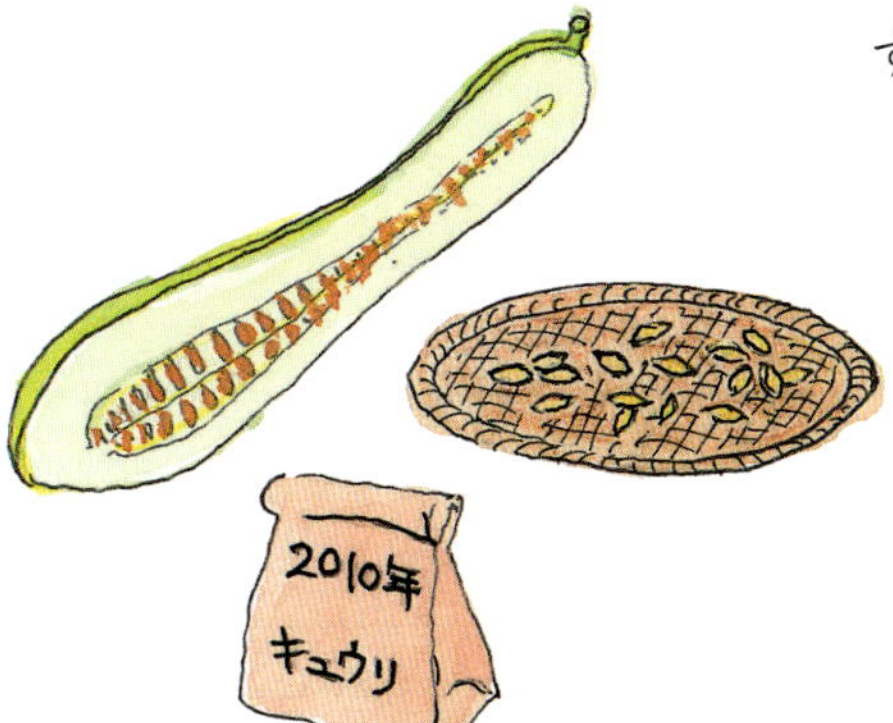

カボチャ

カボチャの栽培カレンダー

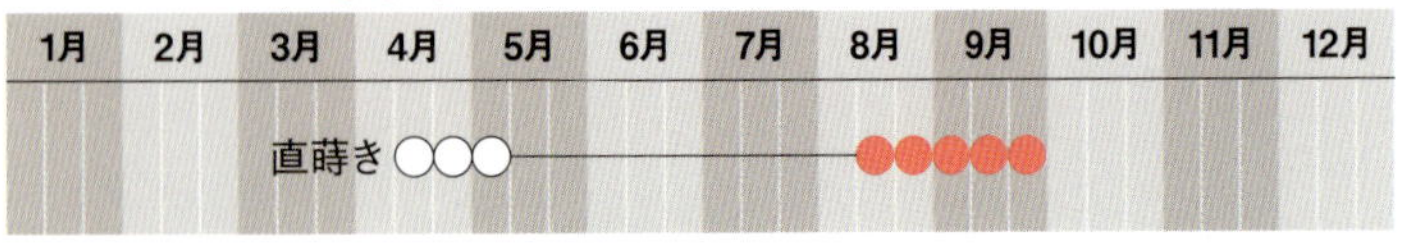

品種

日本カボチャ、西洋カボチャ、ペポカボチャに大きく分けられる。

日本カボチャ

水分が多く甘味は少なめで、粘り気のある果肉である。煮崩れしにくい。開花後30日くらいの未熟果を食べる。葉に細かいトゲがある。

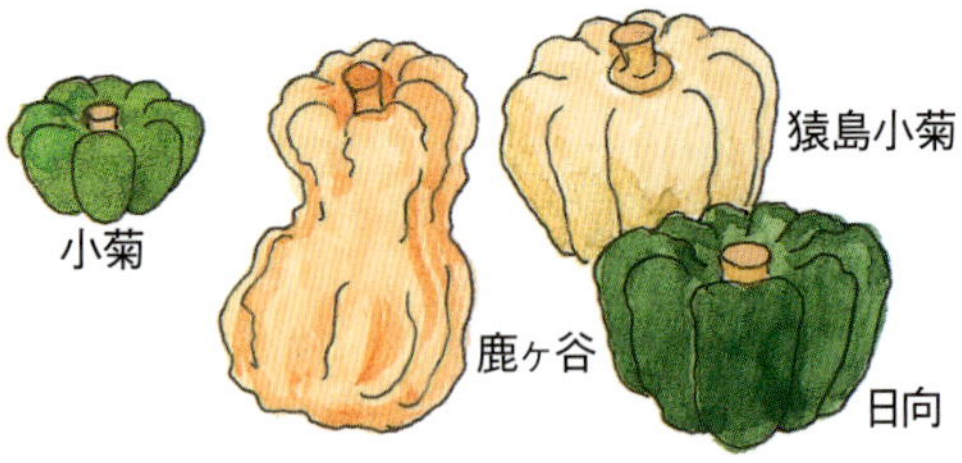

西洋カボチャ

甘味が強く、ホクホクしている。完熟してから食べる。葉にトゲはない。

えびす
東京
がんこ
ケイセブン
まさかり

ペポカボチャ

皮が硬めでいろいろな色や形のものがある。ズッキーニもこの種の仲間。
果柄《かへい》が硬く、果肉との付け根に台がある。葉にトゲはない。

ズッキーニ
プッチーニ
そうめんカボチャ
テーブルクィーン

原産は南アメリカです。日本カボチャと呼ばれるものも安土桃山時代に伝わってきた当時の外来種です。

やや乾燥気味の土地で、水はけと日当たりのよい場所がいいでしょう。

ウリ科の作物は連作障害が出やすいので、通常は、続けて同じ場所での栽培を避けますが、カボチャは連作することが可能です。かなりつるが伸びるので、広い畝が必要になります。

【種降ろし】

カボチャ専用の畝をつくる場合は、畝幅は3～4メートルは必要ですが、細い畝しかないときは、畝3本を使い、真ん中の畝に種を降ろし、左右の畝につるをはわせる、という工夫もできます。また、必ずしも畝にとらわれず、緩やかな斜面や果樹地の日の当たる場所など、ちょっとしたスペースを利用して種を降ろすのも楽しいですね。

4月中旬から5月上旬、種の中身がふくらんでしっかり入っているのを確認して降ろしていきます。

まず、充分な間隔をとって種を降ろす位置を決め、棒などを立てておきます。直径30センチくらいの円形に草を刈って、周りの土を寄せて、なだらかな山形に土を盛り上げます。この作業を「鞍《くら》を築《つ》く」と言います。ウリ科の作物は湿気に弱いので、こうしておくと梅雨期に入って長雨で苗が傷むのを防ぐことができるのです。

その鞍の頂に3～4粒ずつ種を降ろし、種が充分に隠れるくらいの土をかけ、軽く手で押さえます。最後に鞍全体に刈った草を振り撒いておくと、土の乾燥が防げます。

ポットで苗をつくる場合は、毎日水やりが必要になります。

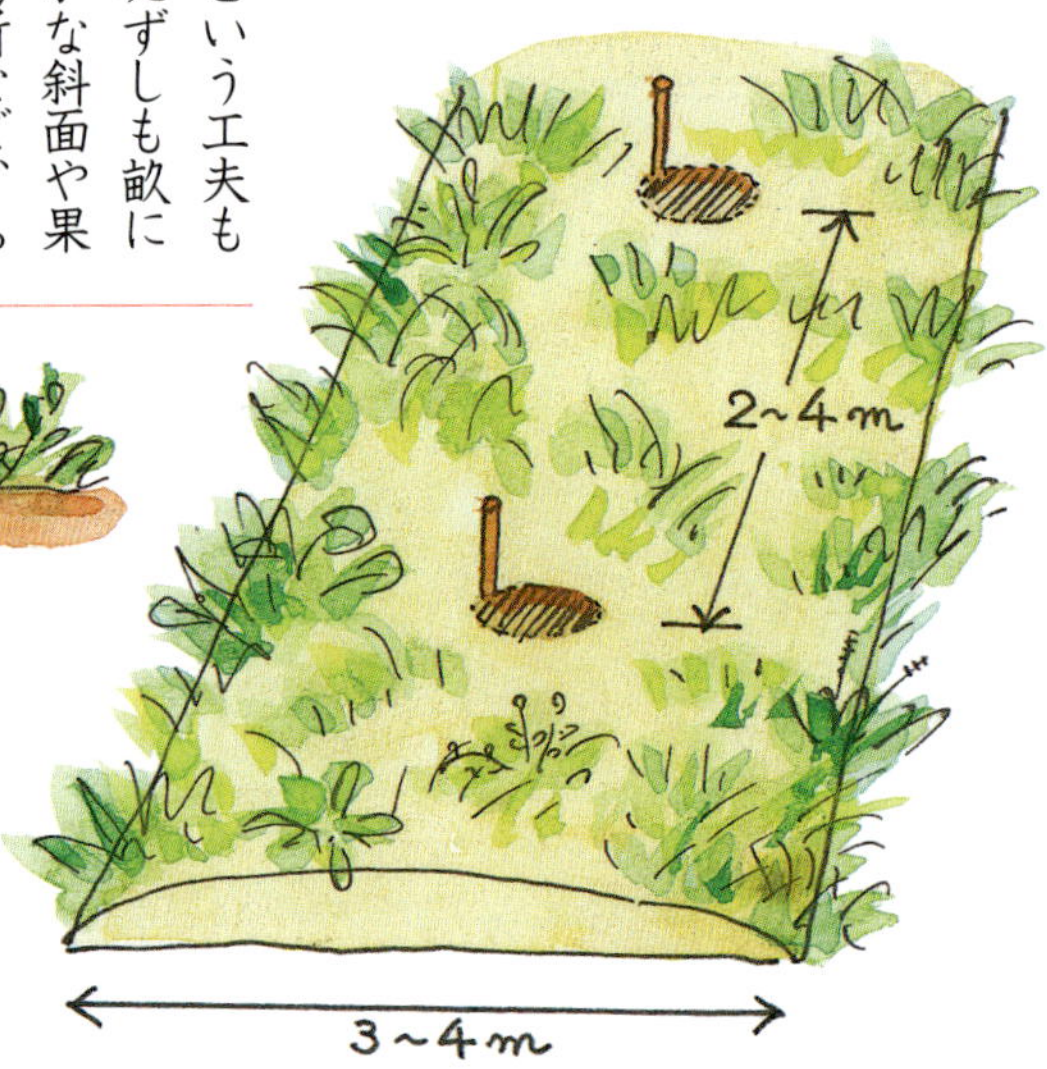

【発芽と間引き】

地温が上がらないと時間がかかりますが、適期であれば1週間前後で発芽します。

種も大きいので、出てくる双葉も大きく、地面から力強く頭をもたげます。このとき、上からかけておいた草が絡まってい

たら、そっと取り除いてやります。
発芽後15日くらいして本葉が1、2枚出てきたら、2本を残して間引きます。
さらに本葉が2～3枚になったころに、再び間引いて1本にします。
ポット苗を移植する場合は、このころに行います。苗へのダメージが少ない、夕方に行い、移植のために開けた穴には水を少し入れ、その水が引いてから苗を収めるとよいでしょう。

【生長】


つるが伸びてきたら、つるの伸びる先々の下草を刈って、そこに敷いておきますが、実がなったときに、実が地面に直接触れて傷まないように、実の下に刈った草を敷く、という配慮も合わせてしておく必要があります。

カボチャはほかのウリ類のように摘芯の必要はなく、伸びるに任せます。そのカボチャの生命力に応じただけの実がなるので、株が弱ることはありません。

余談ですが、カボチャの大きくて黄色い花は、夜明け前、朝5時前後に開花します。どうりでいつ行ってもしぼんだ花しか見られないのですね。

【収穫】

日本カボチャの場合は開花より約30日くらい、外側の皮が少し粉を吹いてヘタの周りの実の張り具合が充分だと思われるころに収穫します。西洋カボチャは果柄《かへい》のところが硬くコルク質化したころを目安にするとよいでしょう。

カボチャは収穫してすぐに食べるより、追熟させて食べると甘味が増しておいしくなります。

収穫したら、風通しのよい日陰（気温20～25度）に約10日ほど置きます。このころが最もおいしいと言われています。

その後は日の当たらないところ（10度前後だと理想的）で保存すれば60～70日は大丈夫です。


【採種】


西洋カボチャは完熟時が食べごろなので、料理をするときに種を取ります。

日本カボチャとペポカボチャの一部は未熟果を食べますので、種用の実を1つ2つ残しておき、食べごろを過ぎて果柄が硬いコルク質になってから収穫し、採種します。

やり方は、まず果肉を半分に切り、スプーンなどで中央の種をわたごとかき出し、水の中でよく洗いながら、種だけを取り出します。

カボチャの種はほとんど水に浮くので、ザルなどの上で陰干しして乾燥させた後、ひとつずつ触って中身のない薄いものは捨てて、充実した種だけを保管します。保存がよければ3～10年はもつと言われています。

トウガン

トウガンの栽培カレンダー

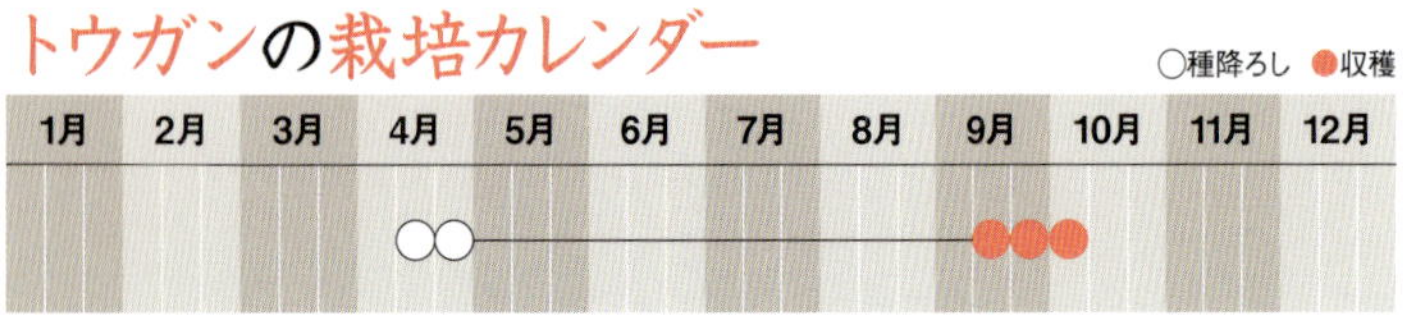

品種

品種はそれほど多くなく、小トウガン、長トウガン、大丸トウガン、琉球トウガンなどがある。一般に早生のものは小さく、晩生種は大果で円筒形である。

原産は東南アジア、あるいはオーストラリア東部と言われています。

高温性の作物で生育期適温は25〜30度。ウリ科のなかでは生育期間が長いほうなので、関東より西の地域であればよく育ちます。

味は淡白ですが、秋に収穫した後、冬じゅう保存できることから「冬瓜」と言われ、重宝します。

前年、種を捨てたところからよく発芽し、そのまま生育するほど丈夫で、土質を選ばず育てやすいです。

【種降ろし】

畝は、幅2〜3メートルと広くとります。あるいは、日当たりのよい果樹園に点々と種を降ろすのも楽しいですね。

トウガンはつるが地面をはうように旺盛に伸びて広がりますので、それが可能な広い場所を選びます。

株間は畝上ならば1・5メートルくらいあるとよいです。

移植を嫌うので直蒔きにしますが、ポットで苗をつくるならば、移植しても大丈夫です。

種を降ろすところだけ、直径10センチ程の円形に草を刈り、表土を少しはがして、1カ所に3粒ずつ降ろします。

種が硬いので、乾燥しないように、覆土は6〜7ミリと厚めにして、手のひらで軽く鎮圧し、さらに枯葉や周囲の青草を刈って被せておきます。

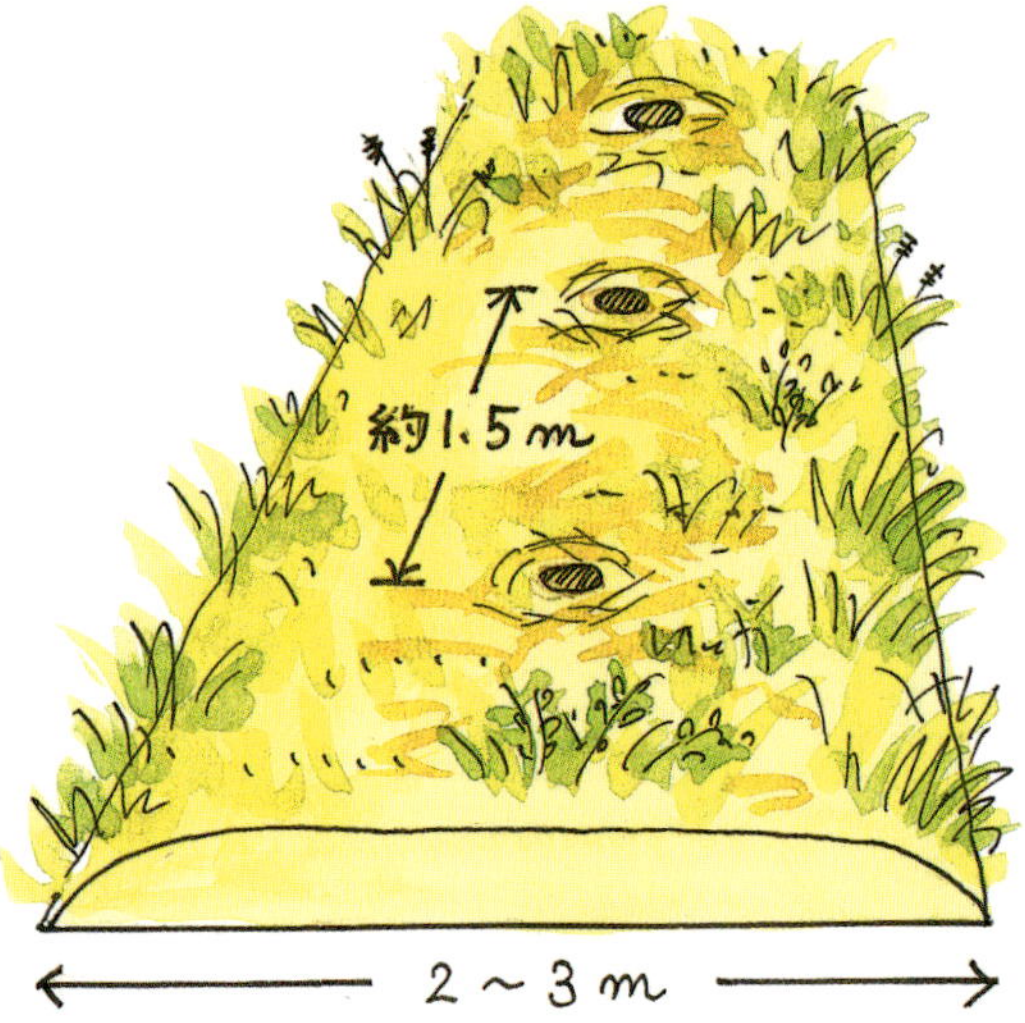

【発芽】

発芽には5〜6日かかります。

発芽した双葉は大きく、被せておいた草が双葉に絡みついていたりしたら、ていねいに取り除いて手を貸してやります。

発芽した芽に充分日光が当たるよう、周囲の草丈が伸びていたら、少し刈って、刈った草はその場に敷いておきます。そうすることで風通しもよくなります。

【間引き】

本場が2〜3枚になったら、いちばん丈夫で健康そうなものを1本残して、ほかのものは間引きます。

間引くときは、残す株の周りの土をぐらぐらと動かさないように注意します。

残す株の株元を手で押さえておいてほかの株をそっと引き抜くか、あるいはハサミなどでカットするとよいでしょう。

　ポットの苗は、本葉が4～5枚になったら定植していきます。定植するときは、夕方を選び、苗の根が入る大きさの穴を開け、水を入れ、その水が地中に染み込んで引いてから苗を入れます。土を被せ、株元に刈った草をかけて乾燥を防ぎます。

　日差しが強ければ根が活着するまで株の上にも少し草をかけておくとよいでしょう。

【生長】

　トウガンの実は子づるになるので、親づるの7節目ぐらいで摘芯すると子づるがたくさん伸びますが、自然農では摘芯をせず、その場の地力に見合った量の実を収穫します。

　つるの勢いが大きいので、つるの伸びる先々の草を刈って、敷いてやるようにすると、あとは多少草が茂ってもその中で元気に結実します。

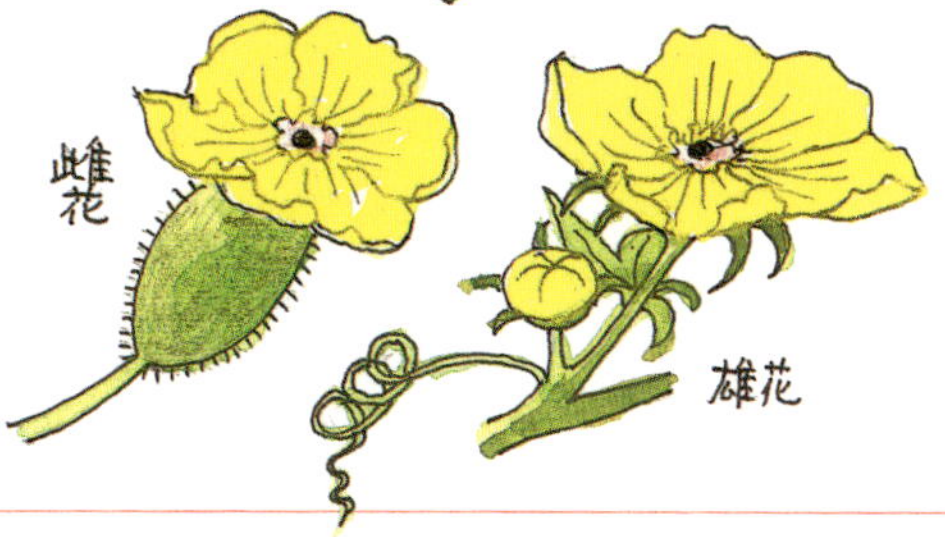

【収穫】

　トウガンは7～8センチのかなり小さな未成熟果を早穫りして生食することもできます。

　普通は完熟のものを収穫しますが、だいたいの目安は開花後25～30日ごろになります。

　実の表面を覆っていた細かいうぶ毛が落ちたころがその時期です。

　品種によっては実の表面が粉をはたいたように白く粉っぽくなります。ただ、全く白くならない品種もありますので、よく確認しておきましょう。

　ヘタの部分はとても硬いので、鎌や包丁などで切ります。

【保存】

　完熟したものは切らなければ、涼しいところで冬じゅう保存ができます。切ってしまったものは、種を除いて冷蔵庫で3～4日は保存できます。

【採種】

　トウガンはありがたいことに、ほかのウリ科の作物とは交配しません。完熟したトウガンの白い半透明の果肉の中央の空洞のところにびっしり種ができますので、種を採り、洗って日光で乾燥させ、指で触って中身のしっかりあるものを選んで保管します。

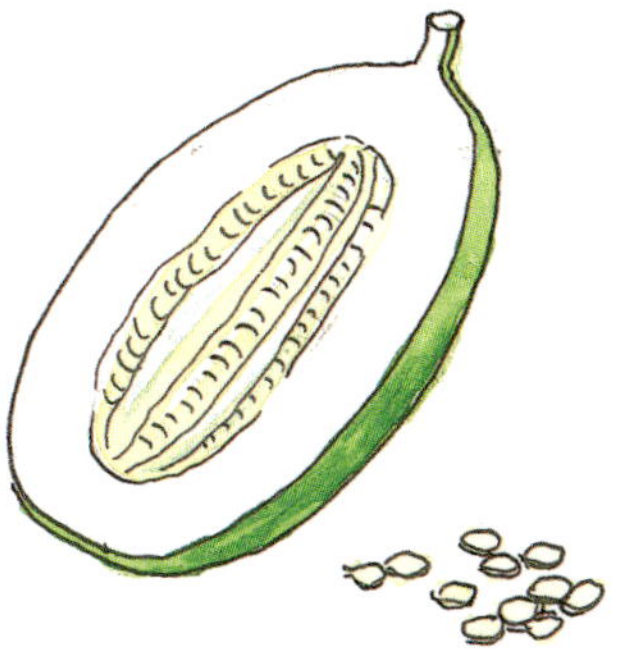

トマト

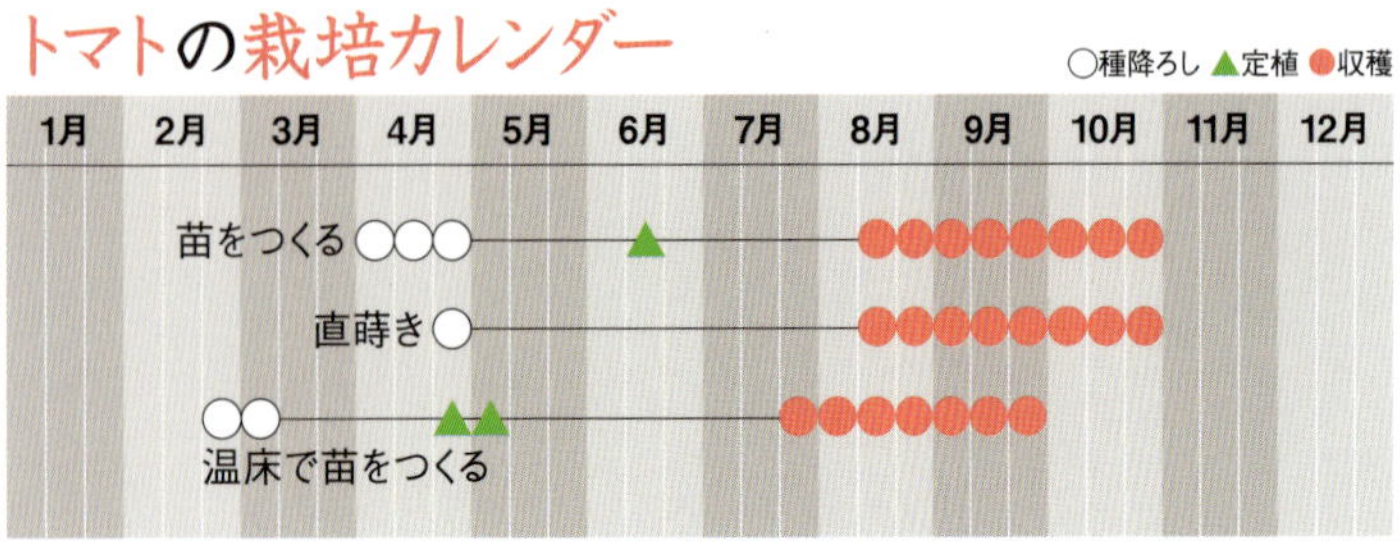

品種

大玉トマト

昔ながらの味のポンデローザ、F1の桃太郎を固定したアロイトマト、桃色系の甘くみずみずしいベルナーロゼ、完熟しても緑色のグリーンゼブラ

中玉トマト

味がよく皮の軟らかなスタピス、美しい黄色のゴールデンクィーン

イタリアトマト

トマトソースに欠かせない長円筒形のサンマルツァーノ

ミニトマト

黄色いイエロープチ、黄色で洋梨形のイエローペアー、紫色のパープルチェリー、ブラックチェリー、赤く貴重な固定種ステラ、1cmほどのマイクロトマト

原産は南米アンデス地方です。日当たり・排水とともによく、それでいて保湿性もある土壌が向いています。長雨に弱いので畝はやや高めにしてしっかり根を張らせるようにします。また、ナス科ですので、ほかのナス科の作物も含め、連作は避けたほうが無難でしょう。

条件がよければ、本来生命力の強い作物なので、それほど地力がなくとも秋まで次々に収穫を楽しむことができます。

【種降ろし】

ここでは直蒔きと、苗床でたくさんの苗をつくって移植する方法の2つを説明します。

❶直蒔きの場合

畝幅に応じて、狭い畝の場合は1列に、広い畝の場合は条間を60センチくらいとって2列にします。

株間はどちらの場合も約50センチは開けて、それぞれ点蒔きとします。

まず種を蒔くところの草を直径10センチくらいの円形に刈り、その場所の表面の土を薄くはがして草の根などを取り除き、平らに整えます。種は1カ所につき4～5粒降ろして土を被せ、初めに刈った草などをうっすら被せておきます。

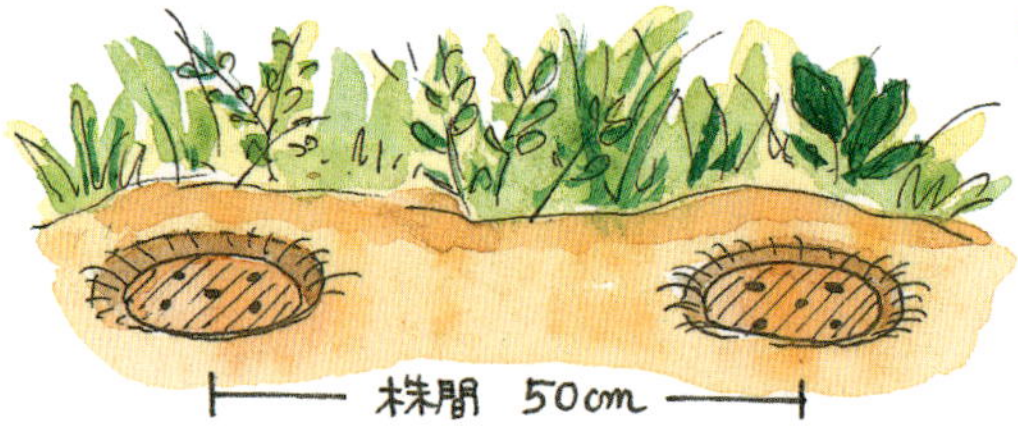

❷苗床で苗をつくって移植する場合

ある程度の数の苗を必要とする場合は、ほかの夏野菜（ナス、ピーマンなど）と一緒にまとめて苗床でつくるのもよい方法です。

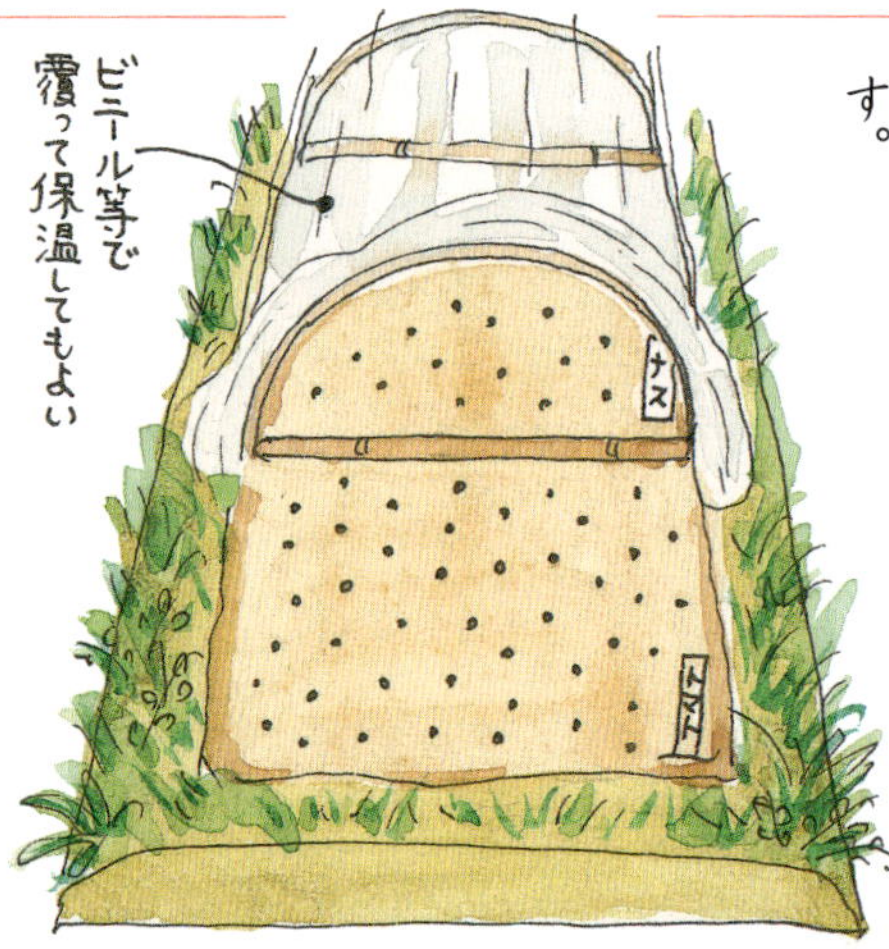

まず必要な広さの草を刈り、草の種の混じる表土を鍬などで薄くはがし、宿根草の根を取り除き、平らに整えたあと、ばら蒔きで種を降ろします。種が隠れる程度に土を被せ、さらに上から細かく刈った草を被せて乾燥を防ぎます。

【発芽と生長】

そのときの気温によって違いはありますが、だいたい10日ほどで発芽します。

ばら蒔きのところで密になっている場合は、ほかの芽を傷め

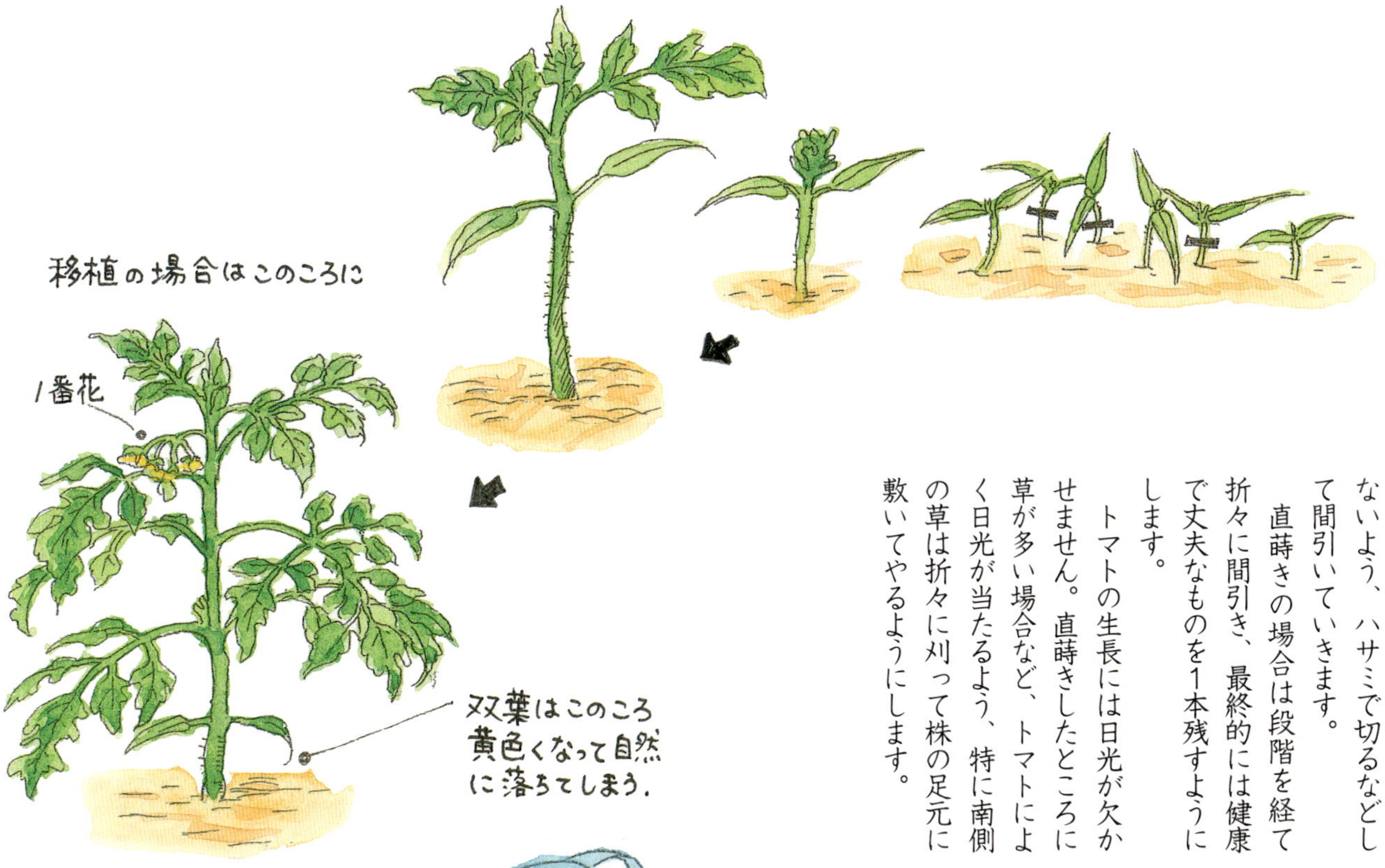

ないよう、ハサミで切るなどして間引いていきます。

直蒔きの場合は段階を経て折々に間引き、最終的には健康で丈夫なものを1本残すようにします。

トマトの生長には日光が欠かせません。直蒔きしたところに草が多い場合など、トマトによく日光が当たるよう、特に南側の草は折々に刈って株の足元に敷いてやるようにします。

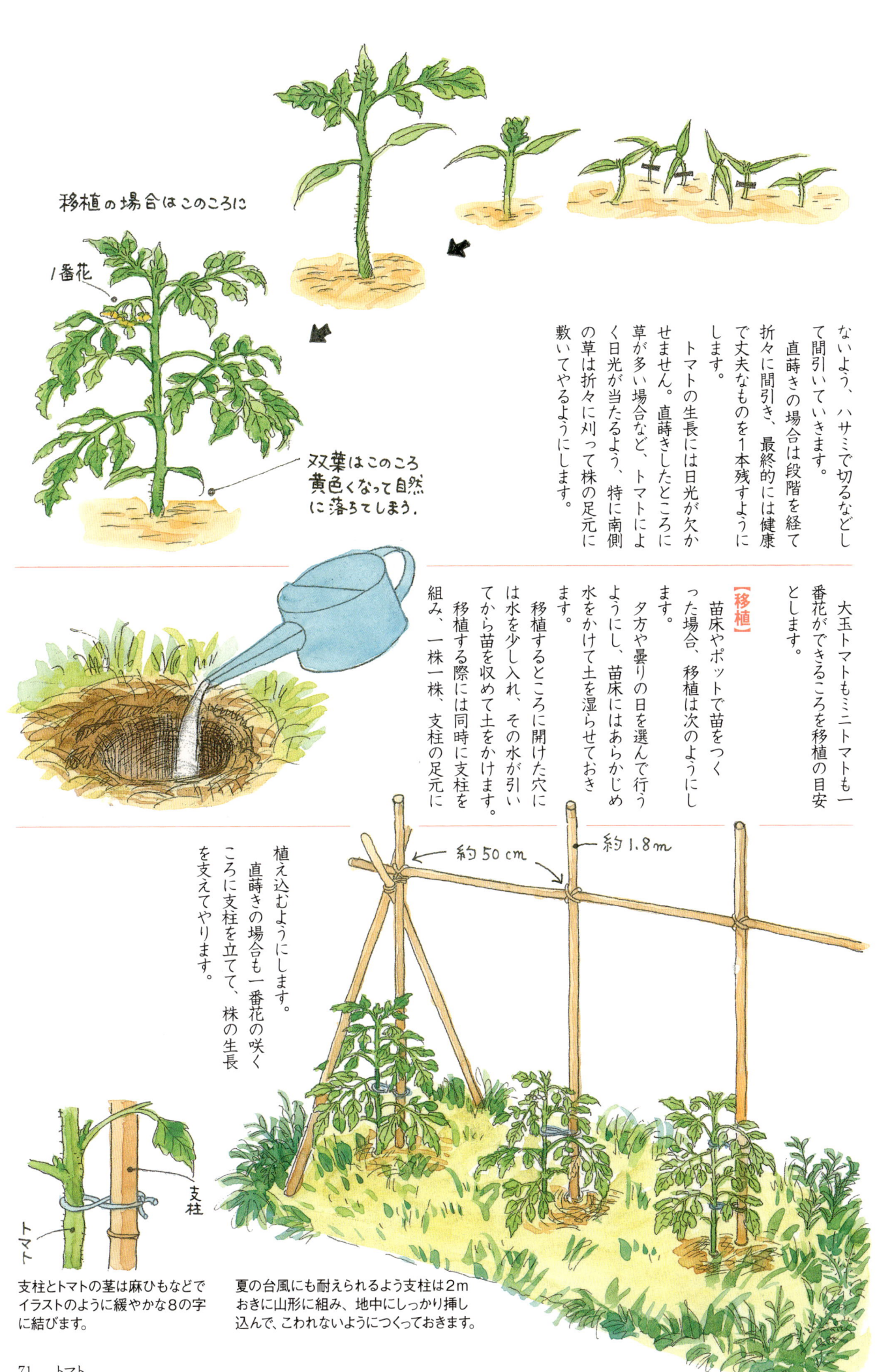

大玉トマトもミニトマトも一番花ができるころを移植の目安とします。

【移植】

苗床やポットで苗をつくった場合、移植は次のようにします。

夕方や曇りの日を選んで行うようにし、苗床にはあらかじめ水をかけて土を湿らせておきます。

移植するところに開けた穴には水を少し入れ、その水が引いてから苗を収めて土をかけます。

移植する際には同時に支柱を組み、一株一株、支柱の足元に植え込むようにします。

直蒔きの場合も一番花の咲くころに支柱を立てて、株の生長を支えてやります。

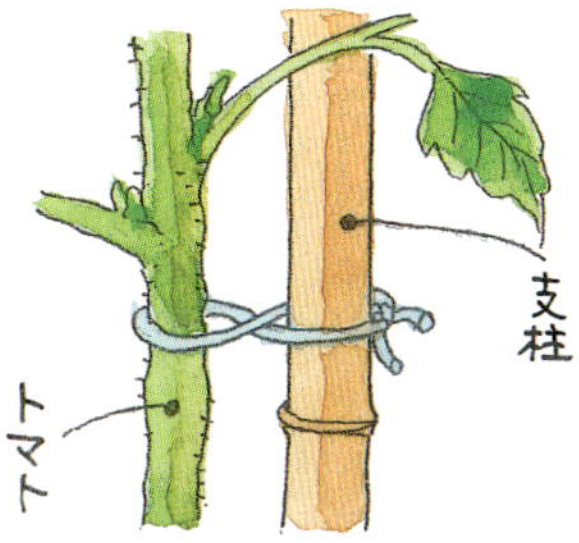

支柱とトマトの茎は麻ひもなどでイラストのように緩やかな8の字に結びます。

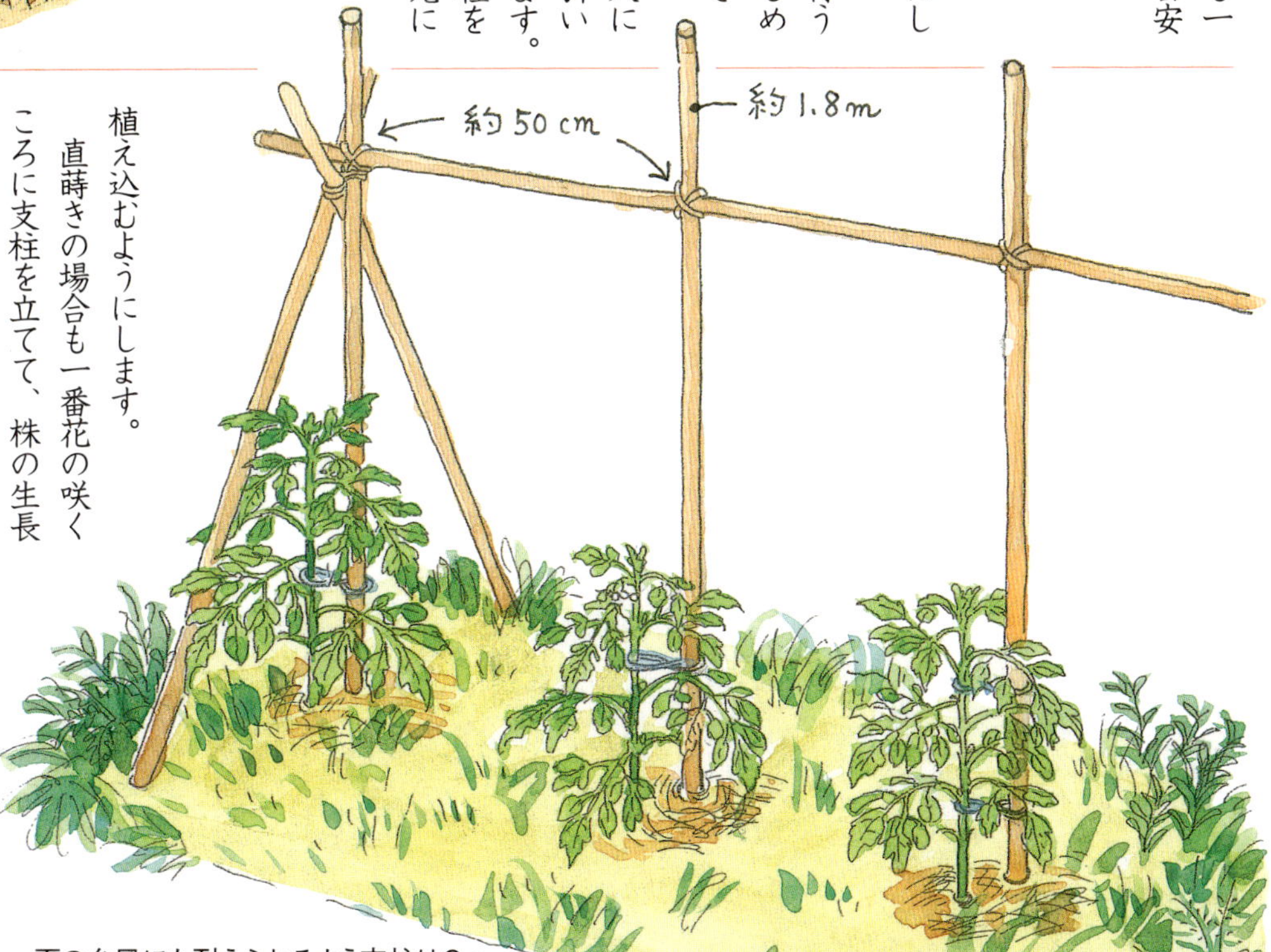

夏の台風にも耐えられるよう支柱は2mおきに山形に組み、地中にしっかり挿し込んで、こわれないようにつくっておきます。

トマトの実は茎に近いほうから順に色づきますが、落果したり裂果しやすいので、色づいたものから適宜収穫していきます。

【芽欠き】

●大玉トマト・中玉トマトの場合

トマトは茎から出た葉の付け根のところに次々とわき芽が出てきます。これをそのままにしておくと、限りなく枝数が増え、実も小さくなってしまうので、適宜欠いていきます。

欠くときは、わき芽を持って葉の付け根の股のところからポキッと折るようにすると、けっこう簡単にきれいに取れます。

実が5~6個とまとまってできるところを果房と言いますが、下から5段目の果房のところくらいまでは、わき芽を欠きます。あとは自然に伸ばしてやりましょう。

●ミニトマト・マイクロトマトの場合

ミニトマトの種類は大玉のものより丈夫でつくりやすく、芽欠きも初めの何本かだけでよいようです。わき芽が次々に伸びてあっという間に広がりますが、倒伏しても、草の中でけっこう実を付けます。もちろん大玉のようにわき芽を欠いて仕立てていってもかまいません。

【わき芽を挿して苗にする】

欠いたわき芽を使って苗をつくることもできます。欠き取ったものをそのまま畝の空いているところに挿し芽しておくと、すぐに根を張って生長し始め苗になります。苗が足りなかったり、移植した苗がうまく活着できずに欠株となってしまった場合に利用できます。

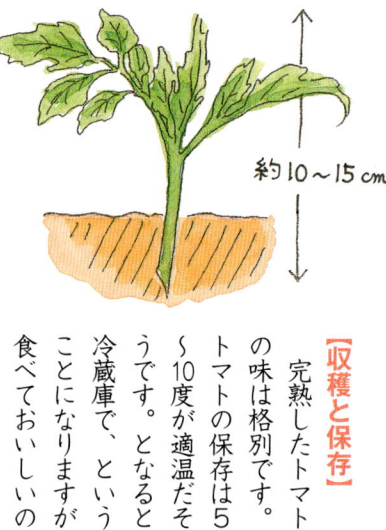

【収穫と保存】

完熟したトマトの味は格別です。トマトの保存は5~10度が適温だそうです。となると冷蔵庫で、ということになりますが、食べておいしいのはやはり常温です。たくさん収穫できたらトマトソースに加工して保存すると、また楽しみも増えますね。

【採種】

完熟した立派なトマトから種を取ります。種のあるドロッとした部分を取り出して、器に張った水の中に入れ、2~3日そのままにしておきます。

泡が出てきたらもみ洗いして、2~3回水を換え、沈んだ種だけを目の細かい金網ですくいます。風通しのよいところでよく乾かしたあと保管します。トマトの種は3~4年はもつようです。

ネギ

ネギの栽培カレンダー

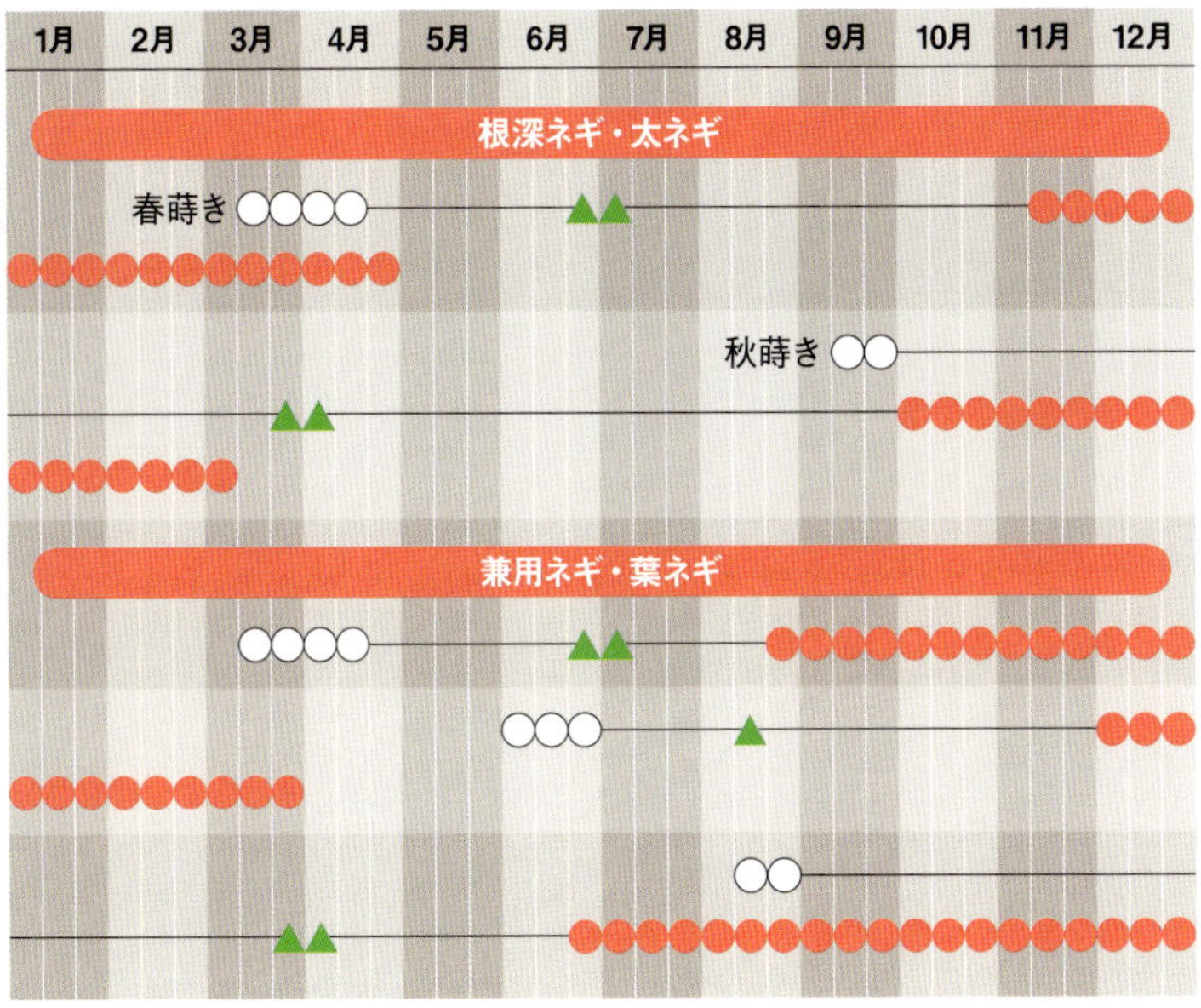

品種

各地域の気候に合った在来の品種が多く、改良されたものも含めるとかなりの数があるが、大きく分けると、太ネギ、兼用ネギ、葉ネギの3群に分けられる。

根深ネギ・太ネギ

松本一本葱
加茂葱
札幌太葱
下仁田葱
清滝葱
越谷一本葱
九条葱

兼用ネギ・葉ネギ

岩槻葱
小春
さとの香
赤葱
万能葱
九条葱

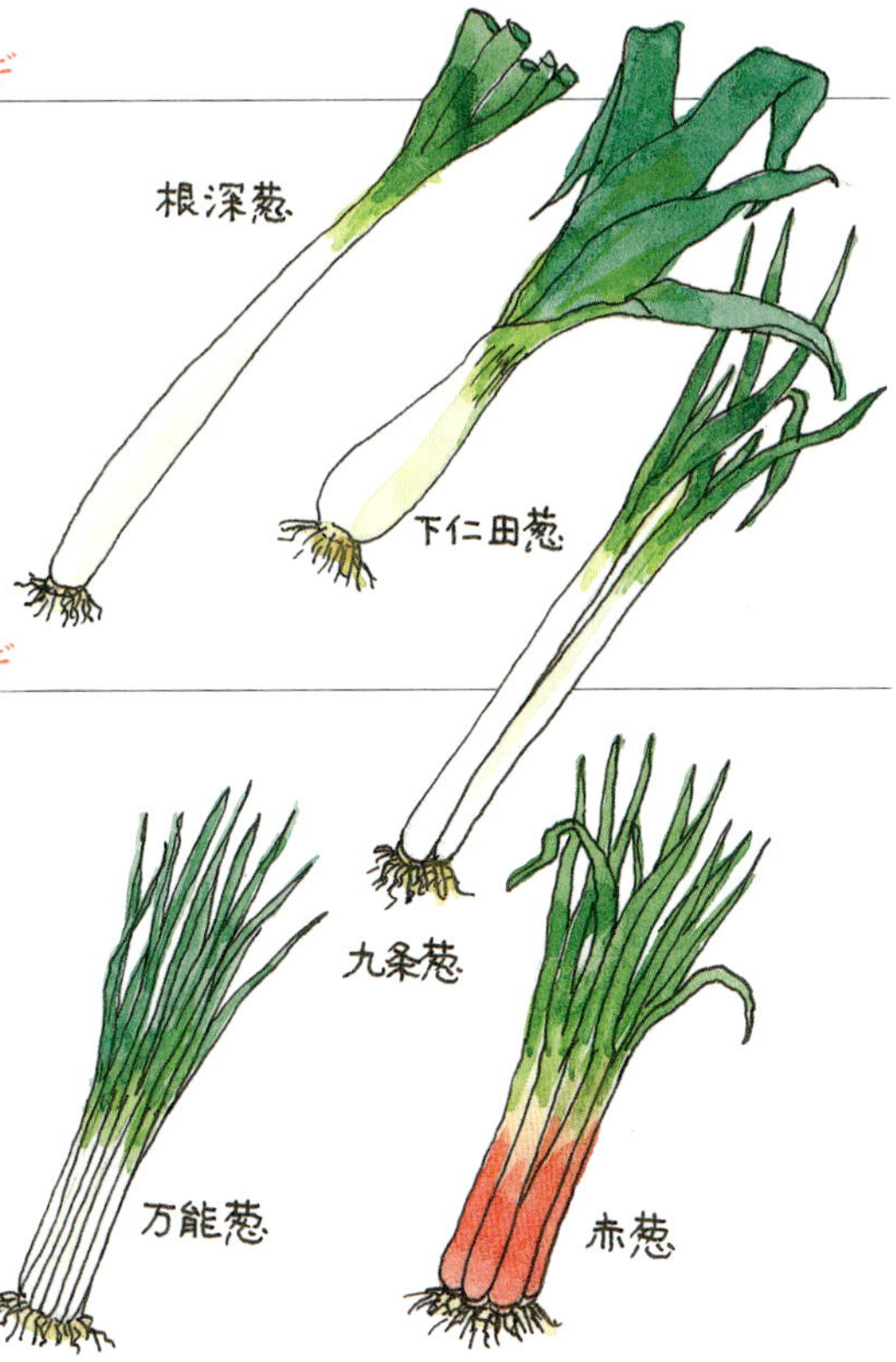

ネギは古くから世界中でさまざまな種類が栽培・食用されてきていますが、ここで取り上げる種類は東洋独特のものです。

根深《ねぶか》、あるいは太ネギと言われる種類は主に白い葉鞘《ようしょう》部（白根）を食し、葉ネギは緑葉の葉身部を食します。

ネギは高温や低温には比較的よく耐えます。気温30度以上になると生長が止まると言われますが枯れはせず、涼しくなるとまた生長を始めます。日当たりがよく、通気性・水はけのよい土壌を好むので、畑に水が停滞したり、夏季に、草に覆われて多湿にならないように気をつけます。

葉ネギは葉身部を切って利用すると、残った株からまた新しい芽が出てきて、次々と利用できるので重宝します。

【種降ろし】

ネギの種は古いものだと発芽率が落ちるので、必ず前年度採取の新しいものを用意します。

種降ろしは、品種に応じてそれぞれの適期を逃さないようにします。

栽培はタマネギの場合と同じように、苗床をつくって密植にして苗を育て、定植するという方法をとります。

苗床は、必要な面積だけ草を刈り取り、表土には草々の種が混じっているので、鍬で2〜3㌢削ってはがします。モグラの穴などがあれば、潰して土を入れ、宿根草の根などを取り除き、整えてから表面を軽く押さえて平らにしておきます。

そこへネギの種をパラパラとばら蒔きします。種と種の間隔が1〜2㌢くらいになるように、少しずつ降ろしていきます。

雑草の種の混じっていない土

を選び、手でもみほぐしながら、種が隠れるように覆土します。
再び軽く押さえてさらにその上に、枯れ草や青草の葉の細かいものをうっすらと苗床全体に被せておきます。
こうすることで発芽までの乾燥を防ぐことができ、よほどの干ばつでない限り、灌水の必要はありません。

【発芽】

5〜7日ほどで発芽します。
2つに折れ曲がった芽が見え始めたら、上に被せていた草がじゃまにならないよう、指先でそっとはたいて落としてやります。ネギの芽は細く軟らかく、この作業が遅れると芽を傷めるので早め早めに行います。
またその足元に生えてくる雑草も早めに抜いて除草します。

生えたばかりの小さな雑草であれば抜いても土を動かすことが少ないので大丈夫です。

【間引き】

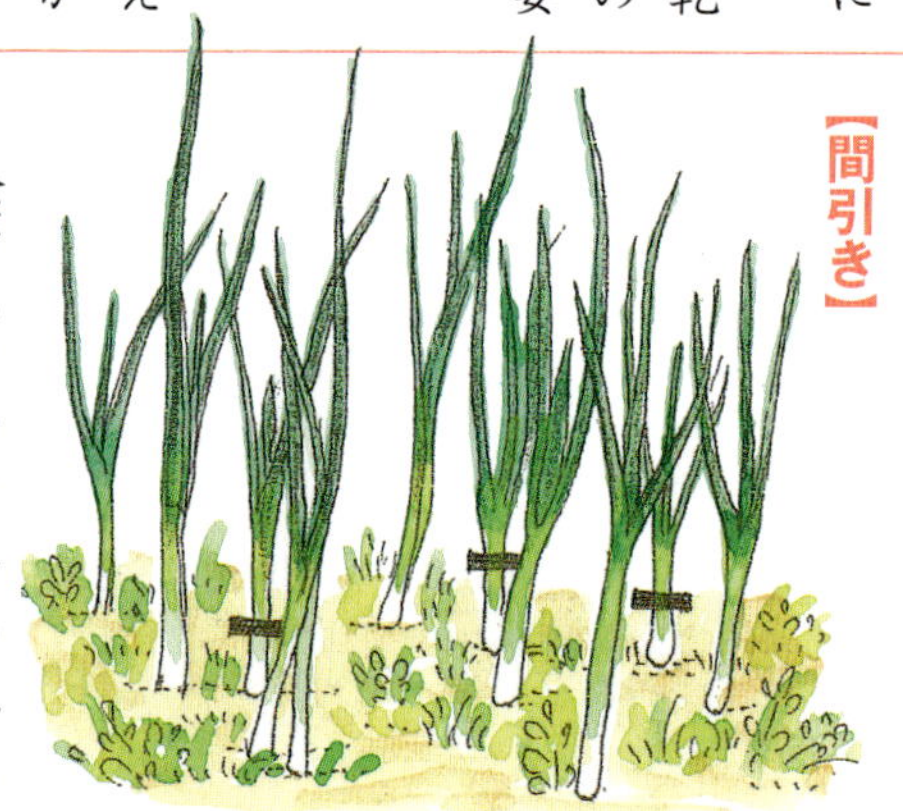

発芽して1カ月もすると、5〜10センチくらいに生長するので、混み合っているところは間引いて、2〜3センチ間隔になるようにします。
春蒔きの場合は、このころ草もよく生長するので、草に負けて湿気で苗が傷まないよう、こまめに除草します。
もし、苗の色が薄く生長も悪いようであれば、うっすらと油カスや米ぬかなどを振り撒いて補っておくとよいでしょう。

【定植】

春蒔きは6〜7月ごろ、秋蒔きは3月下旬〜4月上旬、6月に蒔くものは8月下旬に定植します。
定植する畝幅にもよりますが、90センチくらいであれば2条とします。定植する条のところの草を約10センチ幅で刈り、表土を薄くはがして宿根草の根などを取り除き、整えておきます。夏に向かって草に負けないようにするための配慮です。

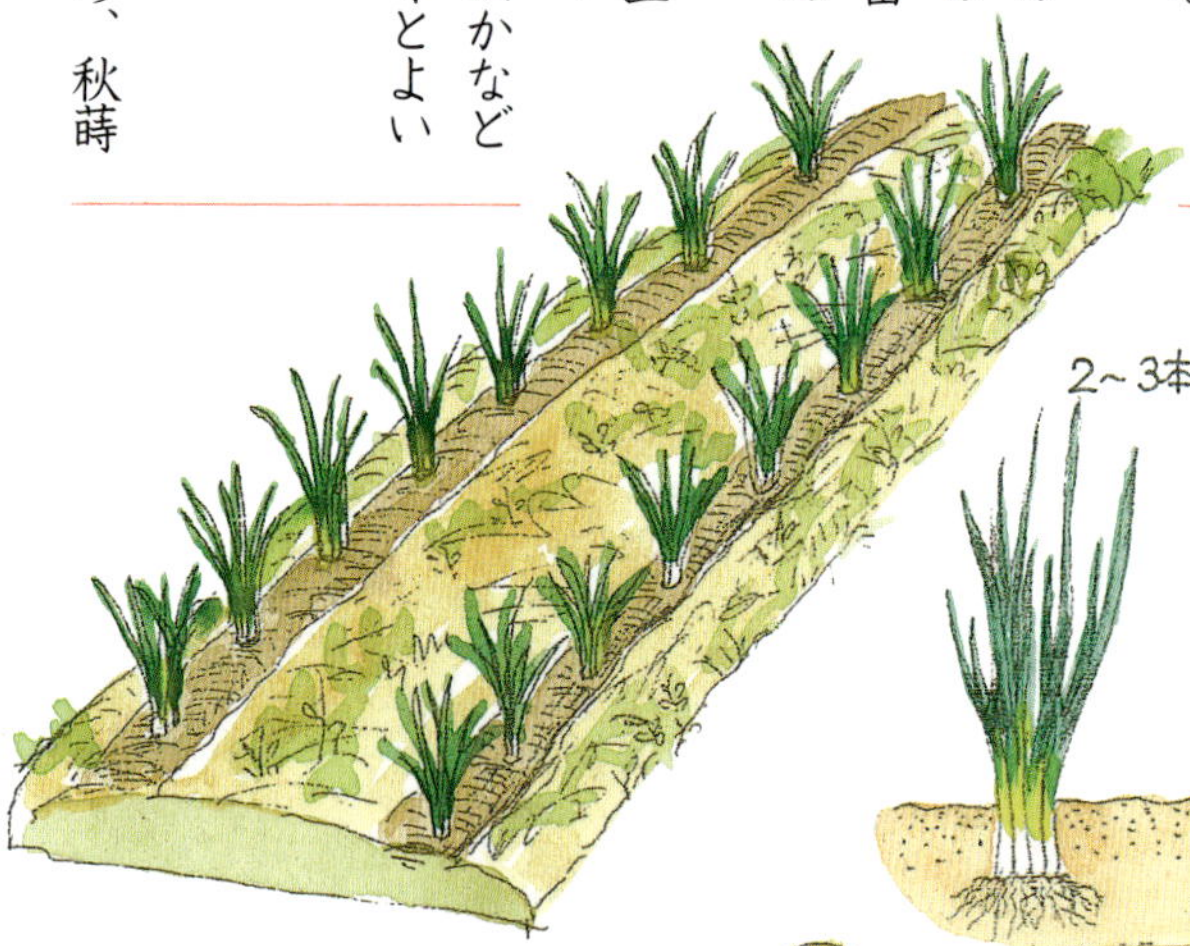

葉ネギの場合

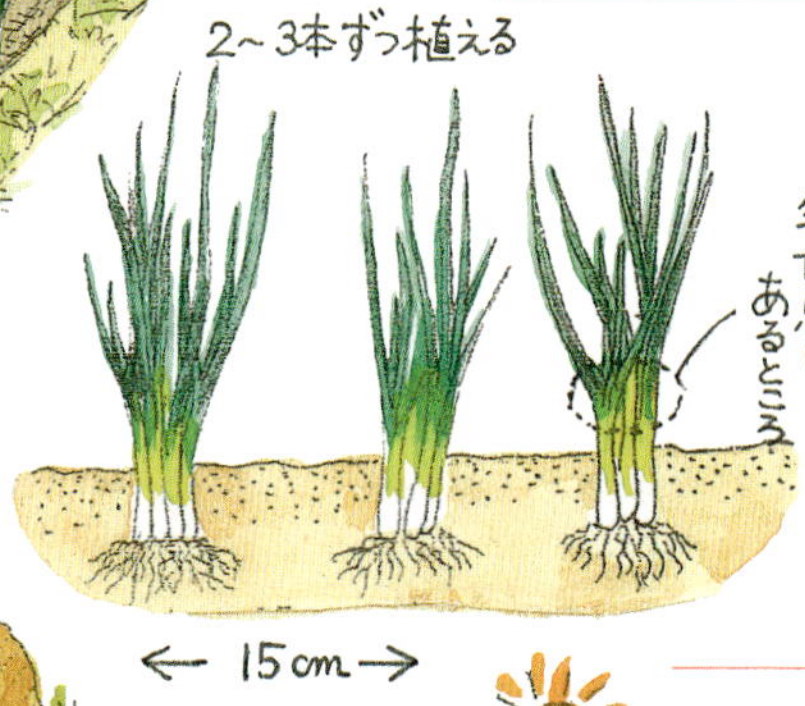

苗床より定植する分だけ苗を取ります。このとき、根を傷めないよう鍬などで土をおこし、ほぐしながら取ります。
葉ネギの場合、生長点が土の中に隠れない程度の深さで2〜

太ネギの場合

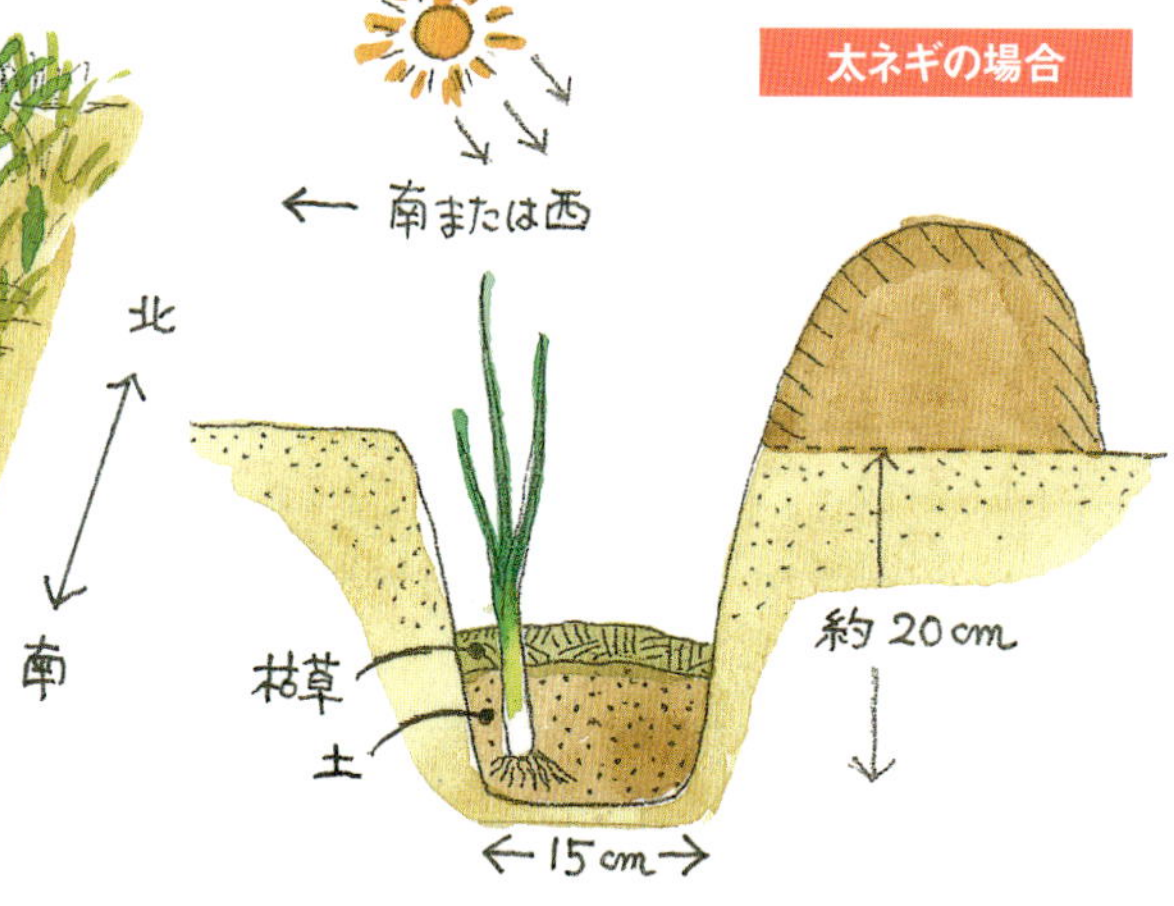

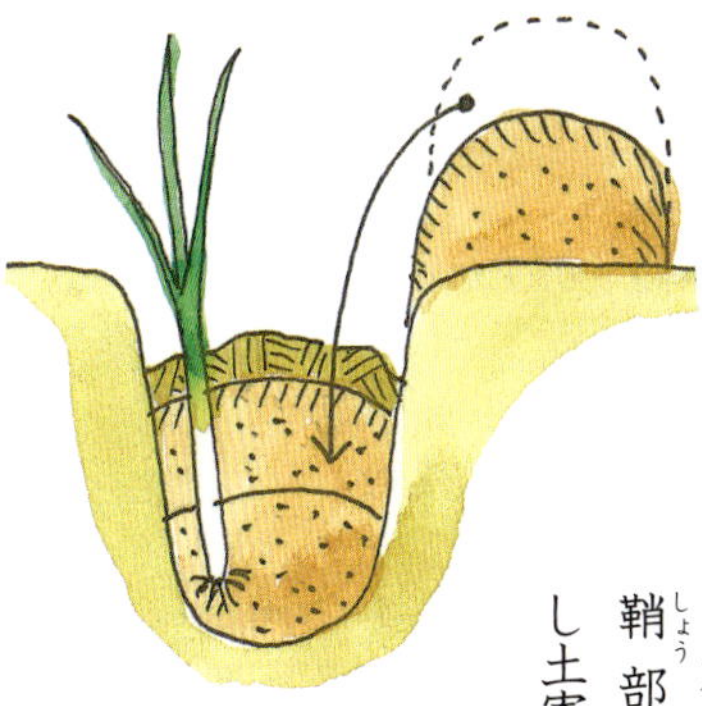

①土寄せ1回目

②土寄せ2回目

③土寄せ3回目（やらなくてもよい）

3本ずつ、株間は15センチくらいで定植していきます。

太ネギの場合は白い葉《よう》鞘《しょう》部がおいしいので、少し土寄せの工夫をしてみます。

1つの畝に対し1条とし、幅15センチ、深さ20センチくらいの溝を掘ります。掘るときに出る土は、溝の東側にきれいに盛り上げておきます。

株間は15センチくらいにし、溝の西側に苗を寄せて並べ、5センチほど土を被せます。その上にわらや枯れ草をたっぷりとかけ、乾燥から守ってやります。

定植後40〜50日ごろ、溝を掘ったときに東側に盛り上げておいた土を、上のほうから約半分戻し入れて土寄せをします。このとき定植の際にかけておいた枯れ草はいったん取り出してから土を被せ入れます。

また、ネギの葉の生長点のあたりを土の中に埋めてしまわないように配慮します。

土寄せが終わったら、いったん取り出しておいた枯れ草や、新たに刈った周辺の草などを被せ、土の乾燥を防ぎます。

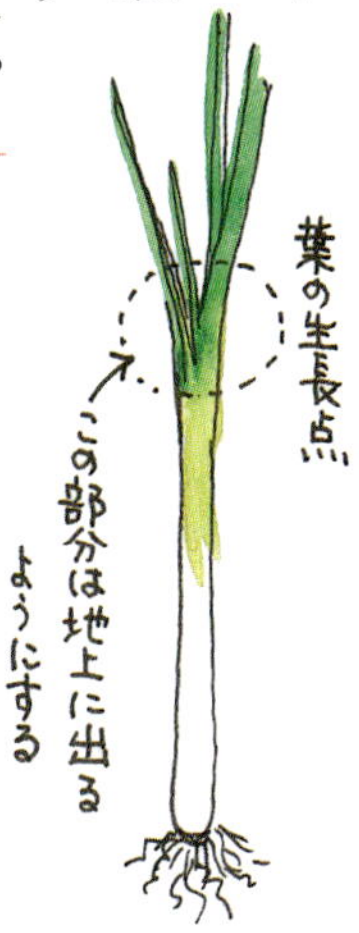

1回目の土寄せから2〜3週間後に2回目を行います。

1回目と同じように、被せておいた草はいったん取り出し、東側に盛ってある残りの土を全部戻し入れ、最後に取り出した枯れ草や新たに刈った周辺の草で表面を覆っておきましょう。

さらに土寄せしたい場合は、2回目から2〜3週間おいて行いますが、今度は苗の東西の土を削って盛り上げることになります。こうすると畝の土をさらに動かすことになるので、やらなくてもかまいません。もし土寄せする場合は、1回目、2回目と同様に被せておいた草は取り出し、最後に上から被せておくようにします。

【収穫】

根深ネギ、太ネギは寒くなってくると甘味が増しておいしくなります。

これと思うネギの周囲の土を手で少し掘り、できるだけ根元に近いところを持って、ゆっくりゆっくり引き上げます。

土が硬い場合は、根元の位置に見当をつけ三ツ鍬などを打ち入れ、少し土をおこすようにしてから引き上げるとよいです。

葉ネギの場合は株ごと掘り上げてもよいですし、根元のところを3〜4センチ残して切って使うと、残った株からまた新しい葉が出てきます。

【採種】

春を過ぎるととうが立ち始めて、いわゆるネギボウズが出てきます。

あらかじめ健康に育った立派な株を種採り用に残しておき、6月になってネギボウズの中に黒い種が見えてきたら、穂首だけ刈り取ります。刈り取ったネギボウズを逆さまにして振ると、種が出てくるので、それを陰干しして、乾燥させたものを保管するようにします。

ネギの種は約1年しかもちませんので、採種年月日は必ず種袋に記載するようにしましょう。

この中に黒い種が。
（ネギボウズ）

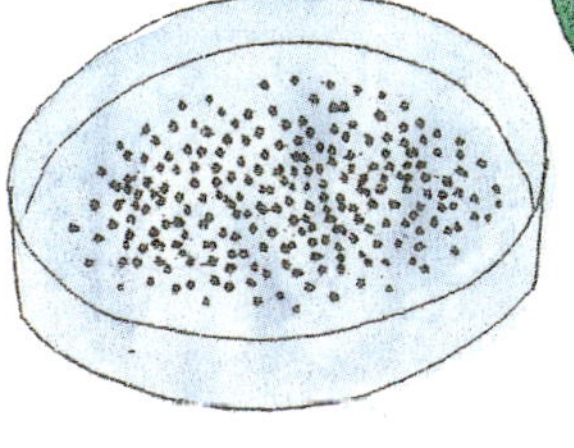

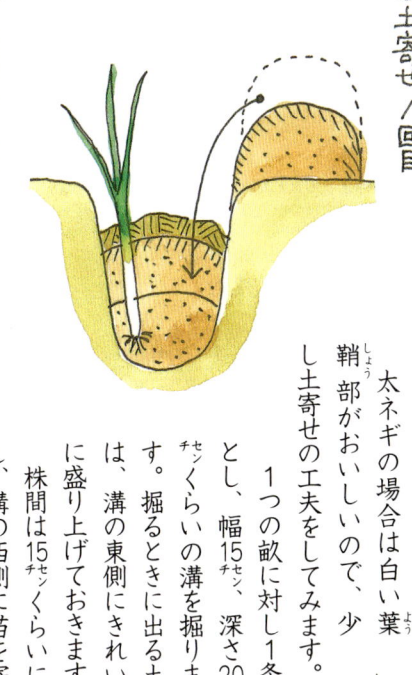

キャベツ

キャベツの栽培カレンダー

○種降ろし ▲定植 ●収穫

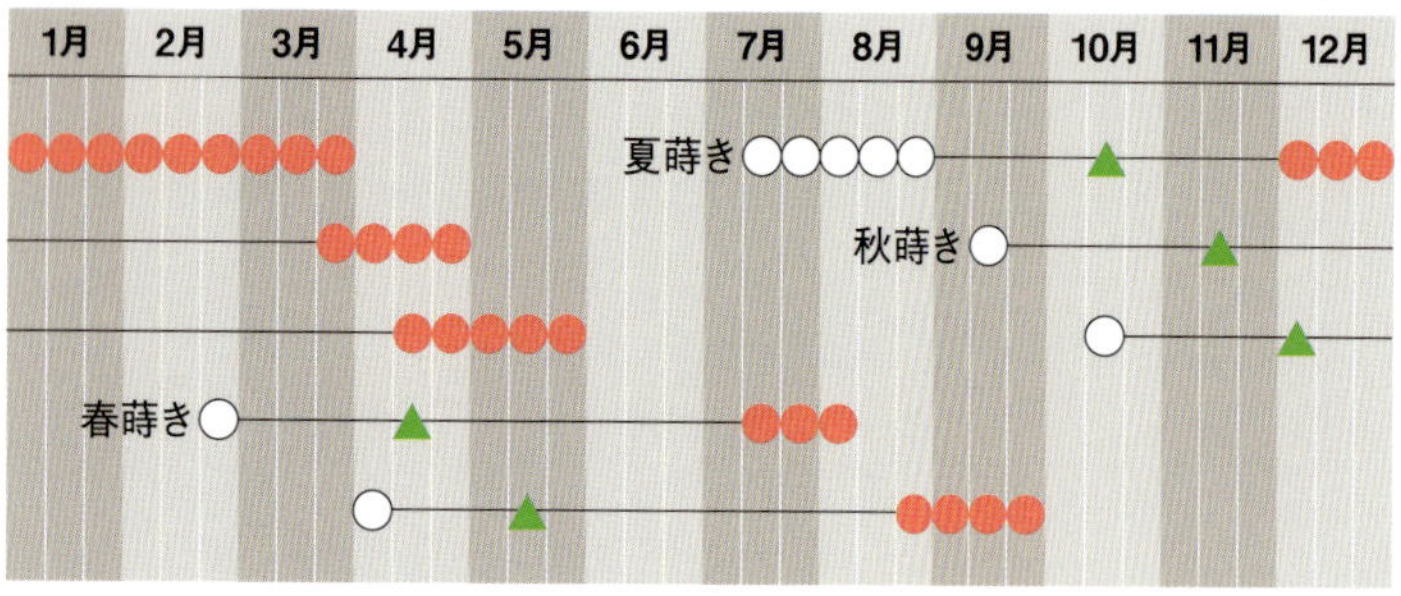

品種

極早生	極早生早春キャベツ
早生	富士早生、札幌大球甘藍、アーリーボール
中生	成功キャベツ、金系201号
紫キャベツ	レッドエーカー

キャベツは極早生から晩生までさまざまな品種があるので。土地に合ったものを選ぶとよい。品種を組み合わせ、一年中つくることもできるが、一般的には秋蒔きがつくりやすい。

原産はヨーロッパ地中海沿岸で、結球キャベツは13世紀ごろに初めて出現した品種だそうです。

涼しいところを好み、低温には強い作物で、冬を越してつくられる品種は甘味が強く、生食でも、また加熱してもおいしくいただけます。

しっかりと結球させるには、地力が必要です。前作にマメ科の作物を栽培したところや、少し休ませておいて米ぬかや油かすなどであらかじめ補ったところを用意しておくとよいでしょう。

【種降ろし】

種降ろしは、直蒔きでも、またポットや苗床に蒔いて定植する方法のいずれでもよいです。

●直蒔きの場合

ピーマンやナスなどの果菜類の畝に種を降ろすと、ちょうどナスが一生を終えるころに、キャベツが大きくなってくるので、1つの畝で緩やかに作物が交代するのを楽しむことができます。

株間は30センチから35センチほどとって、直径10センチほどの円形に草を刈り表土をはがし、宿根草の根などがあれば取り除いて平らに整えます。

そこに細かなキャベツの種を5～6粒ずつ降ろし、土をうっすらと被せ、周囲の草を少し刈って軽くかけておきます。もちろんキャベツ専用の畝をつくり、点蒔きしてもよいです。

早ければ4～5日で発芽します。間引きは少しずつ行い、本葉が3～4枚のころに最も丈夫そうなものを1本だけ残します。

●苗床で苗をつくって定植する場合

苗床はほかの冬野菜と一緒にまとめて1カ所につくるとよいでしょう。草を刈って鍬で表土を薄くはがします。次に宿根草の根などがあれば取り除き、整えて軽く鍬の裏側で鎮圧します。

そこへ種をばら蒔きしますが、キャベツの種はとても小さいので、密にならないよう気をつけながら、2回に分けて蒔くとよいです。種が隠れるくらいに覆土して、最後に再び鎮圧します。その後、土が乾かないよう、刈った草を振り撒いておきます。

発芽が始まったら、双葉に被さった草は、必要に応じて振り

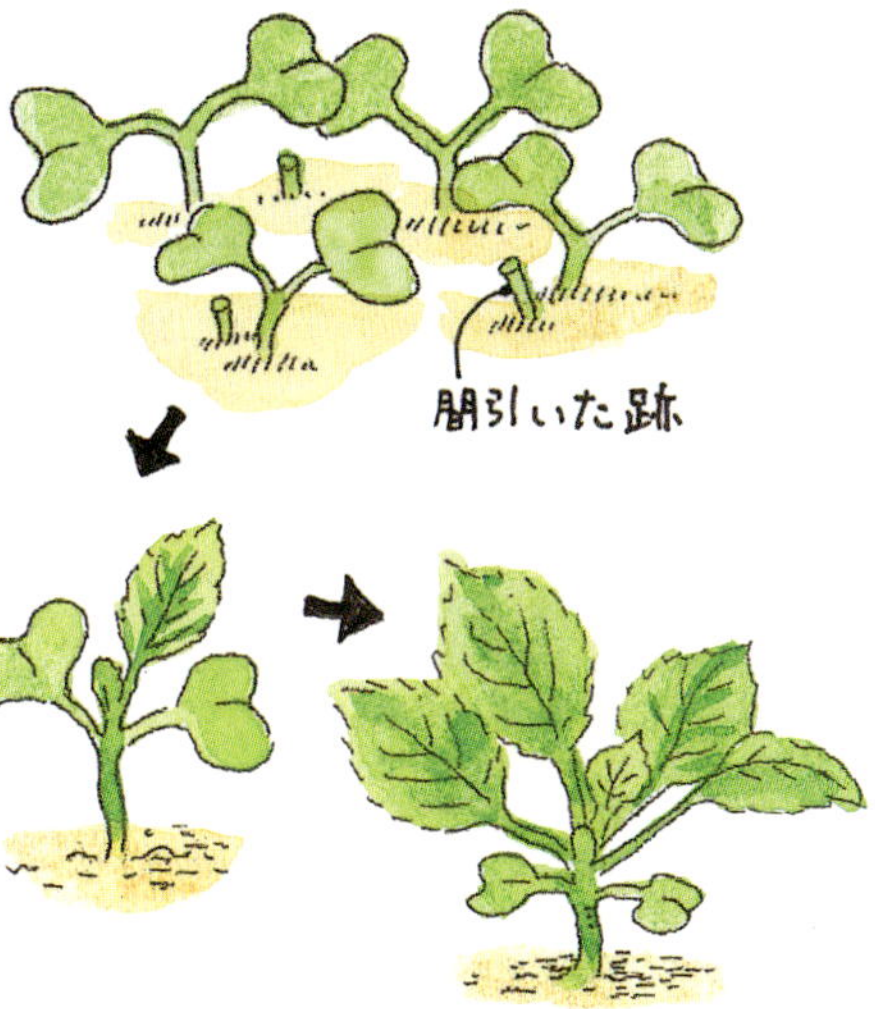

落としてやります。葉に充分日光が当たらないと、モヤシのように徒長してしまうからです。

混み合っているところは随時間引きます。

本葉が5〜6枚になったら定植します。雨が降る前の夕方などが最適ですが、日差しの強くない夕方を選び、まず苗床に水をたっぷりかけておき、苗を取りやすくしておきます。株間は30〜35センチほどとって穴を開け、水を入れ、その水が引いてから定植します。

【株の生長と収穫】

秋蒔きの場合は、定植してから冬に入りますが、キャベツは寒さに強いので元気です。定植してから10日ぐらい経ったころ、葉の色が薄ければ油かすと米ぬかを混ぜたものを株の周りに薄く振って補ってあげてもよいでしょう。

春になるとモンシロチョウのアオムシもやって来ますが、葉は中のほうから次々につくられて巻いていくので、外葉は多少食べられても大丈夫です。

ほどよく結球したものから順に収穫していきましょう。鎌か包丁で切らないと株を切り落とせません。外葉は畑でかき取り、畝の上に戻しておくとよいです。

【保存】

キャベツの保存適温は0〜5度だそうです。冷蔵庫を利用する場合は紙にくるんでから入れると長持ちします。

生食はもちろん、ぬか漬けやザワークラウト（酢漬け）などにすると長く、たくさん食べられます。

夏蒔きや秋蒔きのキャベツは春先の葉物野菜のない時期に収穫できるので、とても重宝します。

【採種】

キャベツは、思いに反して早くとう立ちしてしまうと、多少がっかりもしますが、結球した玉を押し開いて、もりもりと花芽が伸びる姿はエネルギッシュです。

ほかの十字花植物と同じような淡い黄色の花が咲きます。種を採る株は交雑しないよう、目の細かいネットで覆うか、距離をとるようにしましょう。

花が咲き終わると下のほうから順に種の入ったサヤができます。そのサヤの色が薄茶色になり、カラカラに乾いたら茎ごと刈り取って、さらに乾燥させてからシートの上で叩いて種を落とします。最後に目の細かいふるいでゴミなどを除き、保管します。

レタス、チシャ

レタス、チシャの栽培カレンダー

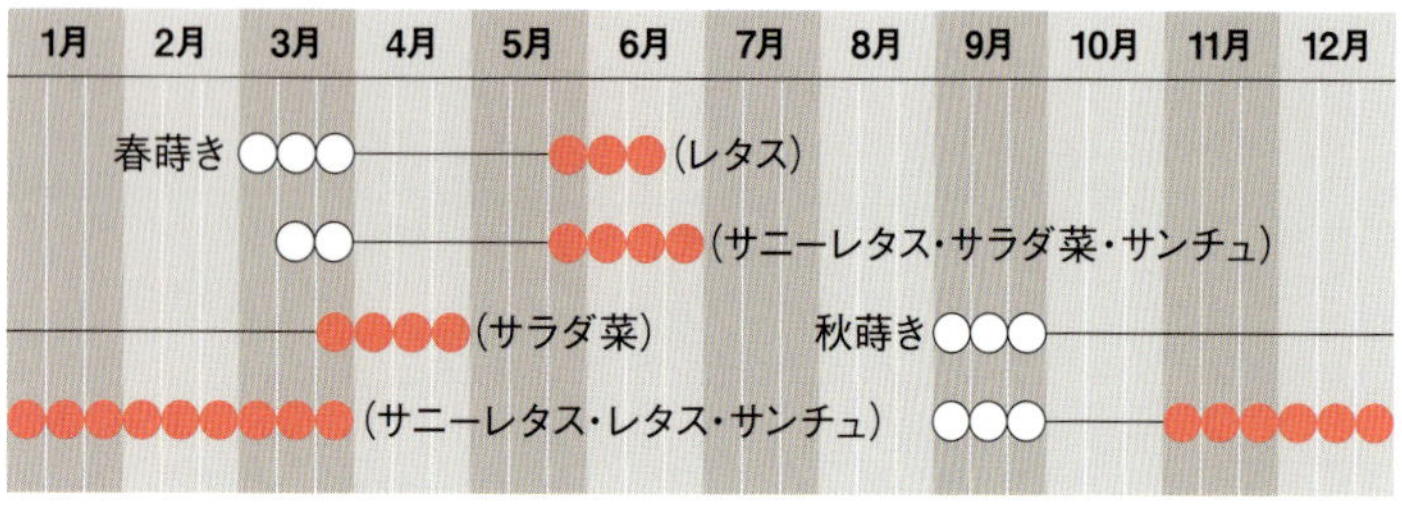

品種

レタス(チシャ)の種類はたいへん多く、大きく分けると玉チシャ、かきチシャ、チリメンチシャ、茎チシャに分けられる。玉チシャは結球する一般的なレタスで、かきチシャはサラダ菜やサンチュのように外側の葉から順にかき取って食べていく種類。チリメンチシャは葉がチリメン状になっているサニーレタスやグリーンレタスのこと。また、茎を食べる茎チシャのステムレタスなど、たくさんの種類がある。

ほとんどの品種が春と秋の2回作付けすることができる。

原産はエジプト、地中海沿岸、西域アジアあたりと言われています。暑さに弱いので秋蒔きがつくりやすいですが、春蒔きもできます。その場合は種を降ろす時期が遅くならないようにします。適度に保水力があって、水はけのよい地力のある日当たり良好なところを選びましょう。

【種降ろし】

種は軽く、ややへん平で、比較的発芽しやすいです。

条蒔きや点蒔きで直蒔きし、後から間引いていく方法や、苗床で苗をたくさん育ててから移植する方法など、いずれでもよく、育てやすい作物です。ここでは苗床で苗を育てる方法で説明します。

ほかの葉物や果菜類などと一緒に苗床をつくるとよいでしょう。畝は両側から充分に手が届いて世話のしやすい幅にします。広さは畳3分の1から2分の1ほどあれば、自給には充分です。

まず、種を蒔く部分の草を刈り、次に鍬で表土を1～2㌢ほどはがして表面に落ちている草の種を取り除きます。宿根草の根などがあれば除いて、平らに整え、鍬の裏側などで軽く鎮圧します。

種は均一になるように、何回かに分けて少しずつばら蒔きします。その後、草の種の混じっていないところの土を手でもみほぐしながらかけ、種が隠れるくらい覆土し、再び軽く鎮圧します。最後にはじめに刈った草などを上から振り撒き、土の乾燥を防ぎます。

【発芽と間引き】

暖かい季節であれば、3～4日で発芽します。発芽した双葉はとても小さく、淡い黄緑色をしています。上から被せた草が絡まっていたらそっと取り除いたり、下に振り落としておきましょう。また密に蒔き過ぎたようであれば、ハサミの先で双葉を切って間引きます。

やがて本葉が出てきますが、苗同士が重なり合ったりするところは、葉と葉が重ならないことを目安にして、折々に間引いていきます。間引くときは土を動かしてしまうので、残す株を傷つけないよう注意して行います。

【移植】

本葉がぐんぐん大きくなり、4～5枚になったころ移植します。移植は雨の降る前や、1日のうちでは夕方にするのがよいでしょう。まず苗を取りやすくするために、移植の約30分前に苗床に充分水をかけておきます。

次に、移植する畝は畝幅に応じて、2条あるいは3条とし、株間を20～25㌢ほどとってその部分だけ草を刈り、穴を開けます。土の乾燥が強ければジョウロで水を注ぎ、その水が引いたら苗を収めます。

株元の土を整えたら、はじめに刈った草も被せて土の乾燥を防ぎましょう。

移植してしっかりと活着する

一般的に直根性のものは移植
が難しいと言われていますが、
レタスは大丈夫です。

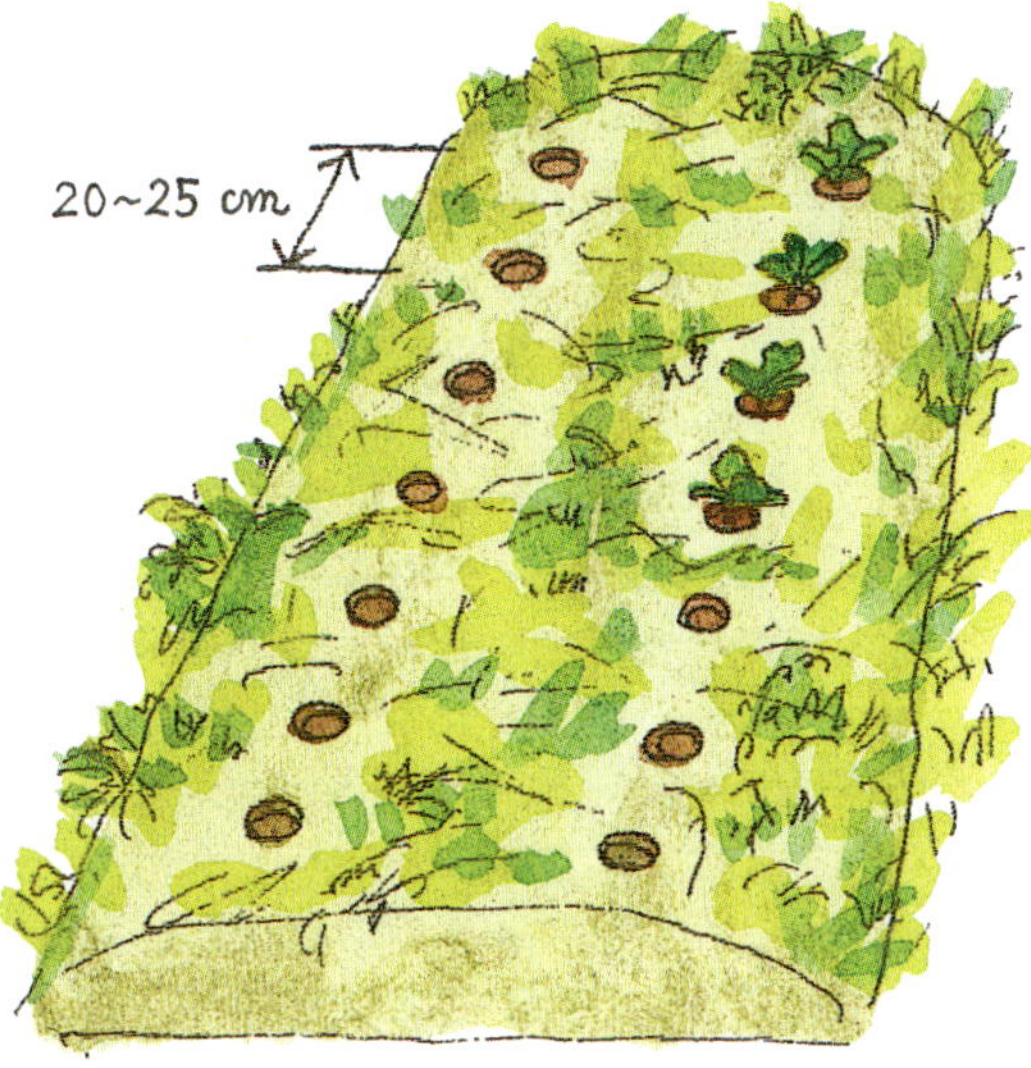
20~25 cm

までに約2週間はかかります。その間、やや元気がなくなり、葉も少し黄色くなったりしますが、じきに回復するので、移植後すぐに補うのは控えます。

【生長と収穫】

少しずつ葉の数も多くなり株が生長します。レタスは葉っぱがとても軟らかいので、周囲の草々に覆われてしまうと風通しが悪くなって、葉がドロッと崩れ、傷むことがあります。草はこまめに刈って、その場に敷いておきましょう。葉の色、つや、全体の具合をよく観察し、見極めて、必要であれば米ぬかや油かすを株の根元周りにうっすら振り、補ってやります。葉にかかった油かすなどは、そっと払って除いてやります。

秋蒔きのサニーレタスは暖かい地方だと11月ごろから収穫できますが、寒い地方では小さな株のまま越冬し、3月〜4月に収穫します。

寒さにはわりに強いほうですが、やはり雪や霜に当たると傷みます。株の周囲に草がよく茂っていると、その草に守られて傷みも少ないようです。また、暖かくなるにつれ回復し、再び生長を始めます。

収穫は大きな株から順に行います。結球するものは手で触ってみて、しっかり巻いているのを見計らって株ごと切り取ります。

サニーレタスやサラダ菜、サンチュなどは外葉から随時かき取って収穫すると、中から次々に葉が出てきますので、長く収穫を楽しめます。

保存はききませんので、新鮮なものをその都度食べるようにしましょう。また生食ばかりではなく、スープや鍋にしていただいてもおいしいです。

【採種】

秋蒔きのものは6月ごろ、春蒔きのものも6月から7月にかけて中央から茎が伸びてとう立ちします。

キク科なので、ジシバリやタンポポに似た淡い黄色の花が咲きます。花が終わって綿毛状のものの奥に細長く、へん平な種ができます。

花も茎も枯れてしまってカラカラになるのを待って、晴天の続いた日に、種の入っているところをもみほぐすようにして種を採ります。ゴミや茎などは吹き飛ばして、種だけをさらにしっかり乾燥させ保存します。

サニーレタス
2011年

コマツナ

コマツナの栽培カレンダー

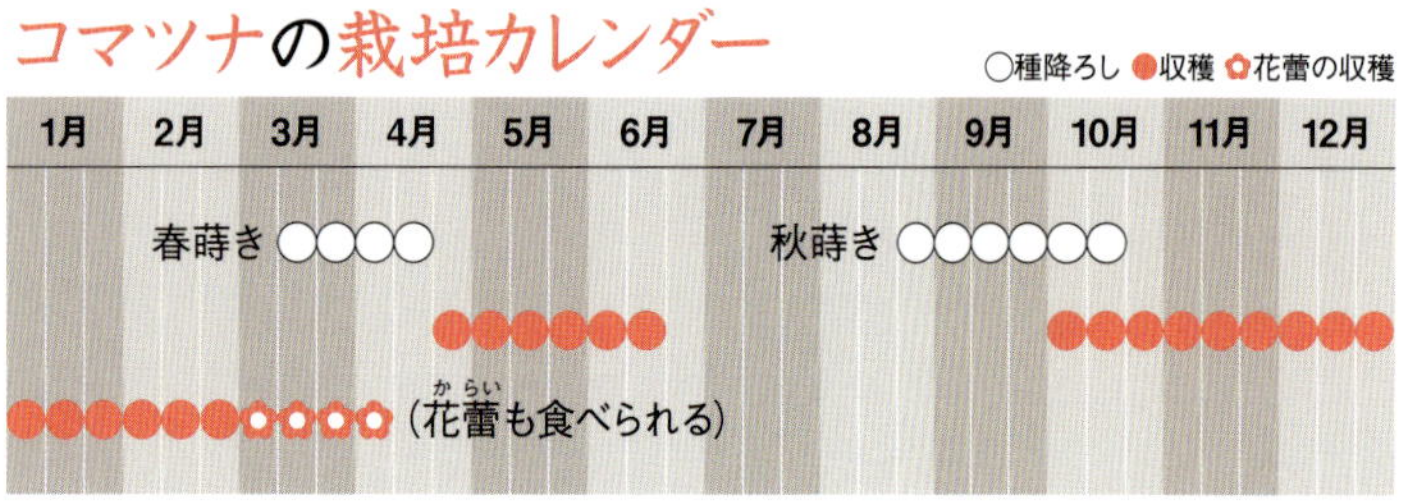

品種

コマツナは別名ウグイスナ、フユナ、ユキナ、コナなど地域によっていろいろな呼ばれ方がある。古くからの在来の葉物であるが、明治4年ごろ、東京の江戸川区小松川町で広く栽培されるようになったことからコマツナと呼ばれるようになった。丸葉と長葉のものとがあり、各地に次のような品種がある。

●東京小松菜 ●卯月 ●ゴセキ晩生 ●信夫菜 ●武州寒菜 ●女池菜 ●大崎菜 ●新戒青菜

チンゲンサイ、パクチョイ、サントウサイ、フダンソウ、ホウレンソウなど多くの葉物野菜はコマツナと同様にして育てることができるが、ホウレンソウ、ニンジン、シュンギク、フダンソウなどは一面のバラ蒔きには向かない。ダイコン、カブ、ヒノナなど種が裸のものはコマツナ同様、秋のバラ蒔きができる。

アブラナ科のコマツナは、中国原産、または日本の在来のカブより分化した最も古い漬菜類の代表種です。

土壌を選ばず、寒さ暑さにも強く、たいへんつくりやすい葉物です。発芽もとてもよいので厚蒔きにならないようにし、間引きなど適期に怠りなく行えば、自然豊かな恵みを楽しむことができます。

緑葉の栄養価が高く、和え物、炒め煮、漬物などどんな料理にも使えます。

最近は野菜の種類も多くなってきて外国種や交配による新種に押されがちですが、もっと利用したい野菜のひとつです。

【種降ろし】

春と秋の2回つくることができます。

春は発芽後、晩霜の被害の出ない3月中旬ごろから降ろせますが、寒い地方では時期を遅らせます。

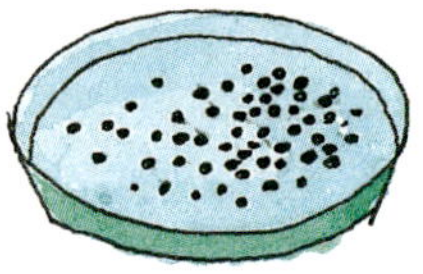

発芽後、間引き菜も随時食べることができますので、春は少し幅のある条蒔きとし、半月ほどの間をおいて2～3回に分けて種を降ろすと、長い期間、収穫が楽しめます。

また秋であれば、この条蒔きのほか、畝全体のばら蒔きもできますので、この2つのやり方を説明します。

●条蒔きについて

例えば90センチくらいの畝であれば、約15センチの蒔き幅で2条にするなど、畝幅に応じて降ろしていきます。

種を降ろすときは、まず蒔き幅より少し広めに草を刈り、次に鍬で表土を2～3センチほどの厚みではがしていきます。

これは表土に落ちていると思われる雑草の種を除くためです。もしそこに宿根草の根が広がっていれば取り除いたり、モグラの穴が開いていたら手で押さえて穴を潰したりして、蒔き条の土を整えます。さらに鍬で軽く押さえ、平らにし、いよいよ種を降ろします。

種は手のひらに入れて親指と人差し指、中指の3本で、ひねるようにして少しずつ降ろしますが、一度に全部を降ろさず、2～3回に分けて重ねて降ろしていくとよいでしょう。

種を降ろしたら、草の根の混じってない土で覆土します。ふるいでやるか、手で少しずつもみほぐしながら、種が隠れるくらいの厚みに被せます。

覆土が終わったら、再び鍬などで軽く押さえ、初めに刈った草、あるいは周囲の草の中から細かいものを選んで被せておきます。こうすることで湿り気が保たれ、灌水の必要がなくなります。

●ばら蒔きについて

秋に限られますが、手間いらずでとても簡単な方法です。まず種を少し多めに用意し、畝全体にばら蒔いていきます。その後、鎌で畝全体の草を地表部1センチくらいを残して刈り、覆土はせずに刈った草を薄く振り撒いて鍬で軽く押さえておきます。

【発芽と間引き】

種を降ろした時期が適温であれば、３～４日でよく発芽します。

種降ろしのとき、かけておいた草が発芽した芽の上に被さっていたら指先ではたいて落とします。この作業が遅れて被さったままだと日光が充分当たらないので、モヤシのように徒長し、健全に育たなくなります。

発芽して10日もすると、本葉が１～２枚になります。多少は密生していても支え合って丈夫に育ちますが、密生し過ぎて葉が重なり合っている場合は間引きます。

間引きをするとき、コマツナの根はヒゲ根が多いためか、引き抜くと土がたくさん付いてきて残したい苗の生長を妨げるので、ハサミやツメの先で株の根元のところから切り取るのがよいでしょう。

さらに20日も過ぎるころになると、本葉が４～５枚になり、間引き菜も充分食べられるようになります。混み合っているところから大きな株を間引いていくとよいです。

同時に株の間に生えてきた雑草はこまめに抜いて、条の両側の草は風通しや日当たりを考慮しながら折々に刈って、その場に敷いておきます。一度に畝全体を刈らずに、片側ずつ時期をずらして刈るようにし、小動物の住処《すみか》を残すように配慮しましょう。

【収穫】

コマツナは株が小ぶりのほうが軟らかくおいしいので、旬の時季を逃さないように収穫していきます。

収穫するときは大きなものから鎌で刈って株ごと収穫します。その都度、いただく分だけを収穫するのが最善ですが、もしも保存するときはざっと洗った後、新聞紙などでくるんで冷蔵庫の野菜室や涼しくて暗い場所に立てて置きます。

３月には花蕾も摘み取って食べることができ、端境期《はざかいき》にはなかなか重宝します。

【採種】

コマツナはアブラナ科なのでほかのアブラナ科の作物（ハクサイ、チンゲンサイ、サントウサイ、コウサイタイなど）とたいへん交配しやすくなるので、作付けのときからかなり離して栽培します。あるいは健康そうな株を種採り用に選び、花の咲く前にほかのアブラナ科の作物から、かなり離して移植し、数株を栽培します。その距離は一説には４００《メートル》とも言われ、通常の個人の畑では難しいものがあります。そこで、交配しやすい作物は、花の咲く時期をずらす工夫をしたりするとよいでしょう。

採種には、秋蒔きのものがよく、翌年の５月～６月に種の入ったさやが薄茶色になってカラカラに枯れたころ株ごと刈り取って、シートの上でたたくなどして種を落とします。さらにそれをよく乾燥させ、ビンや袋で保管します。

ニラ

ニラの栽培カレンダー

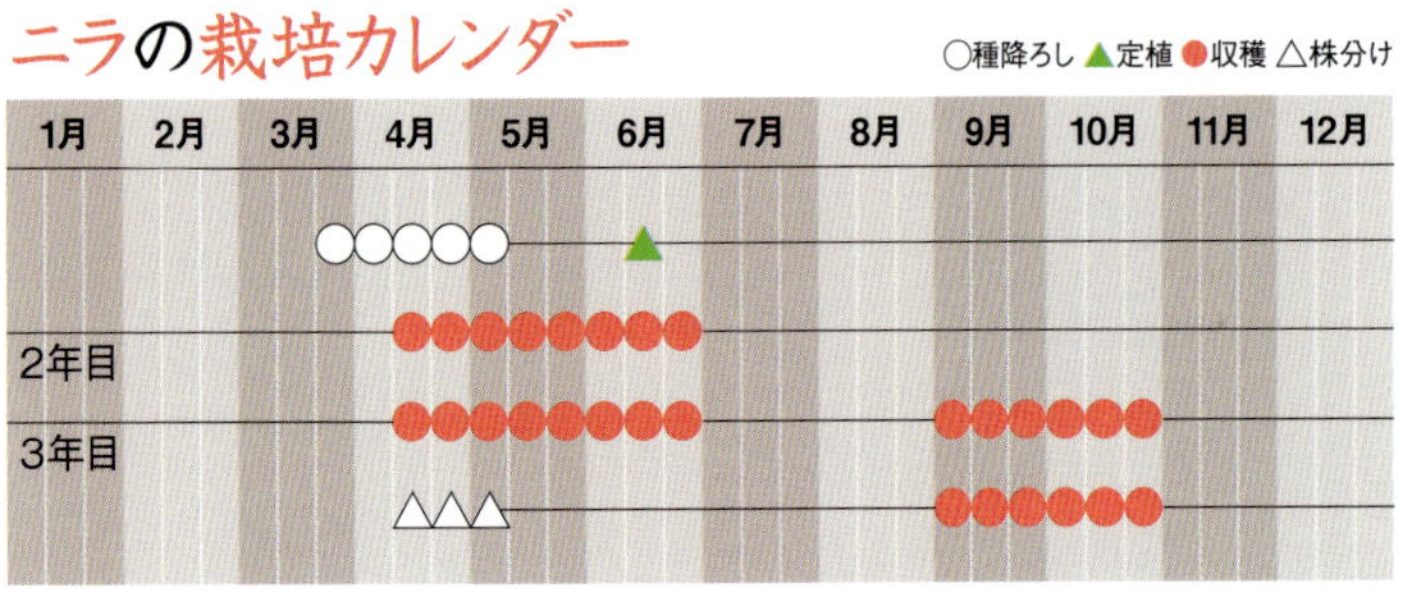

品種

品種はそれほど多くはなく、葉の幅の広い大葉ニラと在来の細葉ニラに大別される。大葉ニラにはグリーンベルト、グリーンロード、ワイドグリーン、キングベルトなどの改良種がある。また、葉は硬いが花芽を食べるハナニラには、デンターポールなどがある。

性質

ニラは特有の臭気が好まれ、日本ではよく食される。丈夫でつくりやすく、多年草なのでいったん大株に生長したら、あとは2～3年おきに株分けをしていく。湿気を好まないので水はけのよい場所を選ぶ。またハナニラは花芽を収穫するので地力のある場所がよい。

【種降ろし】

原産は中国西部と言われています。

種は必ず新しいものを用います。種降ろしは、ばら蒔きでも条蒔きでもかまいませんが、ここではばら蒔きで、タマネギと同じように苗床で苗をつくり移植する方法を説明します。

まず、苗床にしたい場所の草を刈り、表土を薄くはがします。宿根草などがあれば取り除き、鍬などで平らに整えたあと、種を降ろします。種が隠れる程度に覆土したら、はじめに刈った草をかけ、軽く圧して乾燥を防ぎます。

【発芽と間引き】

発芽には1週間から10日ほどかかります。ニラは株が大きくなると周囲の草にも負けず、旺盛に育ちますが、幼苗のころは風通しが悪くなると、弱くなり消えてしまうこともあるので、草は抜いて、苗が密になっている箇所は間引きます。

苗の間隔は2～3センチくらいでよいでしょう。

【定植】

6月に入り苗の大きさが20センチくらいになったら定植をします。

まず、苗床からていねいに苗を取りますが、鍬などで深さ4～5センチの厚みで土ごと掘り起こすか、曲がり鎌などで1、2本ずつ掘り取っていきます。

畝は地力のある場所を選んで、草丈が高い場合は、あらかじめ全体を刈っておきます。

苗の葉先を3分の1ほど切り捨てて、4～5本ずつ一緒に定植していきます。条間約60センチ、株間約30センチほどがよいでしょう。

苗の白っぽい部分がすっぽりと土の中に入るくらいの深植えにします。

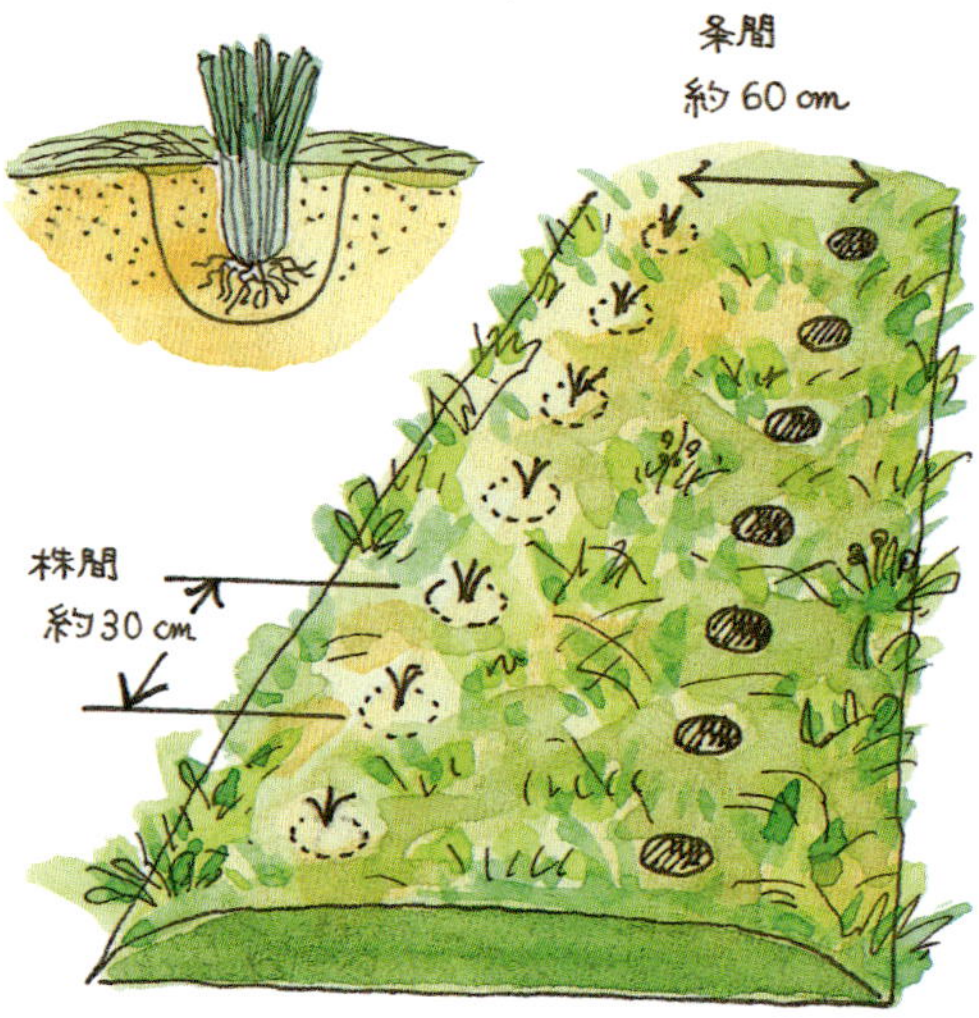

【生長】

1年目は株を大きくするために葉の収穫は控えます。夏場は草に負けないよう、風通しがよくなるよう、周囲の草は1～2回刈っておくとよいです。

【収穫】

2年目の4月、株も少し大きくなって軟らかい若葉が20㌢以上伸びてきたら、株元から切って収穫します。

地上部を2㌢ほど残しておくと、またすぐに新しい葉が伸びてきて、2週間もすれば同じ株から収穫できます。

3年目からは春も秋も収穫できますが、1株からの収穫は1年に5～6回にしておきます。

【株分けについて】

・葉は10～15cmくらいを残して切り落としておくと株分けによるダメージが少ない。

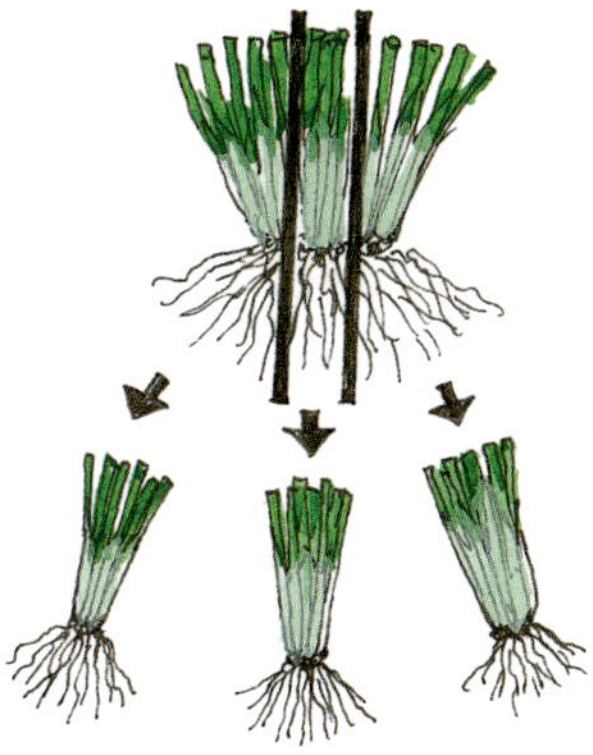

3～4年経つと株はかなり大きくなる一方、葉は細くなり株が弱り始めるので株分けをします。夏と冬を避け、春か秋に行います。スコップで株全体を掘り起こし、株の大きさに応じていくつかに切り分けます。

ニラの根株は固く締まっているので、手でほぐせないときは、鎌などで少し切り目を入れてからほぐすようにすると分けやすいです。

分けた根株ははじめに苗を植えたときと同じように、新しい畝に植え付けましょう。

【採種】

7月に入るとニラの花の小さなつぼみが出てきます。とう立ちが始まるとニラの葉は硬くなるので、種採りをする株以外は摘み取るのがよいでしょう。

採種用の株は8月～9月ごろ、ボンボリのような白い花を次々と咲かせます。

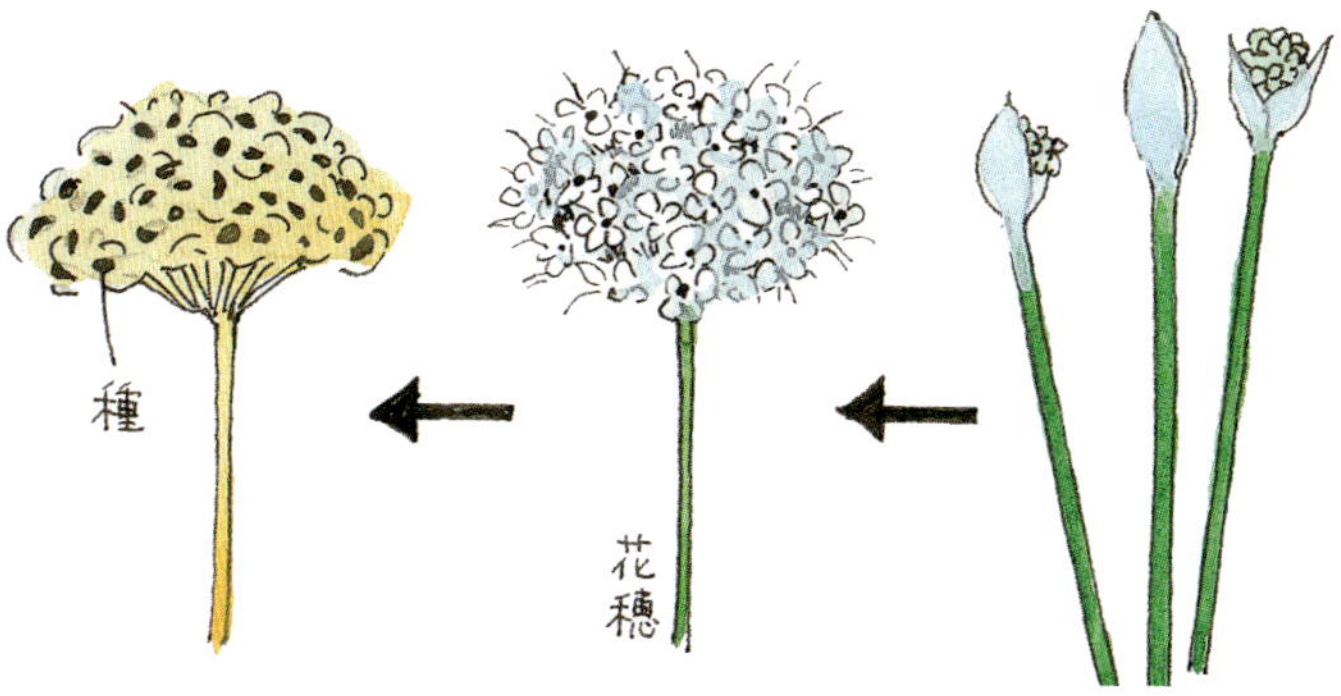
花穂
種

10月下旬から11月になると花は枯れて中に黒い種が見え始めます。種がこぼれ始める前にハサミで花穂を切り、広い容器や紙の上などに振り落として種を出します。

天気のよい日に種をよく乾かしてから保管します。ニラの種の有効年数は1年です。

【ハナニラについて】

ハナニラはニラの変種で、葉は少々硬いのですが、花芽がよく伸びて香りも柔らかいので、花芽とその茎を食べます。

花芽の出る7月～9月、花芽のつぼみがまだ開かないうちに株元からポキッと折って収穫します。

ニラよりやや地力を必要とします。

ブロッコリー、カリフラワー

ブロッコリー、カリフラワーの栽培カレンダー

○種降ろし ▲定植 ●収穫

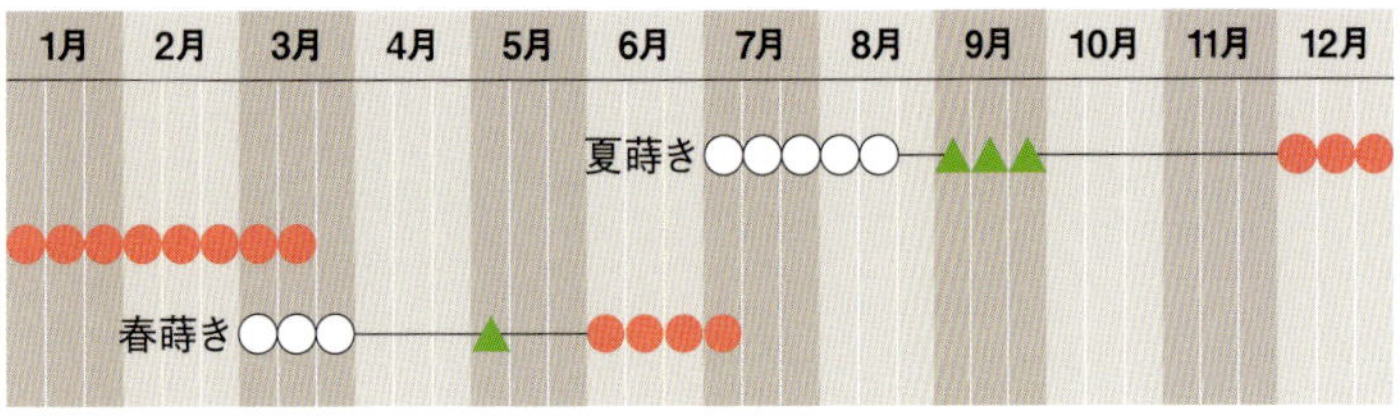

品種

ブロッコリー

緑色のものと紫色のものとがある。また近年は、花蕾が中央で大きくなるのではなく、小さいものが多くつく品種もある。早生種、中生種、晩生種と品種は多い。

- □まりも(早生)
- □極早生みどり
- □グリーン18(中生)
- □緑洋(中生)
- □ドシコ
- □シャスター
- □グリーンハット
- □グリエール
- □緑帝
- □スティックセニョール(小さな花蕾が多くつく)

カリフラワー

白いものがほとんどだが、ほかに紫色、オレンジ色、黄緑色のものなどがあり、生育期間も極早生から晩生まである。ブロッコリーと違い、中央の花蕾を摘み取ったらその後花蕾はできない。

- □野崎緑(早生)
- □スノーボール(早生)
- □奥州(中生)
- □秋月(中生)
- □ミナレット(花蕾の形状が尖塔型で黄緑色)

原産はどちらもヨーロッパ地中海沿岸。日本へは戦後に入ってきて普及しました。

どちらもほぼ同じような性質を持ち、日当たり、水はけともによく、比較的地力のある場所がよいでしょう。

春蒔きと夏蒔きの2回、作付けできますが、寒さには強いので夏蒔きのほうがつくりやすいです。

【種降ろし】

直蒔きでもできますが、苗床をつくってほかの野菜と一緒に苗を育ててから移植する、という方法がつくりやすいです。

まず苗床とする場所の草を刈ります。次に、表土にはたくさんの草の種が混じっているので、2~3センチほど土を鍬で削って除きます。除いた土は苗床の両端にでも寄せておいて、移植が終わったときに戻すようにします。宿根草の根などがあれば取り除いて、全体を平らに整え、鍬の裏などで軽く叩いて押さえておきます。

ブロッコリーもカリフラワーも種はとても小さいので、あまり密にならないように、2~3回に分けて少しずつばら蒔きします。

種が隠れる程度の土を、手でもみほぐしながら、あるいはふるいにかけて被せ、全体を軽く押さえたら、乾燥を防ぐために周囲の細かい草を刈って、うっすら被せておきます。

夏蒔きは虫の食害を受けることも多いので、その場合は寒冷紗などで覆ってやると、夏の強い日差しからの乾燥も、併せて防ぐことができます。

【発芽と間引き】

夏蒔きだと4~5日で発芽します。双葉が開き始めるころ、上に被せておいた細かい草が絡んでいたら、そっと落としてやります。

間引きは何回かに分けて、折々に行います。隣の苗と葉が重ならないように、間隔を保つよう間引いていきます。

【定植】

本葉が5~6枚になったころ定植します。できれば雨上がり

の夕方や、雨の降る前に行うとよいでしょう。それができない場合はできるだけ夕方に行い、移植の30分くらい前に苗床にたっぷり灌水して、苗を傷めないよう取りやすくしておきます。

定植する畝は、畝幅に応じて1条あるいは2条にし、株間は50～60センチとゆったり取ります。

草の生い茂ったところに、定植する箇所だけ草を刈って穴を開け、苗を収めます。土が乾いていたら、先に穴の中に水を入れ、その水が土中に染み込んだあと、苗を収めるようにします。さらに苗の根元が乾燥しないよう、先ほど刈った草を寄せておきます。

定植してから根が活着するまでに1～2週間かかります。この間、晴天が続き、土が乾くようであれば夕方に1度だけたっぷりと灌水してもよいでしょう。

また、モグラなどが土中を走って株が浮いてしまうこともあります。その場合は少し水をやって根の周りを手で押さえてやるとよいです。

少し補ってやりたい場合は、根が活着したあとに株の周りに、米ぬかや油かすなどを控えめに振り与えます。

【収穫】

春蒔きであれば5月から6月ごろ、夏蒔きであれば12月ごろから収穫が始まります。

中央にできる大きな花蕾を頂花蕾と言いますが、カリフラワーは頂花蕾が1つしかできないので、大きくなるのを待ち過ぎず、白い花雷が茶色くなり始める前の、まだ軟らかいうちに収穫します。

ブロッコリーは頂花蕾を収穫したあとも次々に小さな側花蕾ができますので、かなり長く収穫を楽しむことができます。頂花蕾の収穫後は株の足元に米ぬかなどを少し補っておくとよいでしょう。

【採種】

アブラナ科なので、交雑しないようほかのアブラナ科の作物から種を採る株を離しておくようにします。夏蒔きのブロッコリーであれば、翌年の6月ごろに花が咲き終わって、細いさやがたくさん出てきます。そのさやが薄茶色になってカラカラに乾いたら、刈り取ってシートの上で棒などで叩いて、種をはぜさせます。さらにふるいなどでゴミやガラを取り除いて、よく乾燥させて保存します。

シソ

シソの栽培カレンダー

○種降ろし ●収穫 ✿花穂や実の収穫

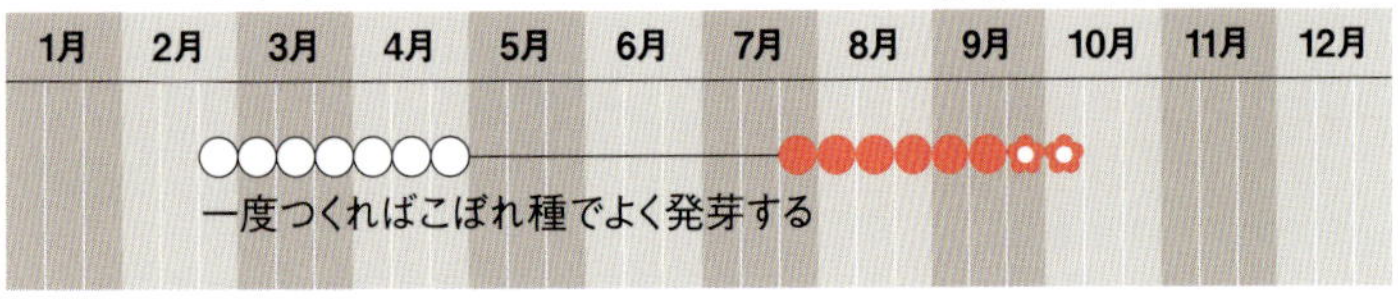

品種

葉の形状や色などにより、青ジソ、赤ジソ、ちりめん青、ちりめん赤、うら赤ジソなどがある。風味、薬味として青ジソやちりめん青、梅干しなどの色付けに赤ジソやちりめん赤が使われ、ほかに花穂や実も活用される。

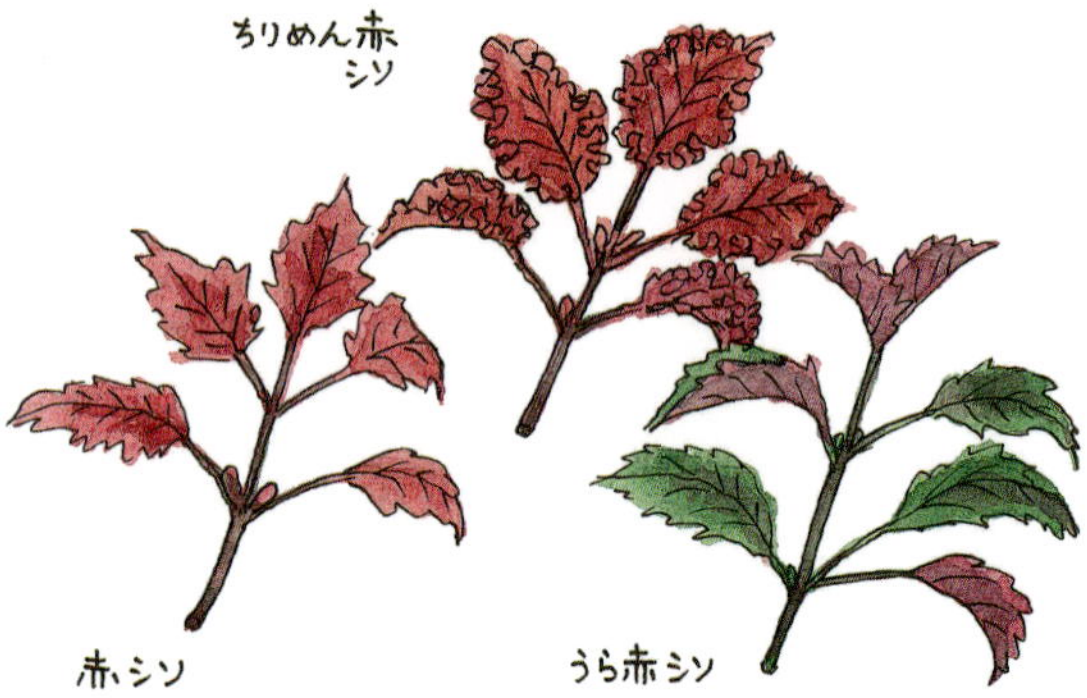

シソは中国中南部、ヒマラヤ地方が原産と言われています。日本では平安時代より少し前から栽培されていました。

高温を好み、25度前後のときがもっともよく生育します。土質を選ばず、どこにでもよくできますが、乾燥は嫌います。

一度種を降ろせば、自然にこぼれ種でよく発芽します。

【種降ろし】

必要な分だけをポットに蒔いてもいいですし、畝の上の草を刈って、ばら蒔くだけでもよく発芽します。

梅干し用や実ジソ用としてたくさん収穫したい場合は、次のように畝に2条の条蒔きとします。

10～15センチの幅で草を刈り、鍬で表土をうすく削ります。鍬を浅く耕すように土に入れ、ほぐした後、軽く押さえて整えてから種を降ろします。

シソは好光性なので覆土は薄くし、乾燥しないように先ほど刈った草を被せておきます。

【発芽と間引き】

シソは約2週間ほどかかって発芽します。土が乾燥していたら潅水します。混み合っているところは少しずつ、2～3回に分けて間引きます。

【定植】

定植する場合は本葉が5～6枚のときに行います。株間は50センチくらいにします。

条蒔きの場合は最終的に15～20センチの株間になるように間引きます。定植するよりも密になりますが、そのほうが葉も大きく軟らかです。

【収穫】

●大葉

7月ごろから随時収穫できます。（青ジソ・ちりめん青）

●梅干しのシソ漬け用

茎全体を刈り取ります。

●穂ジソ

●実ジソ

穂の先に花が少し残るころが穫りごろです。

【採種】

10月ごろ穂が茶色に枯れ始めて、触ってみて種がコロっと硬くなっていたら、晴れた日に枝ごと刈り取ります。

シートの上などで軽くたたいて種を落とし、よく乾いたものをビンなどで保管します。

サトイモ

サトイモの栽培カレンダー

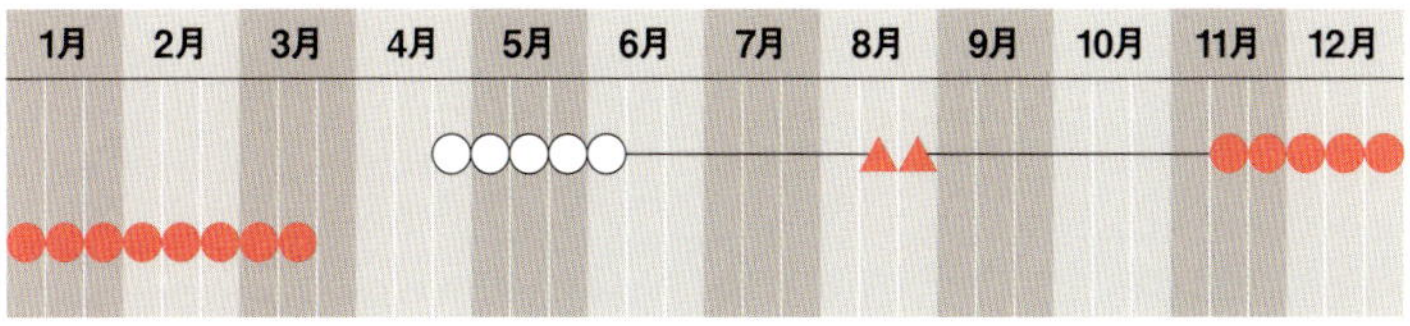

品種

サトイモには種類によって、子イモのみ食べるもの、親イモと子イモを食べるもの、茎（ズイキ）まで食べられるもの、茎のみを食べるものなどがある。

子イモのみ食べるもの	石川早生、土垂、早生蒲葉
親イモと子イモを食べるもの	赤芽イモ、セレベス、八つ頭
茎をズイキとして食べられるもの	八つ頭
茎のみを食べるもの	水イモ、蓮イモ
そのほか	エビイモ、竹の子イモ、台湾イモなど

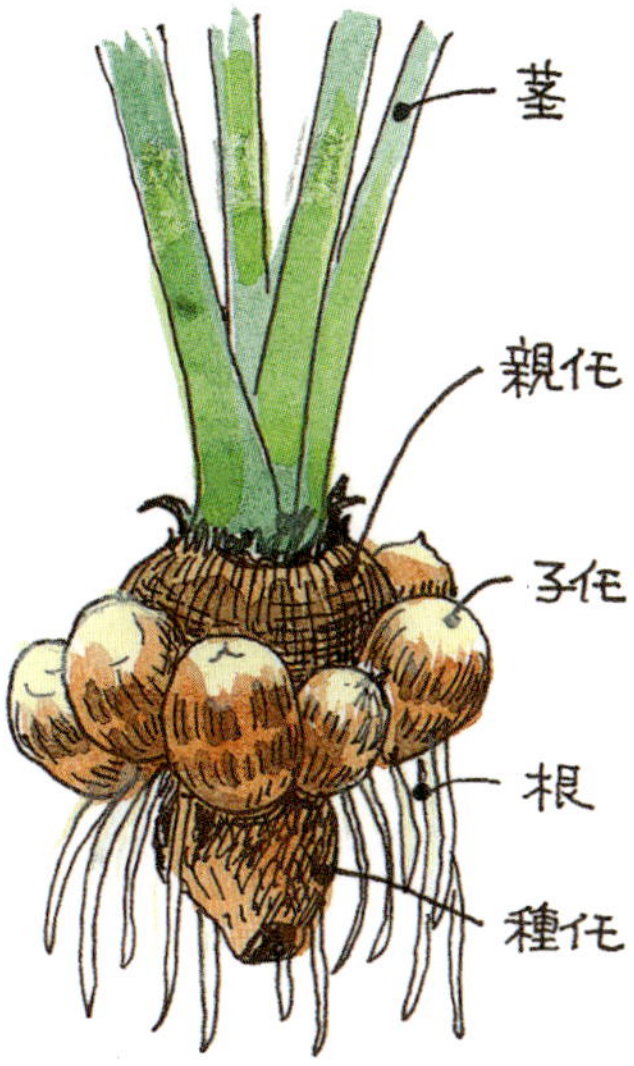

サトイモの原産は東インドまたはインドシナ半島で、日本には縄文時代にイネよりも早く渡来したと言われています。したがって高温と湿気を好みます。あの大きな葉で自ら根元の土の乾燥を防いでいるのです。

土質は選ばないと言われており、連作もできますが、2〜3年同じ場所でつくったら少し休ませたほうがよいでしょう。

強い日照を好みますが、湿気も必要としますので、棚田なら田の奥の石垣の下など、湿り気の多い畦《あぜ》に植えておくと思いのほかよくできます。

【種イモの植え付けと土寄せ】

種イモは前年の子イモを収穫せずに土の中に残し、種イモ用に管理しておいたものの中から、傷のない健康なものを選びます。前年のものがない場合は3月〜4月ごろ、種苗店に出回るものを入手します。

大きさは5〜6センチくらいはあったほうがよいでしょう。4月ごろに掘り出したものは、すでに発芽と発根が始まっていたりしますが、かまいません。

サトイモの場合、植え付けると、種イモの上から芽が出てくると同時に、種イモのすぐ上にも大きな親イモができます。子イモはその親イモの周りにできるので、通常の栽培では、植え付けた後、芽が伸びてきたら土寄せをします。

しかし自然農では耕さないことを基本とし、できるだけ土を動かさないように心がけますので、サトイモの植え付けについては次に説明するⒶのようにやってみてください。

ただし土質によっては水はけが悪く、この方法が向かない場所もあるので、その場合は後に示すⒷの方法がよいかと思います。

Ⓐ水はけのよい場所

①サトイモは、種イモの上に親

イモができ、その節に子イモ、そして子イモには孫イモというように上についていきますので、生長途中で2回ほど土寄せをします。

まず畝は、60～90センチくらいの幅であれば1列に、それ以上あれば2列にして、60センチ間隔で植え穴を掘ります。穴は直径約30センチ、深さ約25センチとします。その際、掘り上げた土は穴の縁の1カ所にまとめて置いておきます。

種イモを穴の底に置いたら、種イモの大きさの倍の高さまで土をこんもりと盛っておきます。

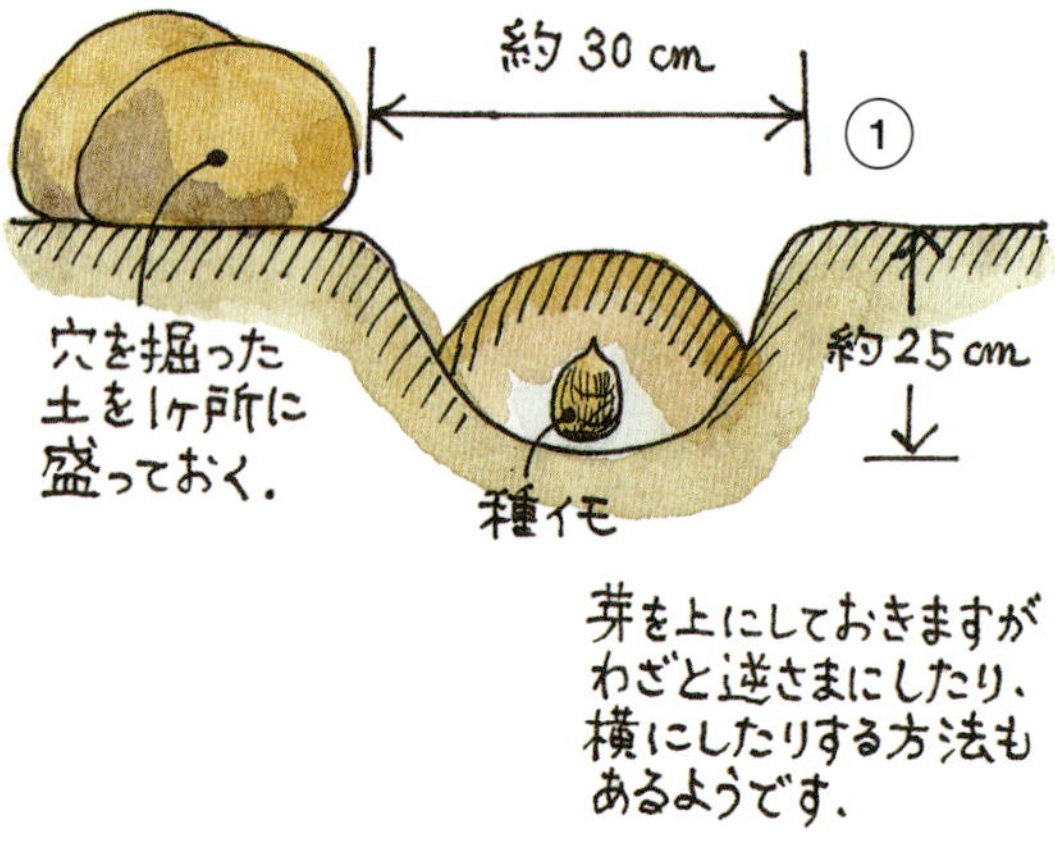

約30cm
①
約25cm
穴を掘った土を1ヶ所に盛っておく。
種イモ
芽を上にしておきますがわざと逆さまにしたり、横にしたりする方法もあるようです。

②発芽は地温が15度以上になると始まります。

第1葉、第2葉が出て茎が伸びてくる5月下旬～6月上旬ごろ、穴の縁に掘り上げておいた土を半分中に入れ戻します。

図のように、葉が隠れない程度にこんもりと土寄せをします。

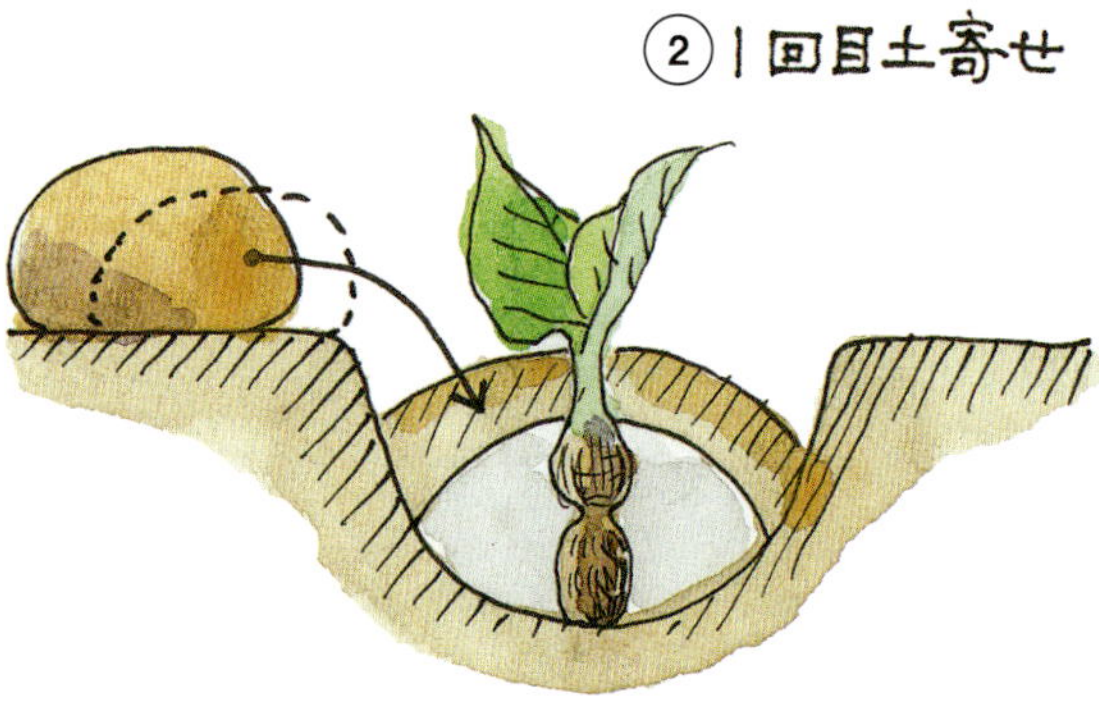

②1回目土寄せ

③さらに葉が大きく生長してきますが、2回目の土寄せをするのは、6月下旬～7月上旬にかけてを目安にします。

穴の縁に掘り上げておいた土を全部戻し、サトイモの茎のところがこんもりと盛り上がるように被せます。盛り上げた土の上には、さらに周囲の草などを刈って被せ、土が裸にならないようにしておきます。

このように、イモの上の部分を、こんもりと盛り上げるように土寄せを重ねることで、雨が降ってもイモが傷むことがありません。また土を何度も大きく動かすのを避けることができます。

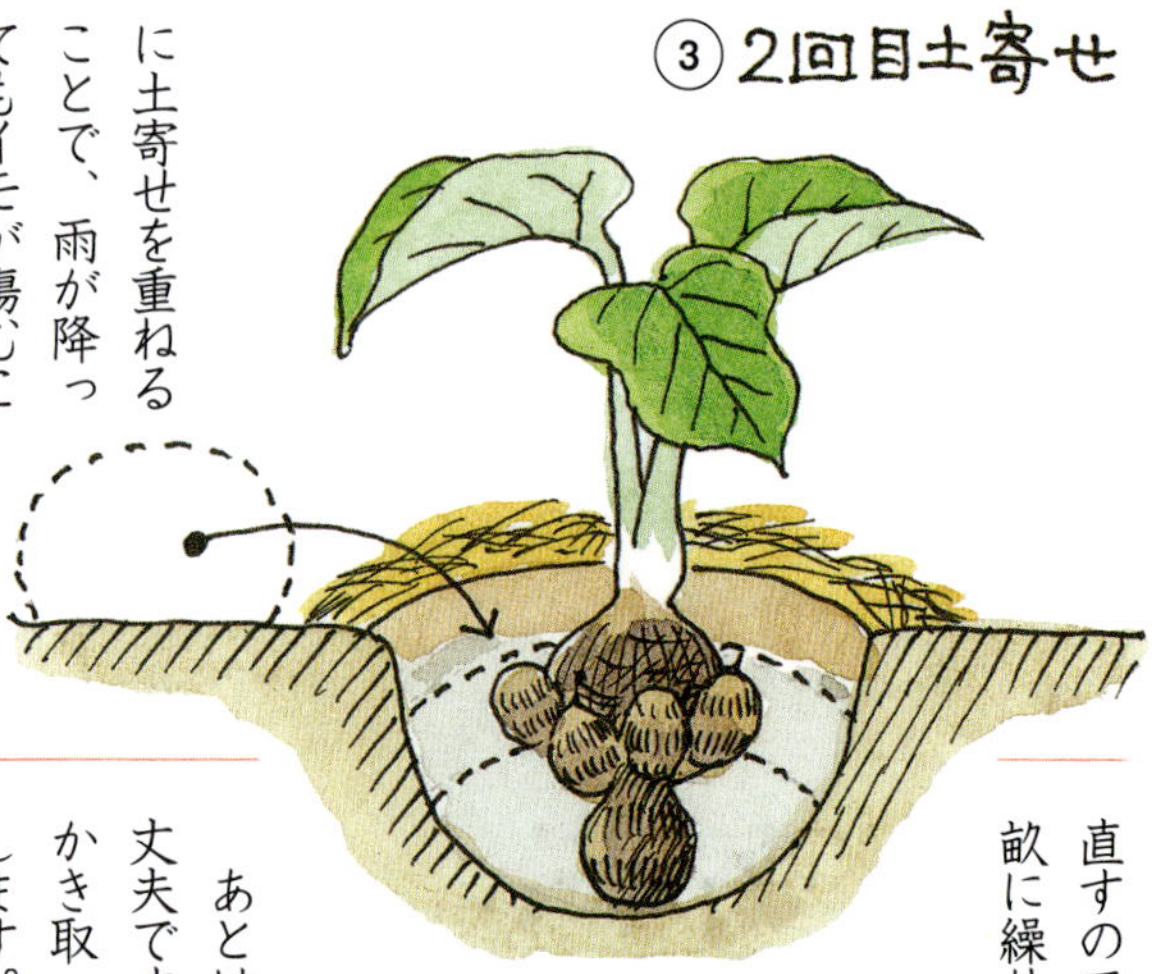

③2回目土寄せ

しかし土地によっては、粘土質であったり、水はけが極端に悪い場合も考えられます。そのようなところでは次のようにやるとよいでしょう。

B水はけの悪い場所

まず種イモを植え付けるところの草を刈ります。そこにイモの大きさの倍の深さの穴を掘り、種イモを収め、土を被せます。

土寄せは1回目も2回目も、畝と畝の間の通り道のところの土を鍬で削り、それを畝の上に上げて盛り上げていきます。

自然農では、毎回畝をつくり直すのではなく、一度つくった畝に繰り返し作付けします。しかし、数年経つと次第に畝の高さが低くなってしまいますので、その場合は同じように溝の土を削って畝の上に上げる作業を行います。

どちらの場合も株元には周囲の草を刈って敷いておきます。

あとは多年草に覆われても大丈夫ですが、脇芽が出てきたら、かき取ったほうが子イモが充実します。

八つ頭の茎・ズイキの収穫は

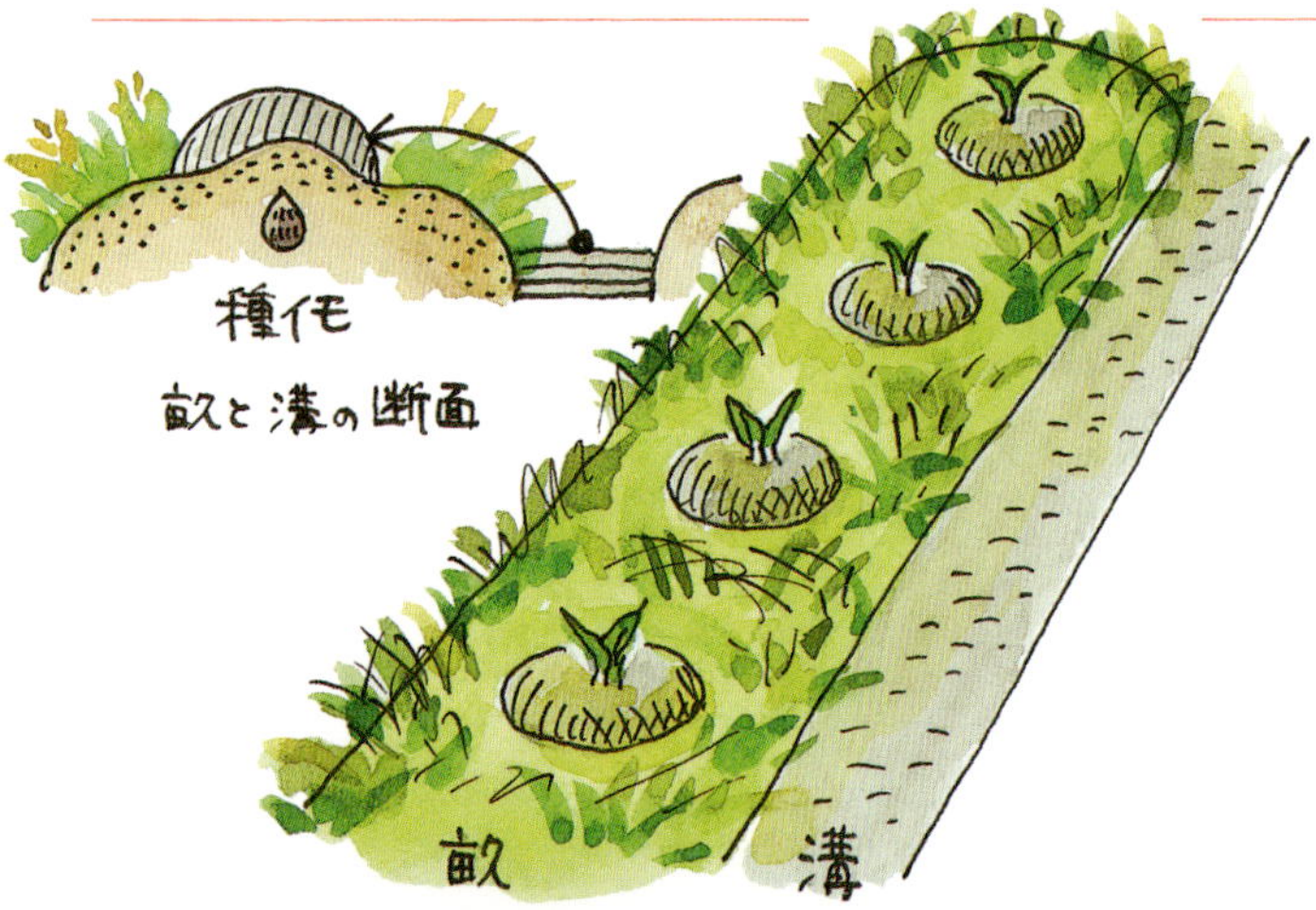

種イモ
畝と溝の断面
畝
溝

8月～10月です。八つ頭は秋に親イモも子イモも収穫できますので、ズイキの収穫の際は、外側から少しずつ穫るようにします。

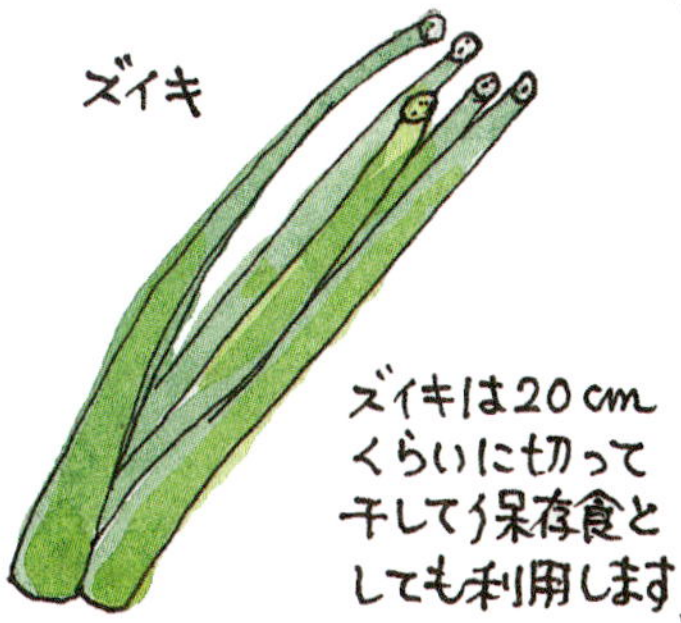
ズイキ
ズイキは20cmくらいに切って干して保存食としても利用します。

【イモの収穫】

イモは11月に入ったら、必要な分だけ、1株ずつ収穫していきます。

茎の出ている親イモの周りにたくさんの子イモがついているので、おおよその見当をつけて、鍬を入れるか、スコップを差し込んで柄を下げると株が持ち上がります。なるべく土を大きく動かさないように心がけ、イモに絡まった土も落として、元のように畝を整えます。

さらにその部分の土が裸にならないよう、サトイモの茎や葉、周囲の草を刈って被せ、整えておきます。

おおよその見当をつけて鍬やスコップを入れます。

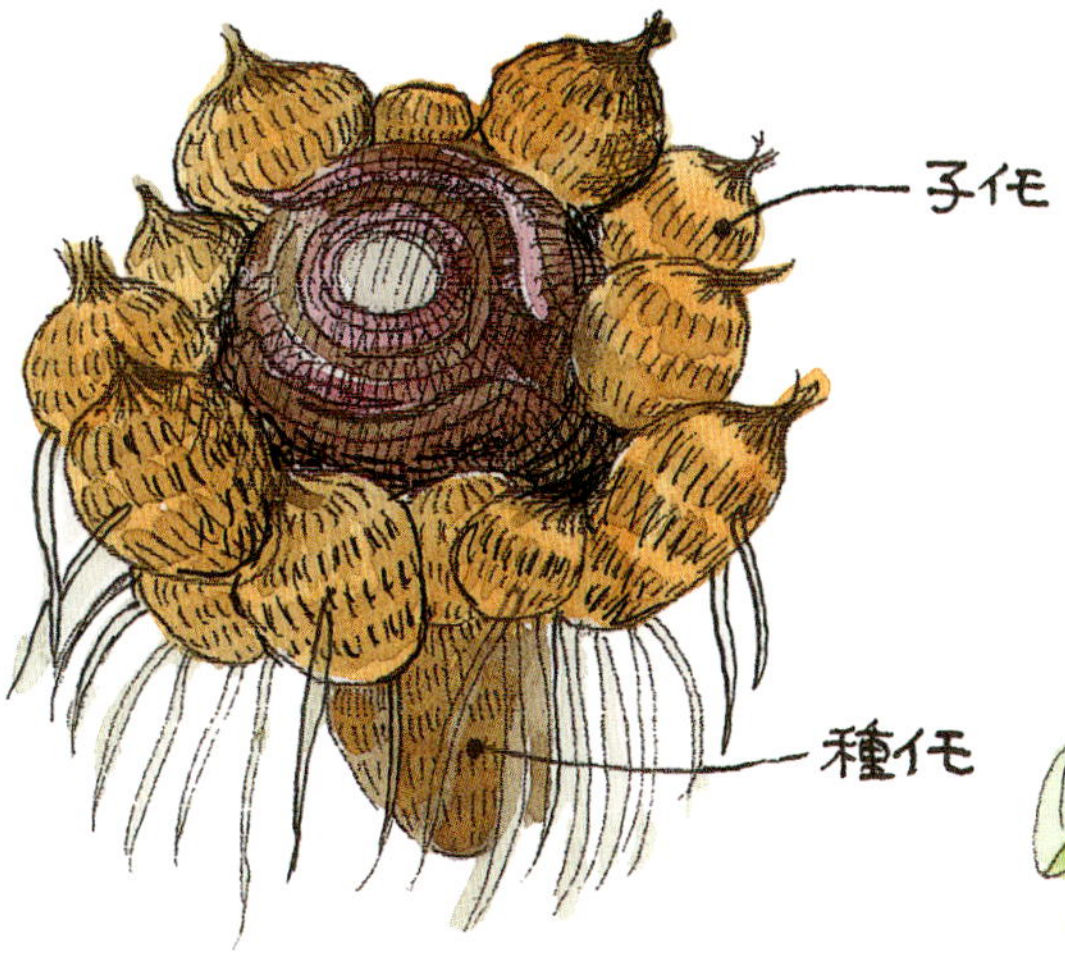
子イモ
種イモ

【食用と種イモの保存】

サトイモの保存の適温は7～10度です。

サトイモを春まで保存しておくには、ひとつには掘らずにそのまま畑に置いておくという方法があります。その場合は茎を切り、株元に土を被せ、さらにたくさんのわらやカヤの葉で覆って、低温や霜による被害を防ぎます。

一度掘り上げて保存するには、次のようにします。

日当たり、水はけともによい場所を選んで、深さ60センチくらいの穴を掘ります。その中に、掘り上げたサトイモの根株の茎を切り、親イモと子イモをバラさずに、くっつけたまま逆さまにして入れていきます。

このようにするとイモが傷まず、発芽してしまうのを防ぐことができます。

入れ終わったら、カヤやわらなどのかさの多い枯れ草、または古びたムシロなどを被せ、さらにその上に土を5～10センチほどかけておき、必要なときに必要な分だけ取り出すようにします。

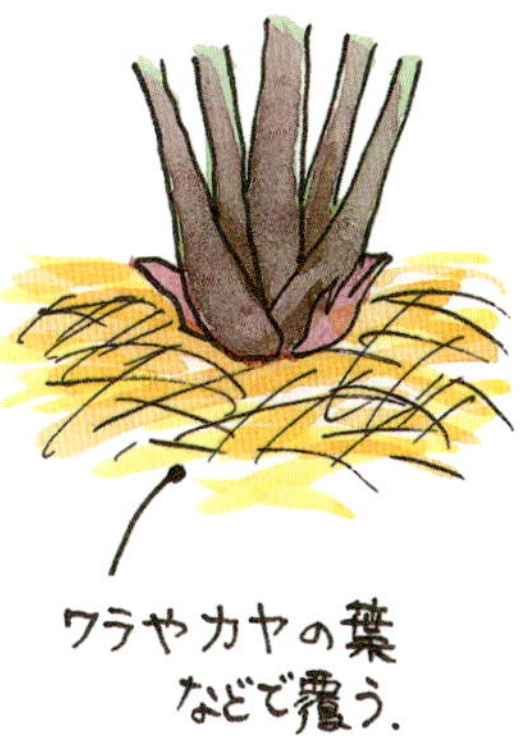
ワラやカヤの葉などで覆う。

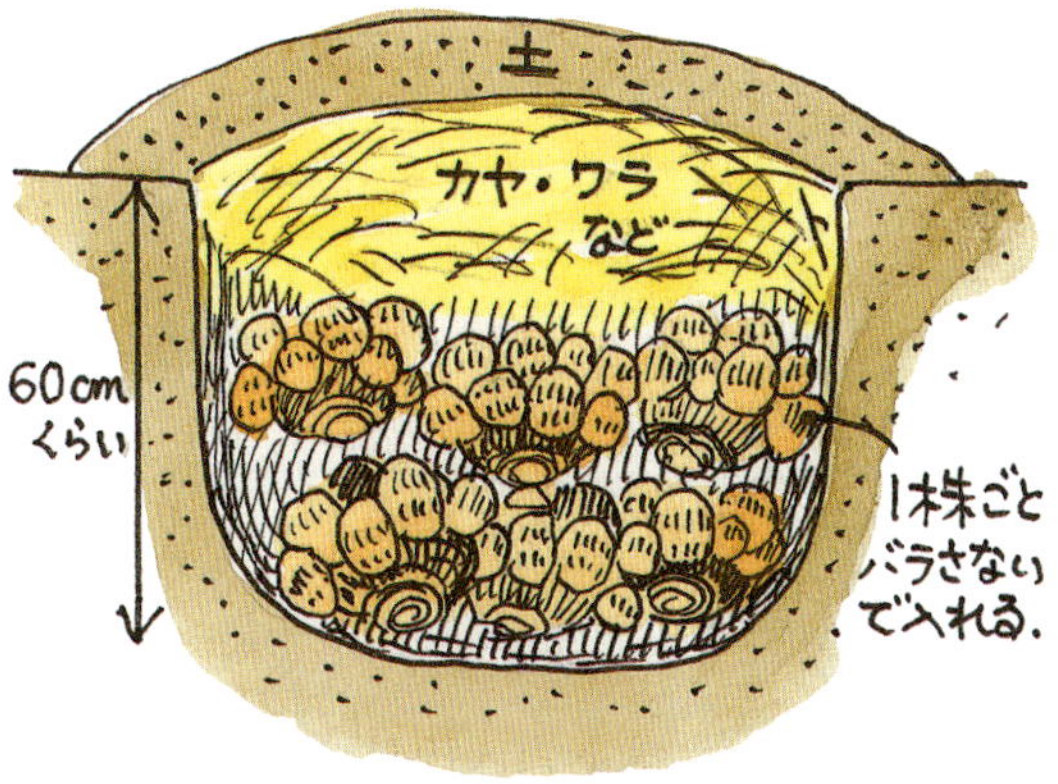
土
カヤ・ワラなど
60cmくらい
1株ごとバラさないで入れる。

サツマイモ

サツマイモの栽培カレンダー

○種イモの植え付け ▲つる苗の植え付け ●収穫

1月	2月	3月	4月	5月	6月	7月	8月	9月	10月	11月	12月
		○○	○	▲	▲▲				●●	●●	

品種

皮の色が赤系

ベニアズマ	形は紡錘形で甘味が強く多収
紅サツマ	味がよく昔から親しまれている
金時	つるボケしやすいが、皮の色・形がよくおいしい。
	焼きイモ用につくられた
高系	全国的につくられている。つくりやすいが、
	できる苗の数が少なめで温度も必要

皮の色が白系

コガネセンガン	たくさん穫れる。ベニアズマの片親。
	でんぷんやお酒の原料にもなる
ハヤト	中の色がオレンジに近く、甘くおいしい
安納芋	ややピンクがかった皮で、中はオレンジ。甘味が強くおいしい

中の色が紫系

山川紫	中の色は鮮やかな紫で皮は赤系
種子島紫	皮は白系で中は熟すほど紫色になる

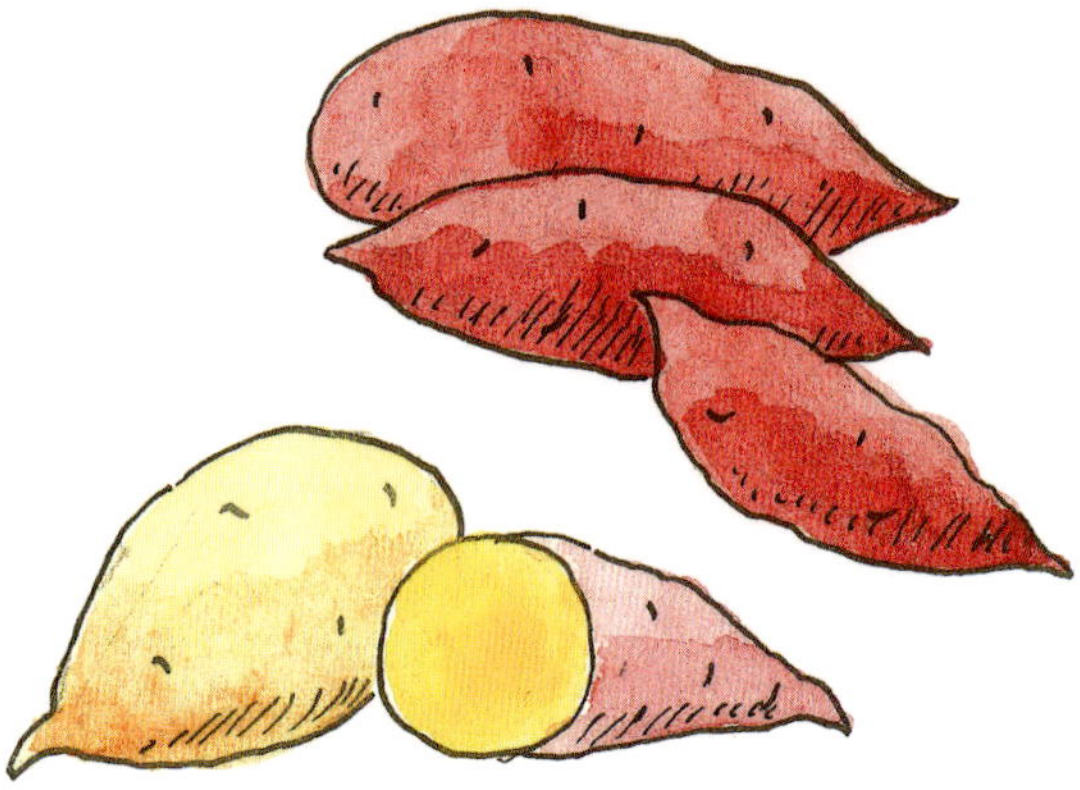

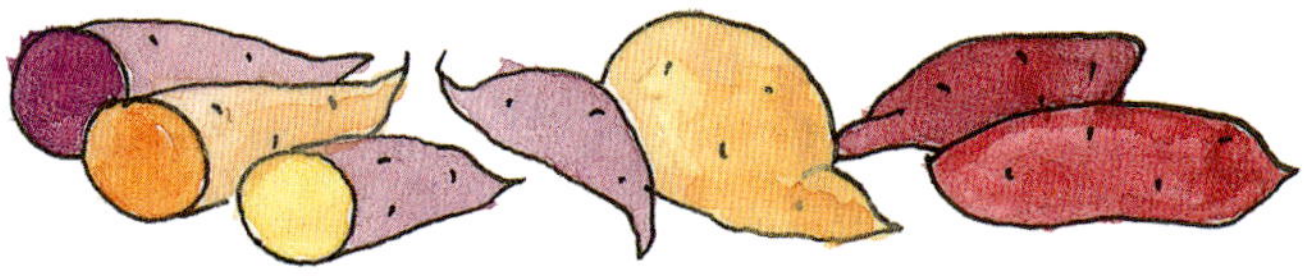

原産は中央アメリカと言われています。ペルー北部の遺跡（紀元前200〜600年）ではサツマイモの形をした土器が発見されているので、古くから食べられていたと思われます。

野菜の中では最も高温を好む種類に入り、救荒作物と言われ、やせ地でもよく育ちます。水はけと日当たりのよい場所が適しています。

【種イモを植える】

サツマイモは種イモからたくさん出てくるつるを切り取って、苗として植え付けるというのが一般的な栽培の仕方です。苗はその時期になると種苗店でも入手することができますが、ここでは種イモから苗をつくるやり方を説明します。

1つの種イモから15〜30本の苗を取ることができます。出る芽の数はイモの大きさより、品種と気温によるところが大きいので、種イモはやや小さめのものがよいでしょう。

約60センチの畝幅に株間を50センチくらいとって、種イモを1個ずつ植え付けます。土は上図のように約5センチ被せておきます。

関東以北では露地での苗づくりは、気温が低く難しいと思われますので、温室や温床などの工夫をするとよいでしょう。

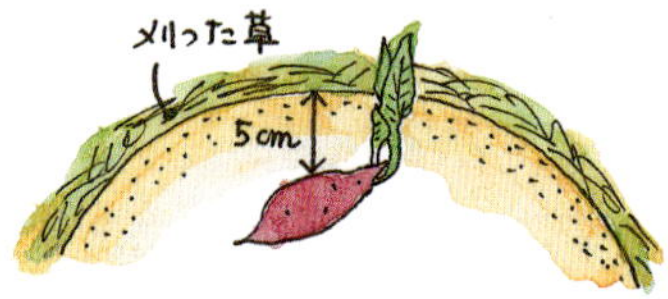

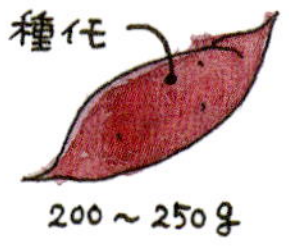

【苗を取る】

5月下旬から6月中旬にかけて、つる性の芽が何本も盛んに伸びてきます。先端から葉の数を数えて、6〜7枚目あたりをよく切れるハサミで切り、それを苗とします。

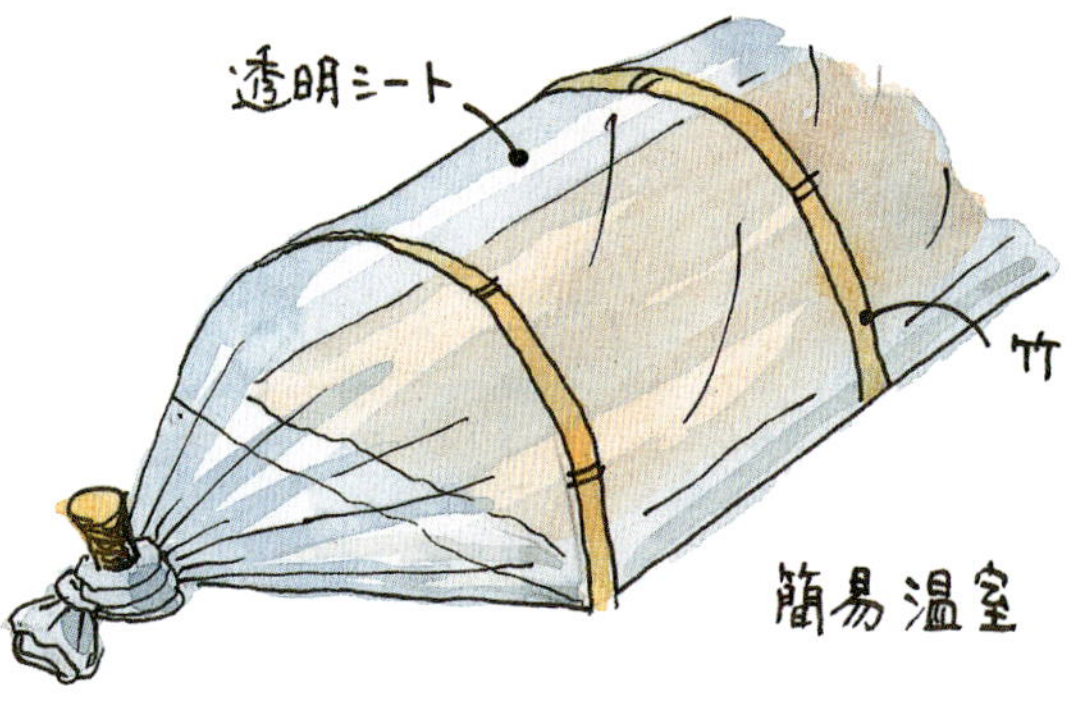

【苗の植え付け】

畝は水はけと日当たりのよいところを選びます。畝幅は60センチくらいなら1列に、広い畝では2列に植え付けます。

この時期は草の勢いも強いので、あらかじめ畝全体の草を刈って敷いてから、苗を植え付けてもよいでしょう。

翌日に雨が降りそうな日の午後などは植え付けに最適です。この時期は田の仕事も重なりま

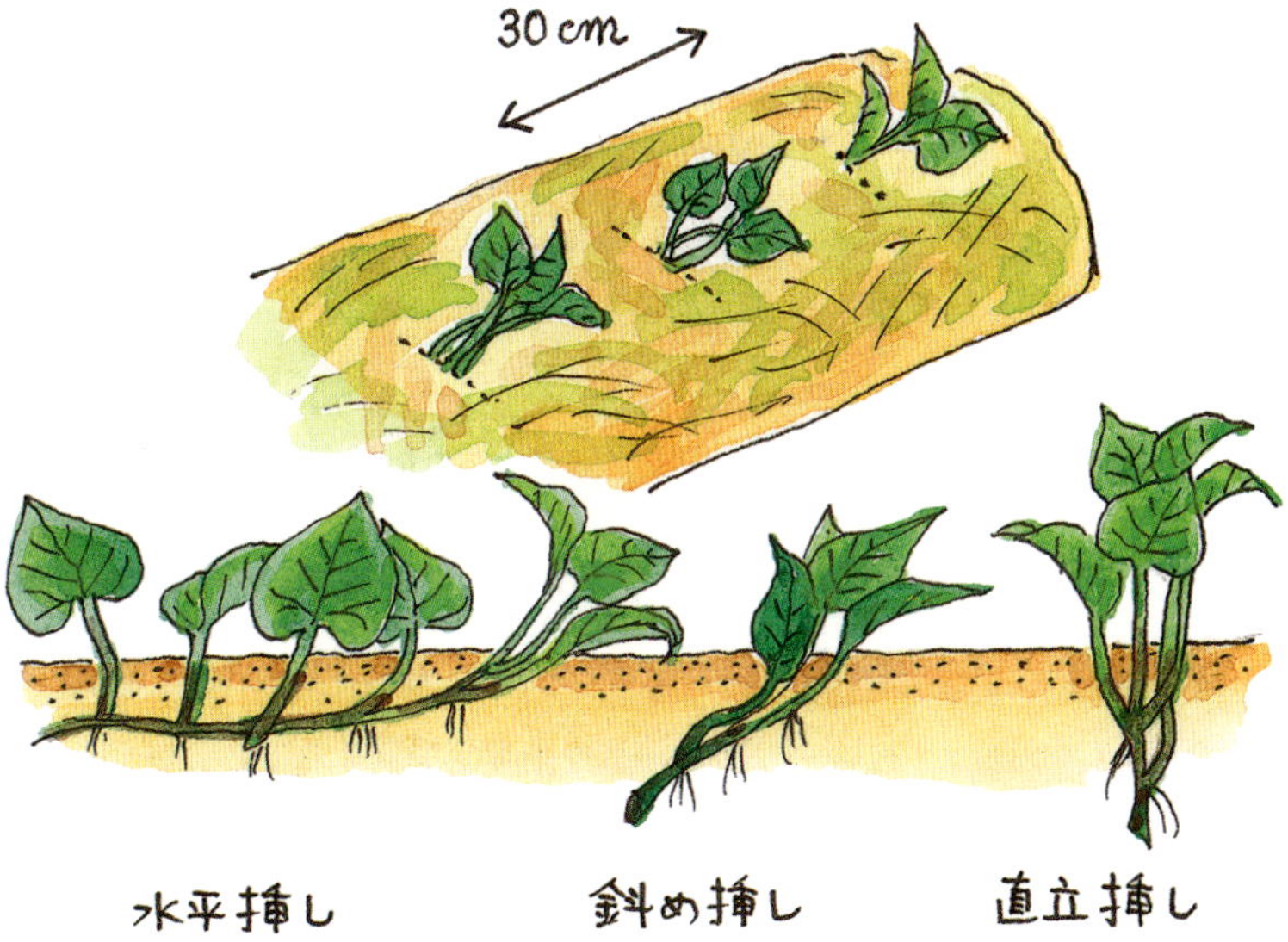

すし、畑のほうもたくさんの仕事が待っていますので、苗が取れるたびに少しずつ植えていくといいですね。
　上図のように苗を地中に挿していきますが、どのやり方でも構いません。一般的なのは斜め挿しですが、直立は形や大きさが揃うと言われています。いずれも葉の付け根のところを2～3節、地中に埋めるようにします。
　植え付けてから約1週間で活着します。乾燥には強い作物ですが、雨が降らない日が続くときは植え付けた苗の上にも少しの草を被せておくようにします。

【生長】

　約1カ月もするとつるが四方に伸び始めます。夏は草の勢いが強いので、つるの伸びる先々の草はこまめに刈ってやります。
　また、つるは3《メートル》以上伸びて節々から根を出し、地中に根を張りますが、それを放任するとつるの先々で、根が細いイモをたくさんつくろうとして、株元のサツマイモが大きくなりません。その場合は、つるの先々を地面からはがし、裏返しておくとよいでしょう。

　また葉茎を摘み取って葉は除き、茎のところだけ食べることができます。薄皮をむいて炒めたり、煮たりしていただきます。味は淡泊ですがちょうど端境期《はざかいき》のころですのでありがたい一品になります。

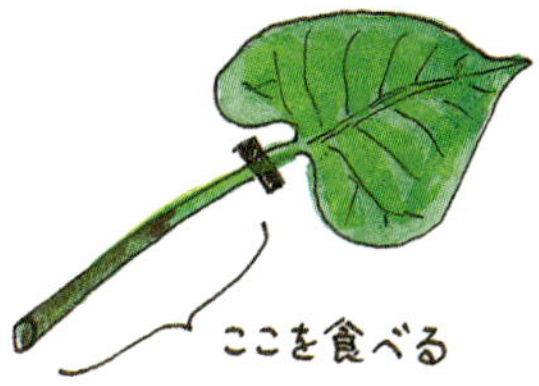

【収穫】

　収穫期の目安は、植え付けてから120日から150日くらいです。まず地上部を株元のところで切り離し、隣の畝などにいったん移動させ、掘り出しやすくします。
　三ッ鍬やスコップなどで見当をつけてイモを掘り出します。そのとき必要以上に土を動かさないよう心配りをします。左図のように、連なったまま収穫できると、保存もこのままのほうが長くよい状態を保てます。
　掘り終わったら畝の形を整え、除けておいたつるを戻し、地表が裸にならないよう、畝全体を覆います。

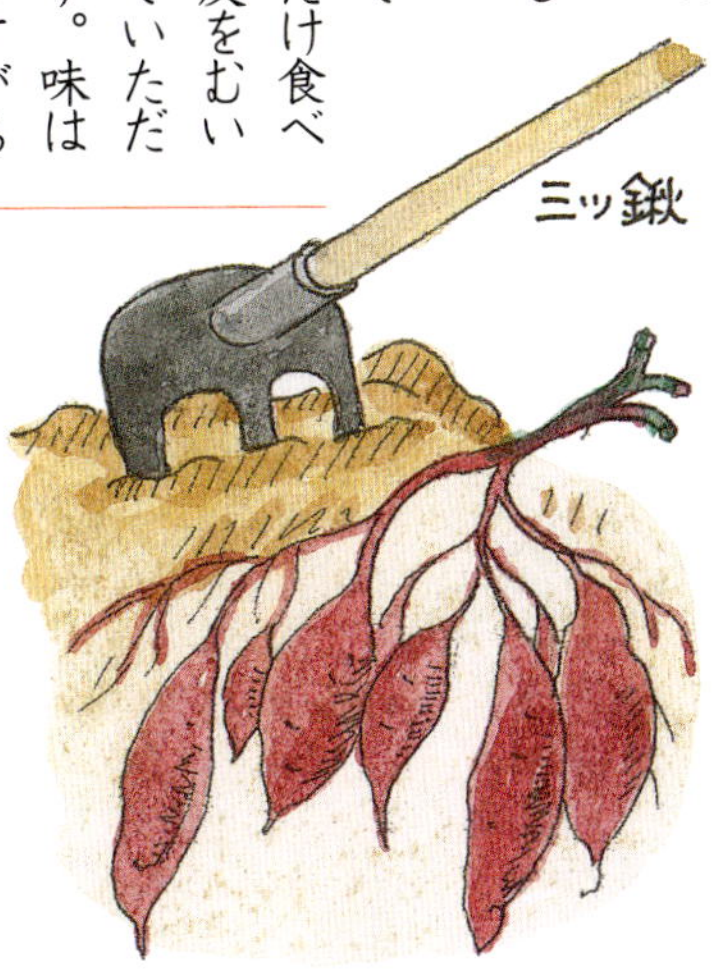

　サツマイモは掘り上げてすぐ食べるよりも、1～2週間洗わないで陰干ししてからのほうが甘くなり、おいしくいただけます。

【保存】

　サツマイモは5度以下になると腐り始めますので、冬の低温への対策が必要です。可能であれば昔からの方法で次のようにするとよいでしょう。

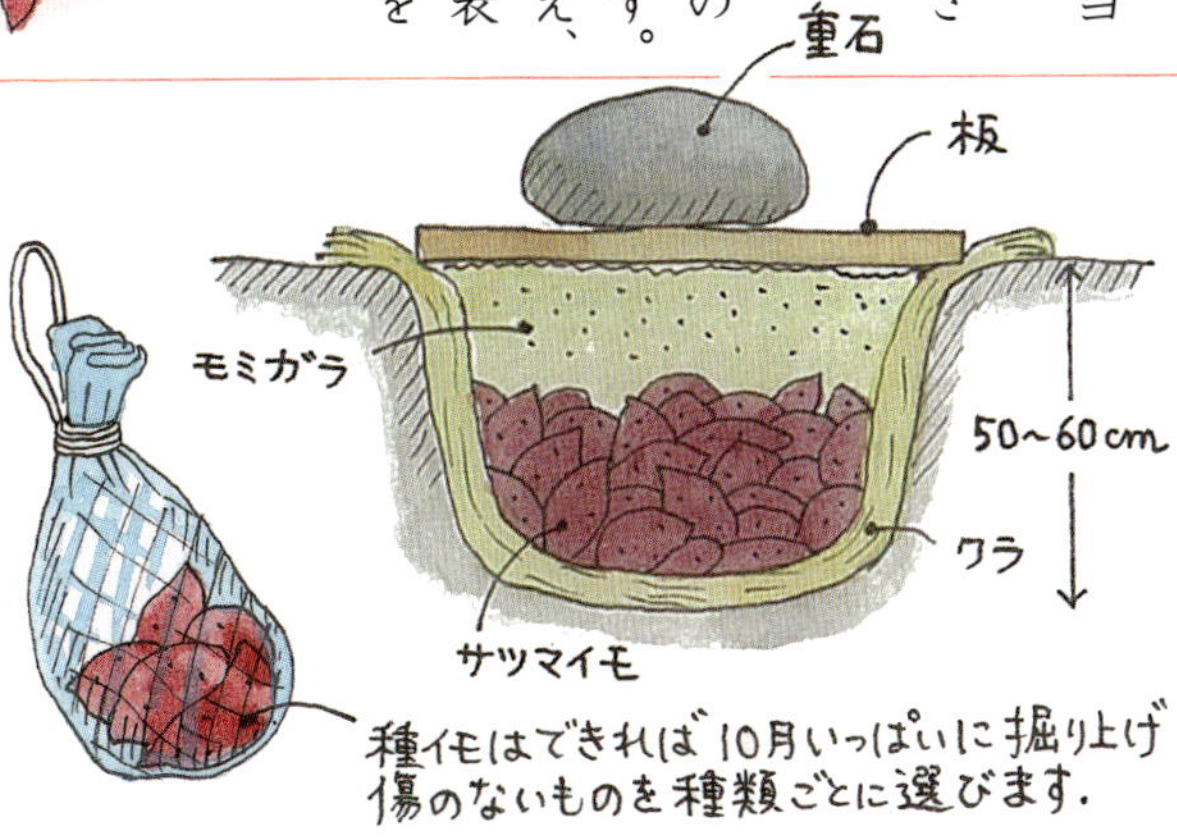

　日当たりのいい場所や納屋の一角に穴を掘り、わらを敷いてその上にサツマイモを入れていきます。ときどきモミガラも入れながら重ね、終わったらさらにモミガラを入れて木の板でふたをし、重石をしておきます。
　場所がない場合は大きな木箱を用意し、モミガラと一緒に貯蔵し、なるべく暖かいところに置くとよいでしょう。

ジャガイモ

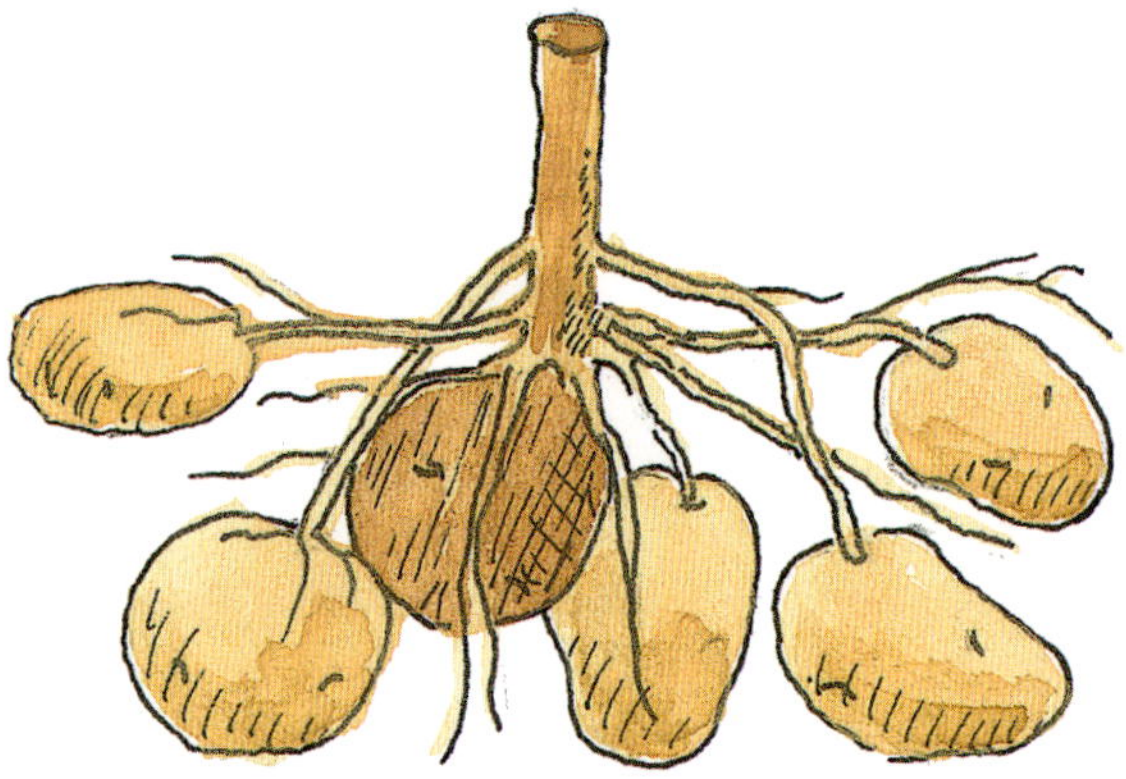

ジャガイモの栽培カレンダー

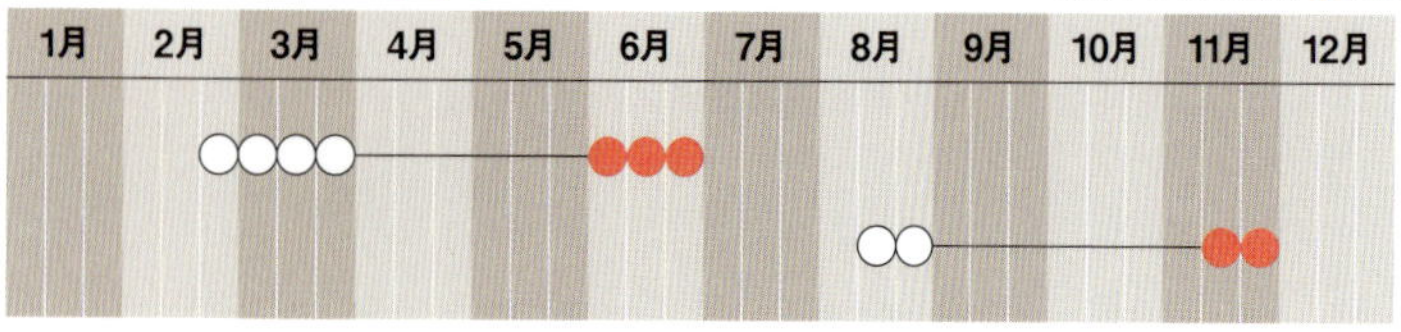

品種

春ジャガ用

ダンシャク	ごつごつと凹凸があって煮崩れしやすいが、ホクホクしておいしい。
メークィーン	長細くあまり凹凸もなく煮崩れしにくい。
キタアカリ	形はダンシャクに似るが芽のところが赤い。
レッドムーン	卵のように凸凹のない形で赤皮。
インカのめざめ	皮も中身もオレンジに近い黄色で火を通すとさらにあざやかに。イモは小さい。

春と秋2度つくれる

デジマ、農林1号	形はダンシャクに似るが、煮崩れしないのでおでんに向いている。
アンデス	赤皮で中身はやや黄色。ダンシャクのようにホクホクして甘味あり。

原 産地は南米のチリ、アンデス地方と言われています。生育適温は15〜20度。

霜に弱く、また高温にも弱く、夏の高温期には生育が止まります。

品種によっては、春と秋、1年に2度作付けできるものもあります。毎日の食卓に欠かせない作物なので、上手に収穫・保存して、年中備蓄しておくとよいですね。

ジャガイモは、地下茎が肥大してイモとなったもので、地表近くに広がってできます。

ナス科なので、トマトやピーマン、ナスなどほかのナス科の作物の後地に連作するのは避けたほうが無難です。日当たりと水はけのよい場所が向いています。

【種イモの植え付け】

種イモを準備します。卵くらいの大きさのものはそのまま1個とし、大きいものは大きさに応じて2〜4個に切り分けてもよいです。その場合、切り分けた各部位に必ず芽が1カ所以上残るようにして切ります。

切り口が腐らないように、灰を付けるやり方もあるようですが、自然農の畑の場合、土が健康ですので、その必要は感じません。日に当てて乾かす程度でよいでしょう。

食用のものでしなびてきたものでも充分種イモになりますが、市販の食用ジャガイモのなかには芽が出ないよう、放射線照射してあるものもあるので注意します。

植え付けの時期は、春は霜の降りなくなった3月上旬から3月いっぱいを目安にします。暖かい地方では2月下旬からでも可能でしょう。

湿気を嫌うので、畝は高めで排水のよいところを選びます。

間隔は、例えば、畝幅が120センチくらいであれば、条間40〜50センチの3条で、株間は約30センチとします。冬草、春草をかき分けて、植えるところだけ直径15センチくらいの円形に草を刈り、もし宿根草の根があれば取り除き、10センチくらいの深さの穴を空けます。

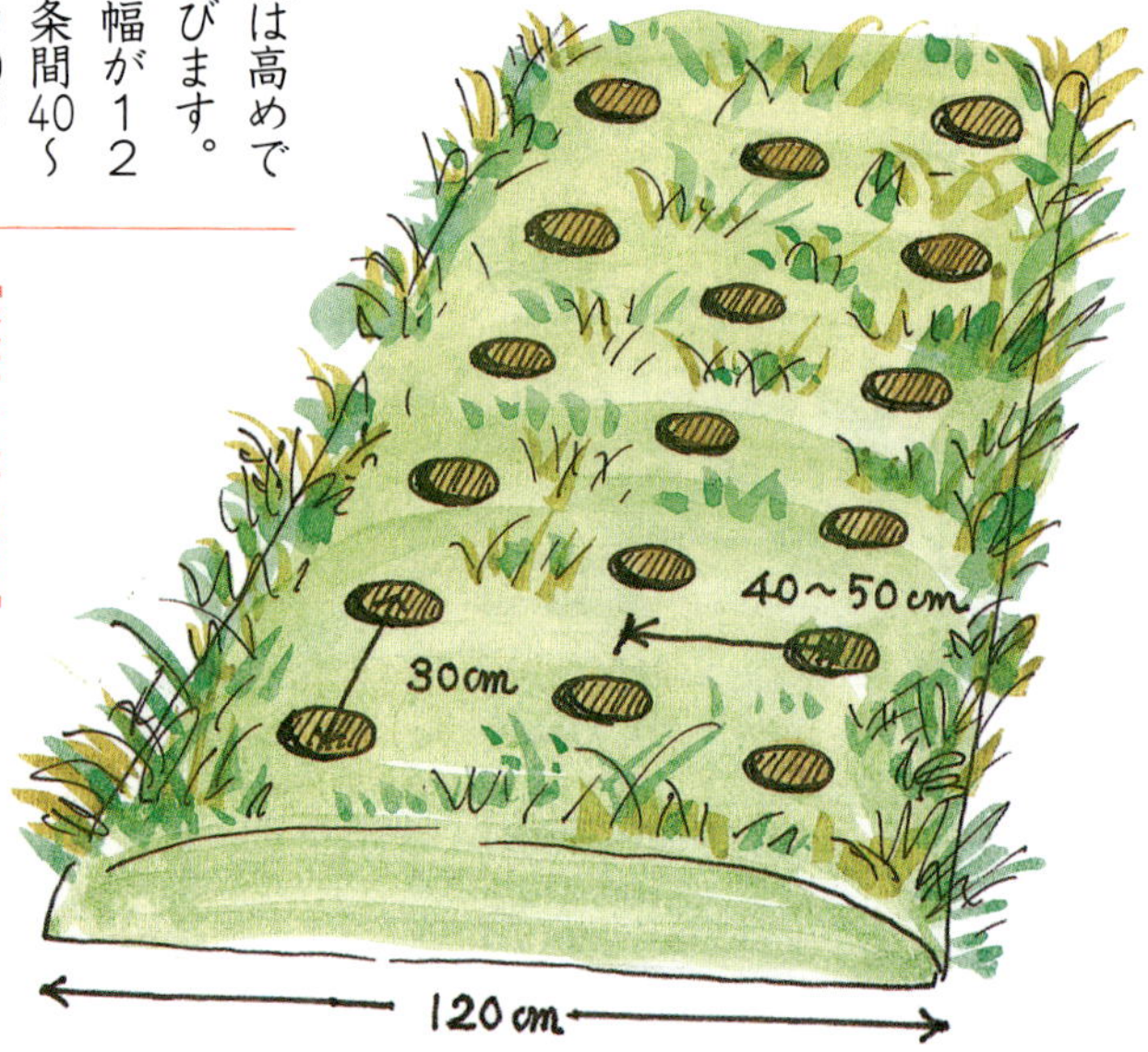

種イモは芽が出るところを上にして、そっと穴に収め、種イモと同じ分の土を被せます。

そのあと周囲の草を刈ってかけておけば、土が乾燥せず、遅霜の被害も防ぐことができます。

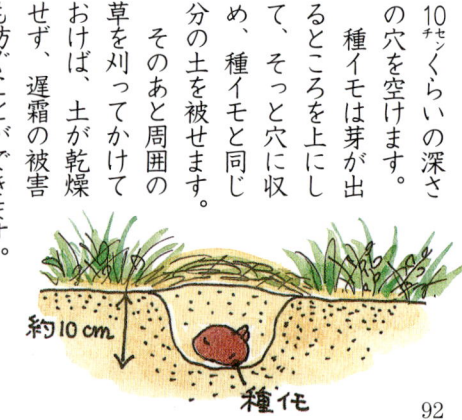

【発芽と芽欠き】

発芽には多少時間がかかります。ようやく発芽した後、遅霜が降りそうな場合は、芽の上にそっと土を少し被せるか、枯れ

草を多めにかけておくとよいでしょう。

種イモ1個から、多いときは5～6本も発芽することがありますが、そのままにしておくと、収穫するイモが小さくなってしまうので、太く丈夫な芽を1～2本残して、後の芽は欠いていきます。

中の種イモを上から左手で押さえるようにして、不要な芽の元のところをつかみ、種イモからはがすような心持ちで、ゆっくり、そっと引き抜くようにします。

芽が生長して大きくならないうちに、こまめにやっておきましょう。

【生長】

芽欠きが終わると、一気に生長が進み葉が茂りだします。周囲の草も生長しますので、風通しが悪くなるようだったら、草を刈り、苗の根元にかけておきます。この作業をしておけば、土寄せの必要もありません。

薄紫色や白の花が咲くころ、ニジュウヤホシテントウムシなどが葉を食害することがありますが、草々のなかに同じナス科のイヌホオズキやヨモギなどがあれば、そちらも好物なようなので、畝の草を刈るときは一気に刈らずに、片側ずつ時期をずらして刈るなど配慮します。草々、小動物と共生することにより、ジャガイモも自らの生命を全うすることができます。

【収穫】

花が咲き終わって下葉が黄色く枯れ始めたら、天気がよく土の乾いている日を選んで掘り上げます。雨上がりなど土の湿っているときは、イモの保存が悪くなるので、避けます。

まず地上部の葉茎を鎌で刈ります。次に株の足元に広がっているイモに当たらないように、見当をつけて、三ツ鍬などで、できるだけ土を動かさないように注意しながら掘っていきます。

スコップや鍬で掘る場合も、打ち込んだ後、少し土を起こすようにすると、後は手でイモを掘り出すことができるでしょう。

掘り上げたら、その場で2～3時間乾かして、土を落としながら収穫していきます。最後に畝を整え、はじめに刈った草などをかけておきます。

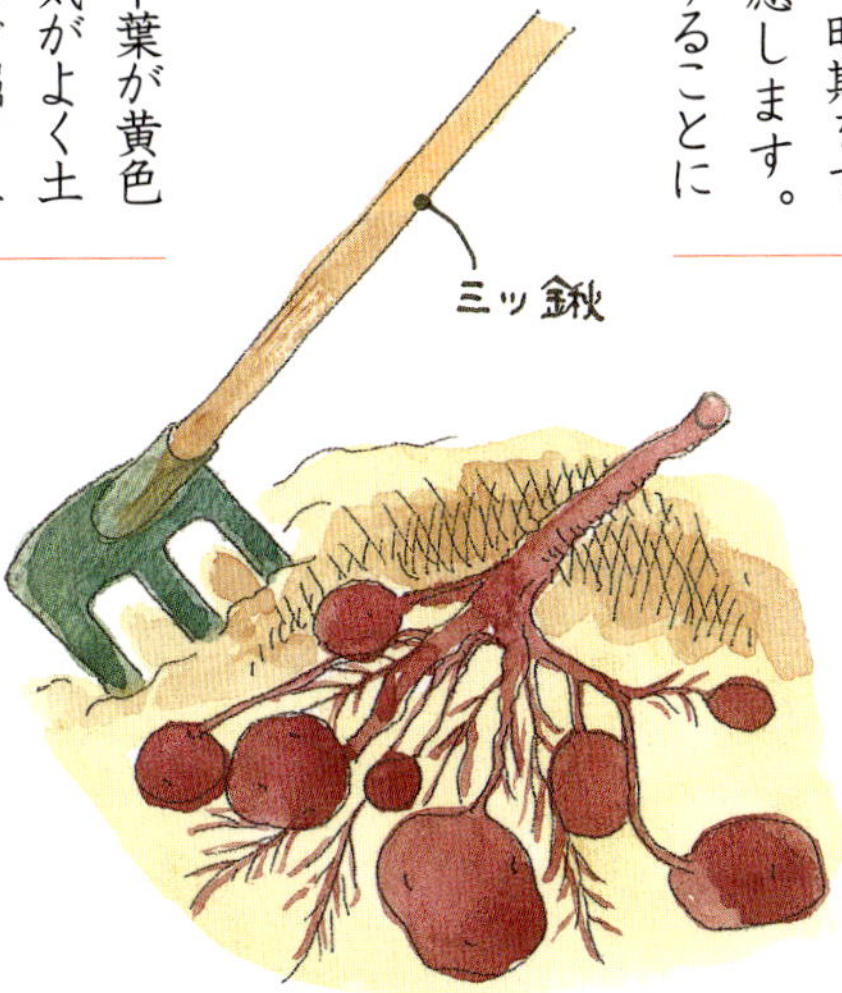

【保存】

ジャガイモは湿気に弱いので掘り上げた後、風に当てて充分に乾かすことが大切です。

コンテナケースや木の箱などに入れ、冷暗所で保管します。光に当たるとイモが緑色に変色して食べられなくなりますので、麻袋などを上からかけておくとよいでしょう。

【種イモのこと】

春ジャガを種イモとして、次の春まで保存しておくのは、なかなか難しいです。春と秋2度つくれるものは、8月にもう1度植え付け、11月中旬の初霜のころ収穫し、そのなかから種イモを選び、保存しておきます。

種や種イモには休眠期があって、その間は発芽しません。2度つくれるのは休眠期の短い品種ということになります。

タマネギ

タマネギの栽培カレンダー

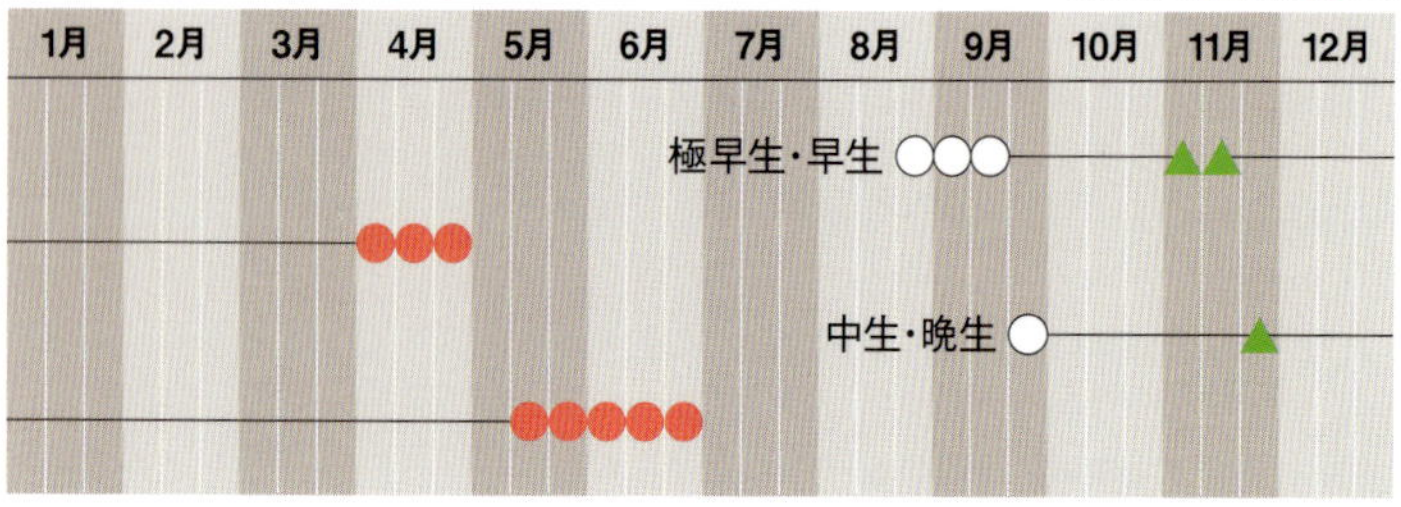

品種

極早生・早生	貝塚早生、今井早生、愛知白早生
中生・晩生	泉南中高、淡路中高、奥州
赤タマネギ	湘南レッド、猩々赤など

タマネギは品種に応じた種降ろしの時期を逃さないようにすることが大切だ。また種子は1～2年しかもたないと言われているので、毎年新しい種を用意する必要がある。保存・貯蔵のできる作物ではあるが、極早生・早生は不向きで、晩生種ほど貯蔵性はよい。

タマネギの原産地は北西インドから中央アジア、アフガニスタンあたりと言われています。

排水がよく、それでいて湿り気のある土壌を好み、ある程度の地力を必要とします。

タマネギは、収穫後、貯蔵することにより、ほぼ一年中食することも可能で、日々の食卓に欠かせない食材なので、ぜひ挑戦してみましょう。

【種降ろし】

タマネギは自給用の場合でも、たくさんの量を栽培しますので、苗は苗床でつくります。お米と同じように、種降ろしの約3カ月前までに、米ぬかなどを振って、あらかじめ肥やした場所を用意しておくといいでしょう。

また、タマネギは乾燥を嫌います。苗床は排水がよく、保湿性もあるところを選びます。

表面の草を刈り、表土を薄くはがして宿根草の根などがあれば取り除き、平らに整えて、鍬の裏側などで軽く押さえます。

種は厚くならないように注意して降ろし、覆土は4～5ミリとします。

さらにもう一度表面を軽く押さえて、その後周囲の草を刈って、苗床一面に振り撒いておきます。

こうすることで乾燥を防ぎ、よほどの干ばつでない限り、灌水の必要はありません。

【発芽と間引き】

早いものは5日目くらいから発芽し始めます。針のように細く小さいので、分かりにくいときは、かけた草をそっとはぐって確認します。

ほぼ全体が出揃ったら、幼い苗を傷めないよう、かけた草が絡まっているところはそっと取り払います。

混み合っているところは慎重に、随時間引きをします。また、ほかの草が生え出してきたら、こまめに抜いてやります。

苗が5～6センチに生長したころ、もし苗の色がやや黄色みを帯びていたり、生長が遅く元気がないような場合は、米ぬかなどをうっすら振り撒いて補います。

この時期に栄養過多になると、後でとう立ちの原因になりますし、貯蔵性も落ちることになります。くれぐれも補い過ぎないようにしましょう。

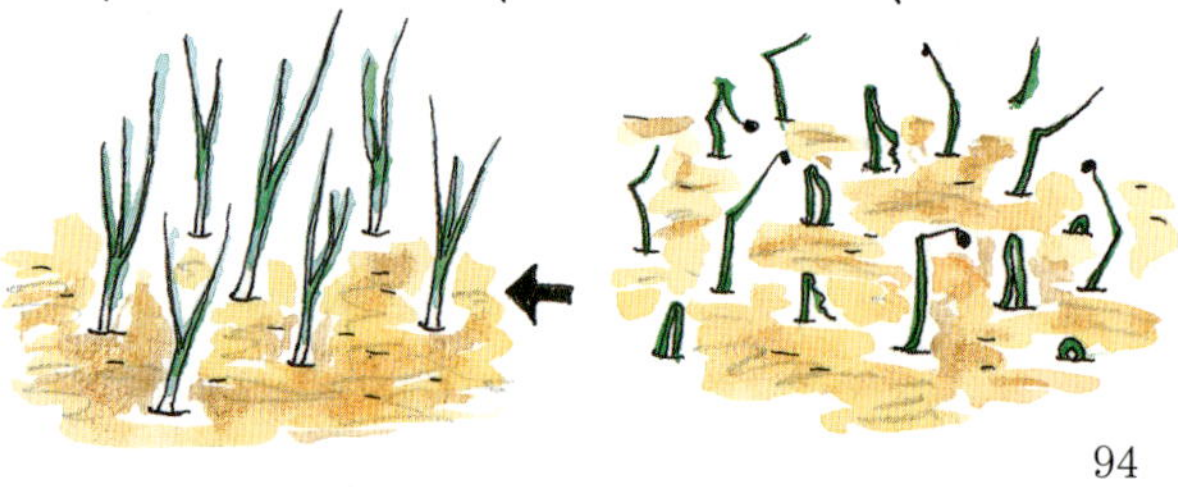

【定植】

定植は11月中旬から下旬にかけて行います。

定植するところは、夏のうちにあらかじめ米ぬかや油かすを補って準備しておくか、豆の後地など地力があると思われる畝を選びます。

定植する1週間くらい前に、生い茂った夏草を刈り、畝の上に均一に広げておき、その草が枯れてきたころだと作業がやりやすくなります。

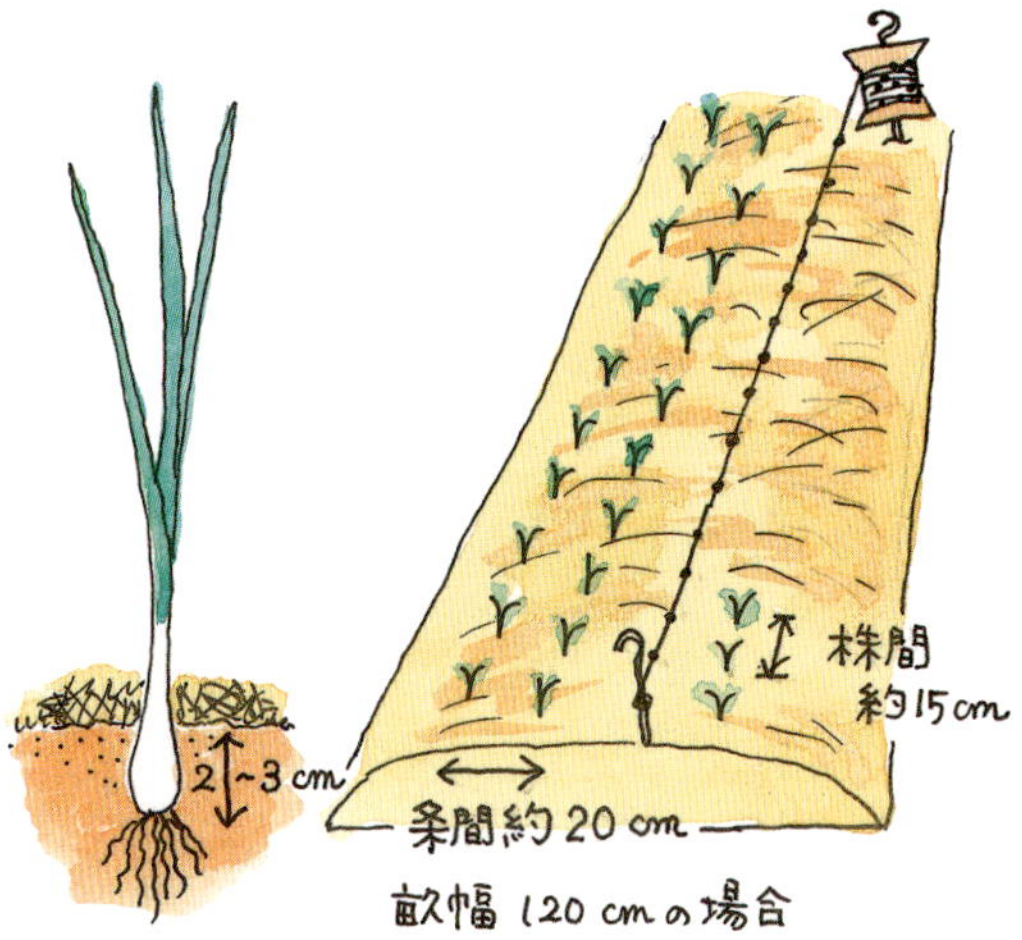

苗は15～20センチくらいに生長していれば充分です。作付け縄などを使って苗を植える条が等間隔になるようにします。苗は根元の白いところが太って玉のようになるので、その部分が約3センチくらいはしっかり土の中に入るように植え、根元を裸にしないよう枯れ草を寄せておきます。

【草刈りと補いについて】

苗が根を張ってピンと立ってくるのは、定植して10日も経ったころでしょうか。

その後、必要に応じて1～2回、米ぬかや油かすなどをうっすら補うこともできますが、苗床と同じように、補い過ぎないことが大切です。このころは気候も一年で最も寒い時期ですので、タマネギも寒さに耐えつつ、じっとしている時期なのです。

1月と3月ごろ、状況に応じて、草の勢いがタマネギより過ぎていたら、株間の草を刈ってその場に敷いてやります。

タマネギの葉はとても軟らかいので、草刈りの際、一緒に刈ってしまわないよう、細心の注意を払います。

春になると根元の部分が肥大し始め、玉となるにつれ地表部に露出して、大きくなりますが、深植えになっていたり、太らない場合は、株元の土を少し取り除いてやるといいでしょう。

【収穫】

早生なら4月、中生から晩生なら6月が一応の目安ですが、葉の一部が少し枯れ、自然に倒れ始めたら、倒れたものから収穫していきます。

収穫は晴れた日の午前中がよく、抜いた株を日中その場で日に当てて乾かすと、その後の作業がやりやすくなります。

地力に応じて玉の大きさはまちまちですが、首のところがきゅっと締まって、玉の丸みに張りのあるものがいいタマネギです。

【貯蔵】

収穫したタマネギは風通しのよい日陰で2～3日乾かします。その後、5～6玉ずつひもでしばり、風通しのよいところに吊るしておきます。このとき葉の乾燥が不充分な場合は、葉の3分の2くらいを切り落としてから吊るすといいです。

量が少なければ葉を切り落とし、よく乾かして、コンテナケースに入れ冷暗なところで保存してもよいでしょう。

【採種】

タマネギの採種は開花期が梅雨と重なり、種の成熟が難しいと言われていますが、次のようにやってみてください。

夏の間吊るして保存しておいたタマネギの中から、数個を選び、10月初旬から中旬にかけて畑に植え付けます。

夏の間眠っていたタマネギは、1玉から数株に分かれて芽を出し、6月ごろ堅いとうが立って、丸いつぼみができます。

やがて薄皮がはがれて、たくさんの白い小さな花が咲き、終わるとそこに種ができます。

種は初めは緑色ですが、熟して真っ黒になったら収穫し、紙などを広げた上で振り落とします。

その後さらによく乾燥させて、ビンや袋で保存します。タマネギの種は1～2年で発芽しなくなるので、毎年使い切るようにします。

ダイコンの栽培カレンダー

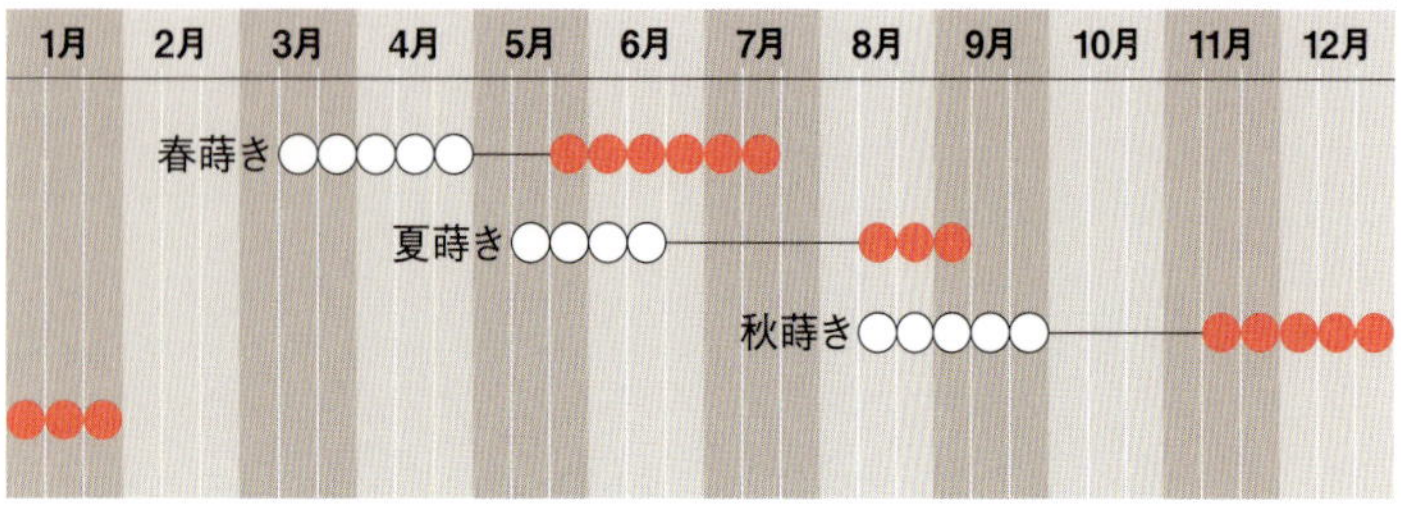

自然農でしっかり収穫！17

ダイコン

品種

春蒔き	時無し大根
夏蒔き	みの早生大根
秋蒔き	三浦大根、大蔵大根、練馬大根、宮重大根、聖護院大根(丸形)、女山三月大根(赤色)、守口大根(ゴボウのように細長い)、カザフ大根(緑色で辛味が強い)、黒大根(表皮が真黒色)

近年は青首系の交配種が多いが、漬物や煮物には白首系がおいしい。色も形もさまざまなので、その特性を知って土地に合うものを選びたい。

アブラナ科のダイコンは、原産は地中海沿岸と言われ、日本には縄文期にすでに渡来していたようです。

日本人の食卓には欠かせない野菜で、煮てもよし、生でもよし、また漬物においては数え切れないほどの味つけの種類があり、さらに干したりいぶしたりと、そのバリエーションは豊富です。

また、初心者でもつくりやすく、不耕起でもよく太ってくれます。土壌もあまり選ばず、連作障害の心配もありません。

各地に定着した地大根と呼ばれるものが数多くあり、改良種も多いので季節とその土地に合ったものを選び、挑戦してみましょう。

【種降ろし】

ダイコンの種は品種にもよりますが、アブラナ科の作物のなかでは大きいほうで、点蒔きでも、条蒔きでも、状況によってはばら蒔きでも大丈夫です。ここでは条蒔きについて、蒔き溝を切る場合と、草を刈っただけで降ろしていく場合との2つのやり方を説明します。

●蒔き溝を切る場合

90～120センチくらいの畝幅であれば2条に、もっと狭ければ1条にします。

まず、5～10センチくらいの幅で草を刈り、残っている草の根なども取り除いて曲がり鎌などで表土を少し削るようにして、両脇にその土を寄せ、平らに整えます。

その中央に、曲がり鎌などの刃先を使って深さが1センチくらいのV字形になるよう、一直線に溝をつくっていきます。

曲がり鎌がなければ角材の角を使って押さえながら、蒔き溝をつくるのもいい方法です。

溝ができたら、そこへパラパラと厚蒔きにならないよう種を降ろして、溝の両側の土を寄せて被せた後、手のひらで平らに押さえておきます。

土が乾かないように周囲の草を刈って、蒔き条に均一に振り撒いておきます。

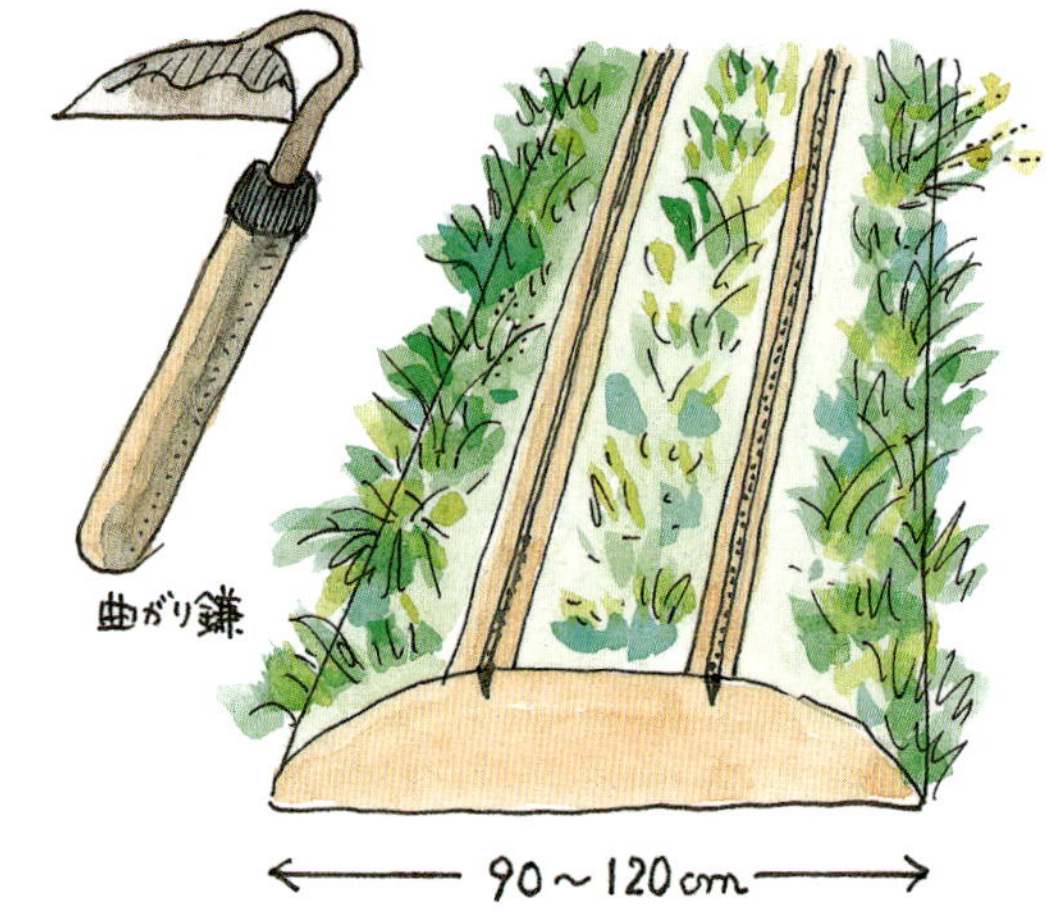

●1粒ずつの種降ろしの場合

はじめに、蒔き溝をつくる場合と同じように、蒔き条を、幅10センチくらいになるように草を刈ります。そこへ作付け縄などのひもを張って、一直線に種を降ろす目安とします。手に少量の種を持ち、同じ手の指で種を収めるくぼみを3～5センチおきにつくりながら、1粒ずつ降ろし、土を被せていきます。

最後に、周囲の刈った草をうっすら被せて、土が乾かないようにします。この方法は、最少の仕事量で、確実に種を降ろして発芽させるとてもいいやり方です。

【発芽と間引き】

発芽はそのときの気温やそのほかの条件にもよりますが、夏の高温期など早いものは3～4日で

発芽し始めます。

比較的大きな双葉がニョッキリと顔を出し、地面から少し離れたところでパンと開きます。ヒョロヒョロと頼りなげですから、あまり混み合っていなければ、間引きは本葉が出てからでもいいでしょう。ころ合いを見て、何回にも分けてやるようにします。

間引くものだけをスーッと引き抜くか、混み合っていて周りの土を動かしてしまうときはハサミで切ります。

ダイコンは文字どおり直根性の大きな根です。根の部分が10センチにもなった間引き菜は、そのまま洗って、丸ごと即席漬けにできます。食卓に出すときも、このくらいだったらかわいらしく、一口でいただけます。

このころになると、間引くときは、葉が周りのものと絡み合っていることが多いので、気をつけましょう。

間引いたあとの穴は、そっと土を寄せて押さえておきます。

【収穫】

種を降ろして70日前後で収穫できるほどになります。青首のものは、地上に突き出ている部分が長く、抜きやすいですが、なかなか抜けないものは、左回しに回転させるようにしながら、まっすぐに引き上げると抜きやすくなります。

寒い冬を越して春が近づき、とうが立ってくる（花芽が中央から出てくる）と、ダイコンの部分も硬くなるので、種を採るもの以外は、その前に収穫します。

【採種】

種は大きめです。さやが薄茶色になり、カラカラに乾燥するのを待って、刈り取り、さらにシートに広げて干し、棒などでたたきながら種を採ります。

【保存】

収穫したダイコンは、葉を切って首のほうを下に向け、地中に埋めておくと、しばらくは保存できます。

丸のまま干してたくあんにしたり、薄く切って干してハリハリ漬けにするなどして保存します。左図のように縦にスライスして糸を通して干すと、漬物や戻して煮物にするなど、いろいろに使えます。

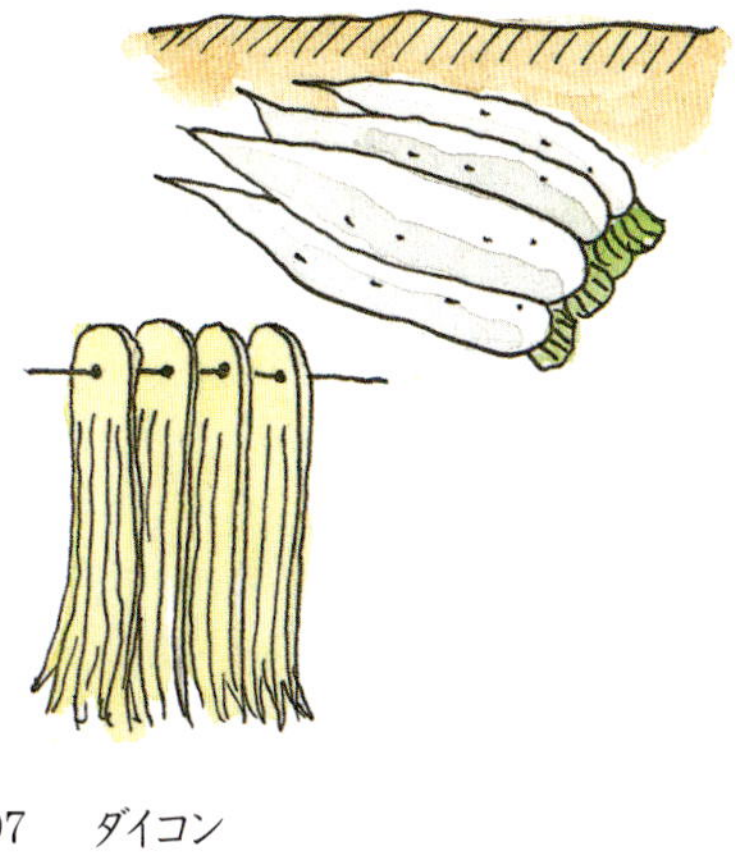

ニンジン

ニンジンの栽培カレンダー

○種降ろし ●収穫

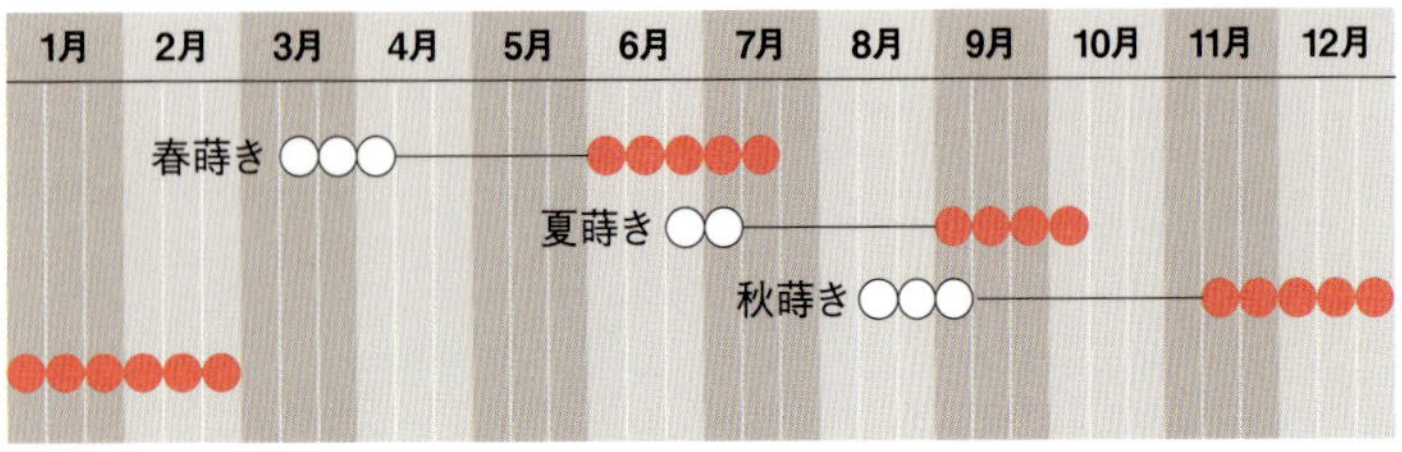

品種

現在は西洋人参が多いが、東洋系も交雑を繰り返しながらも多数の固定種があり、色も何色かがある。一般的に根の短い品種は早生で春蒔きに、長根の多い東洋系のものは夏蒔き、秋蒔きに向くと言われている。休眠期間は約3カ月で、種子の保存期間は1年と短い。

東洋系

黒田五寸人参	春蒔きに適し甘味が強い
冬越黒田五寸人参	夏～秋蒔き用
滝野川大長人参・万福寺鮮紅大長人参	正月煮物用
真紅金時人参(京人参)	正月用の赤長人参
島人参	沖縄の黄色い人参

西洋系

コズミックパープル	表皮が紫色で中は鮮やかな橙
イエローストーン	鮮やかな黄色で甘味も豊か
ルナーホワイト	野性的な香りの白い人参

ニンジンはセリ科で原産はアフガニスタン北部の山岳地方と言われています。

低温にも高温にもわりと強く、春夏秋と、年3回蒔くことが可能です。セリ科で好湿性なので、土の乾燥に気をつけます。

【種降ろし】

ニンジンの種子は古いものは発芽しませんので、毎年新しいものを用意します。また、発芽率が比較的低いと言われているので、種の量はやや多めに蒔くようにします。

ここでは、ばら蒔きと幅広の条蒔きの2種類の方法を説明します。

●ばら蒔き

畝はあまり幅が広くないところを選び、間引きや幼いニンジンが草に負けないよう周囲の草を抜いたりする作業が畝の両側から手を伸ばしてできるようにします。

●条蒔き

ダイコンの場合のような1粒ずつの条蒔きではなく、畝の片側、あるいは両側に10～15ｾﾝﾁ程度の幅をもたせて蒔きます。

どちらの場合も、種を降ろすところの草をいったん刈って、鍬で表土を薄くはがします。次に宿根草の根があれば取り除き、土の塊をほぐして平らに整え、鍬などで軽く押さえます。

種を降ろす時期に、雨が降らない日が続いて土がカラカラに乾燥しているようであれば、種を降ろす前に一度、ジョウロなどでたっぷりと灌水します。その場合、しばらくして水が引いてから種を降ろします。

ニンジンの種は光好性なので、種が隠れる程度にうっすら覆土します。乾燥を防ぐため、上から手で軽く押さえ、さらに周辺の草を刈って上から被せておきます。決して被せ過ぎないように注意します。

【発芽】

種降ろしから6～10日で発芽し始めます。双葉は細長いので、被せた草が絡まっていたり、発芽をじゃましているようなところがあれば、そっと指先ではらっておくとよいでしょう。

ニンジンは幼いうちは周囲のもの同士競い合って生長するので、よほど混み合っていない限り、本葉が3～4枚になるまで間引きしなくてもよいでしょう。

【生長と間引き】

発芽して20～30日ごろになると本葉が4～5枚になり、ニンジンらしい姿になってしっかりとしてきます。

密生して混み過ぎているところはハサミで切るか、そっと抜いていきます。

ニンジンらしい
ギザギザの本葉が
出始める.
間引いたあと

間引きは段階的に少しずつやるようにします。次第に間引き菜が大きくなってきたら、充分食することもできます。

風通しが悪くならないよう、ニンジンの周りの草はこまめに抜いてやります。抜いた草はニンジンの株の足元や周辺に敷き、土が乾燥しないようにします。

【収穫】

葉が色濃く硬くなり、その根元を見るとニンジンの根が丸く見え隠れしてきたら、大きいものから引き抜いて収穫していきます。

ニンジンを引き抜いたあとにできる穴は、周りの土を寄せて埋めておきます。時には、春に蒔いたニンジンが収穫期までに生長できず、夏蒔きのニンジンと同じころにやっと大きくなるということがあります。このような場合は、抜いてみるとイラスト右側のもののように茎が太く、白いヒゲ根のたくさんある硬いニンジンになっていてがっかりしてしまいます。

その原因で最も多いのは、土壌の乾燥だと思われます。特に生育初期の乾燥はヒゲ根が多くなったり、表面が白く水分が抜けたようになったりします。

また、ある程度の地力は必要ですが、補い過ぎるとアブラムシやヨトウムシの発生の原因になりますので、補う場合は常に少なめを心がけます。

自然農で健康に育ったニンジンは、多少小ぶりでも甘味が強く、生でかじれるほどおいしく軟らかです。

茎が太い
表面が白っぽい
ヒゲ根が多い.

【保存】

秋蒔きのニンジンはかなり長く収穫できるので、使うたびに収穫して使い切るのがいちばんです。

また、とうが立ってくるとニンジンの芯のところから硬くなってくるので、その前に収穫して、葉を切り落とし、土付きのまま新聞紙などにくるんで0~5度の場所に置いておくと長くもちます。

【採種】

ニンジンにとうが立って咲いた花は、真っ白でレースフラワーにも似て、生け花にも使えそうです。

健康なよい株を何本か残し、とうが立って花が咲き、その花穂が薄茶色になって乾いてきたら採種できます。晴天の続いた日に穂先を刈り取って、皿や紙の上でトントンとたたきながら、あるいは手でもみほぐしながら種を落とします。種以外のものは息で吹き飛ばしたりして選別し、保管します。

種の寿命は1年です.
採取年月日を忘れずに
ニンジン
2011年

ショウガ

ショウガの栽培カレンダー

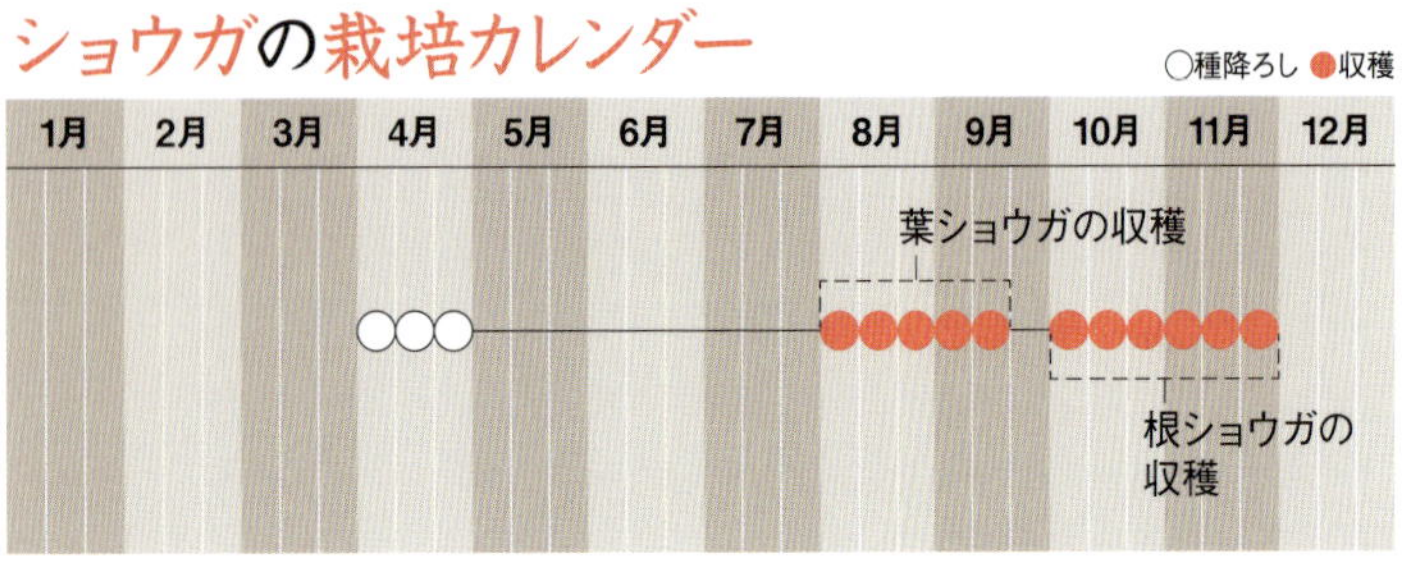

品種

小ショウガに三州や金時、中ショウガに房州、大ショウガに近江や印度などがある。
8月から9月にかけて生育途中の若いショウガを茎ごと利用するのを筆ショウガや葉ショウガと言うが、これには小ショウガが向いている。
根ショウガとして利用できるのは10月以降に収穫するものだが、大きい品種は寒い地方には向かないとされる。

性質

高温、多湿の土壌を好む。保水力に富み、それでいて排水もよく半日陰のような場所が、土が乾燥しにくく適している。また連作を嫌い、12℃以下の低温では傷みやすい。
子ショウガは皮も薄くみずみずしいが、収穫して半年も経つと皮が硬く厚くなって、中の色も黄みが増してくるので、これを種ショウガにする。

【種ショウガの植え付け】

原産はインドから熱帯アジア。日本へ伝来したのは相当古く、奈良時代にはすでに栽培されていました。

種ショウガは3月ごろになると、種苗店に出回ります。一度栽培できたら、保存して、自分で種ショウガを用意することができます。

種ショウガを求めるときは、触ってみてぶよぶよとへこみがあったり、変色したりしていない、丸みがあって固くしっかりしたものを選びます。大きな塊のものは分割して用いますが、その際、分けた塊の中に芽が2〜3個残るようにします。

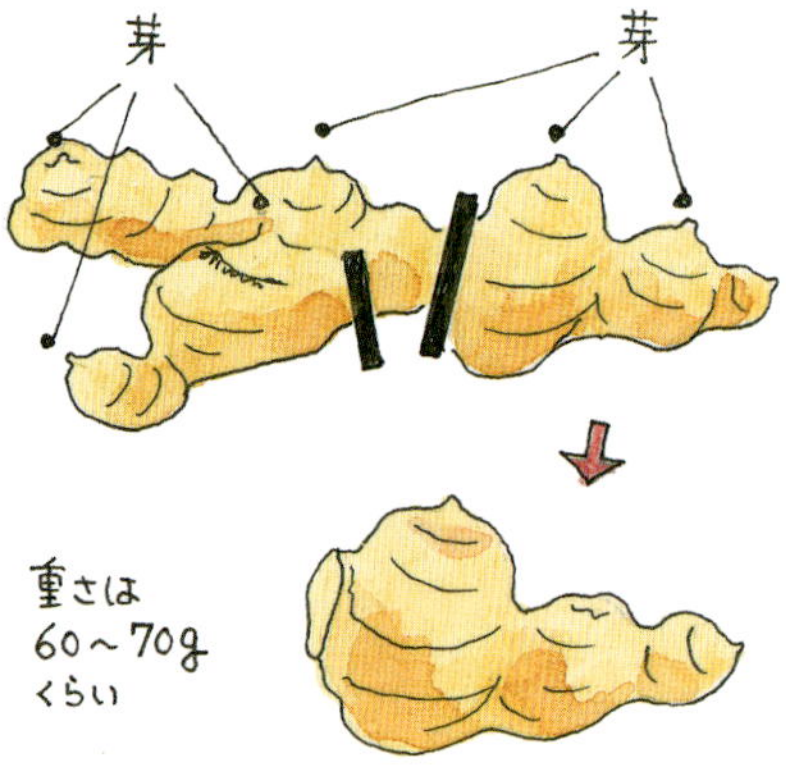

ショウガを作付けする畝は、午前中は日がよく当たり、午後からは日陰になるような場所が向いていて、連作は避けます。

ショウガは地上部の茎や葉が生長してしまえば、丈夫で虫がつくこともほとんどありませんが、発芽した新芽はとても折れやすいので、その時期に草を刈らなくてもすむよう、種を植え付けるときに、草は地面すれすれでていねいに刈っておきます。

畝幅約90センチの場合は1条に、それより広ければ2条にします。

種ショウガの上に子ショウガができるので、植え穴は深さ約15センチとし、株間は約30センチ取ります。

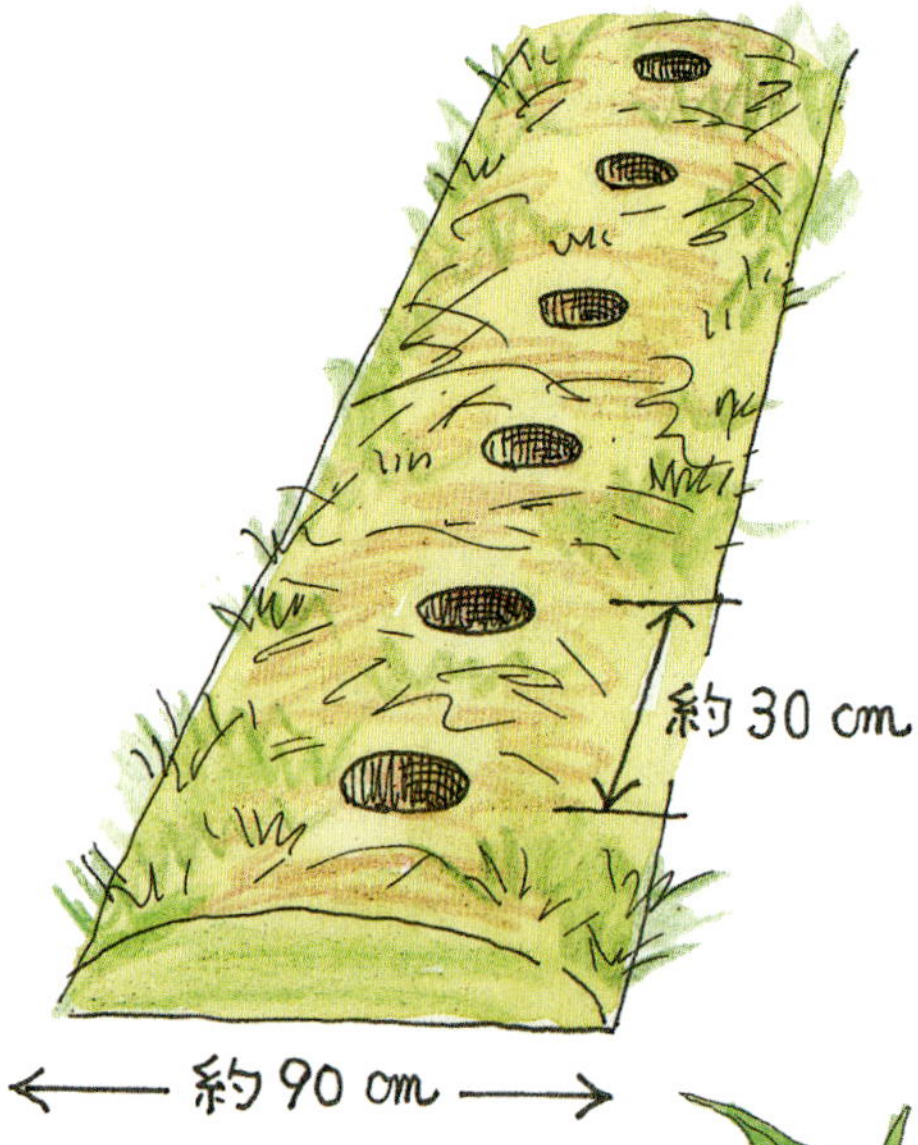

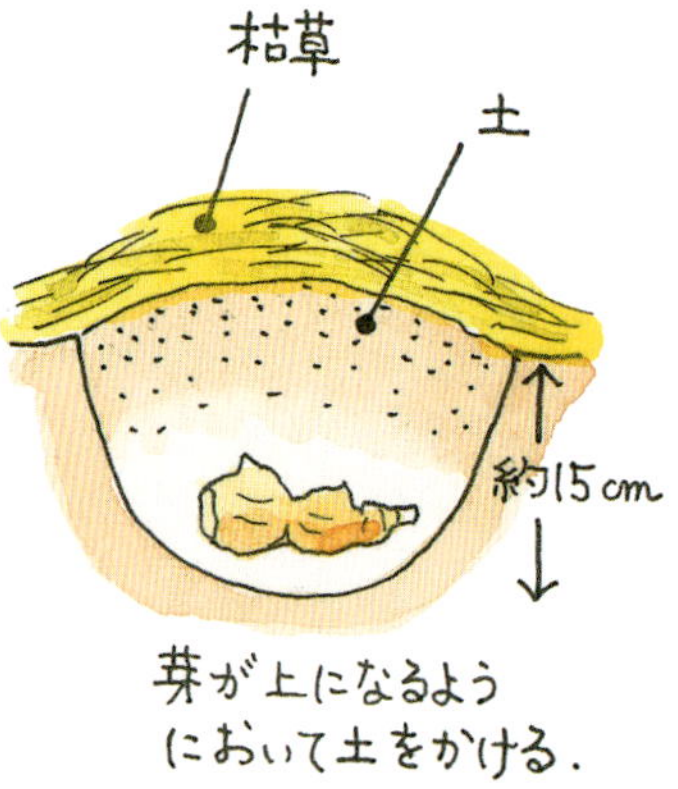

植え穴に、芽が上を向くように置いたら土を被せ、さらに枯れ草を多めに被せておきます。

【発芽】

なかなか芽が出てこないので、心配になるほどですが、発芽にはだいたい20度以上の温度が必要で、約1カ月かかります。新芽はとても折れやすいので、注意しましょう。

【生長】

発芽後の生育には25〜30度の

気温が必要だと言われています。気温の上昇とともに新芽も伸び、その数が増えていきます。葉ショウガとして利用したい場合は、8月ごろ新芽の太さが1センチほどになったのを見計らって、三つ鍬などで株ごと掘り上げます。このとき、種ショウガはまだ充分に力があるので、後で紹介する方法でうまく保存しておけば、来年の種として再び使うことができます。

夏、ひと雨ごとに草の勢いが強くなりますが、半日陰がいいとはいえ、あまりにも草に覆われ過ぎると生長に影響します。株の周りの草を刈ってその場に敷いてやりましょう。ショウガの茎は折れやすいので充分注意して行います。

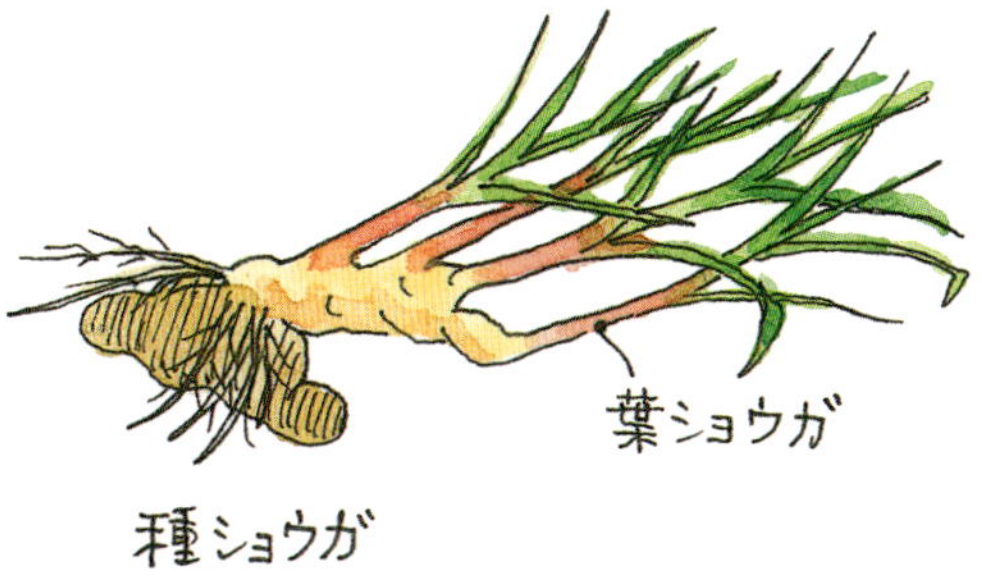

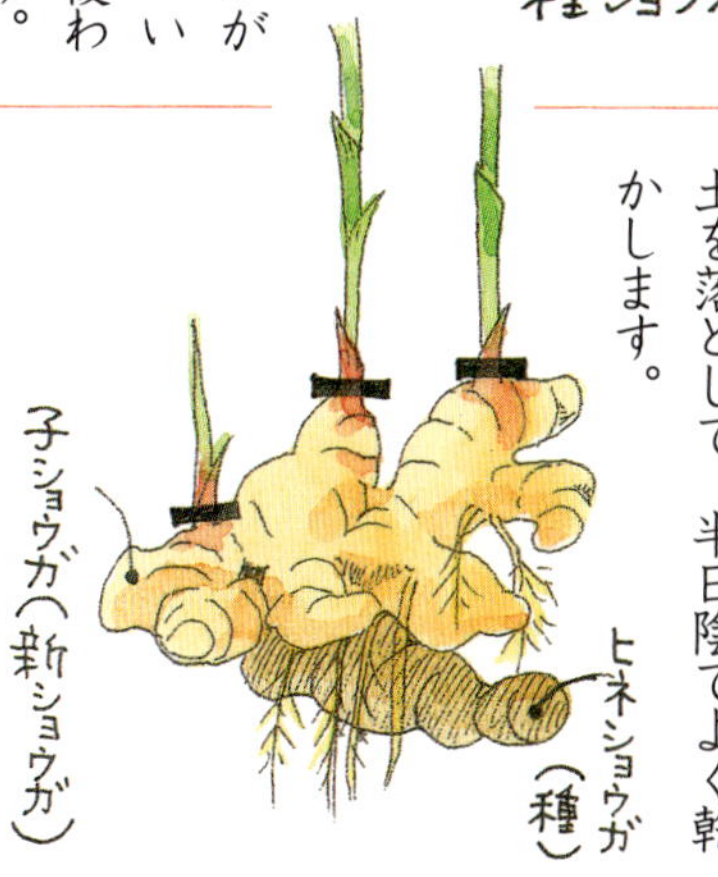

【収穫と保存】

10月に入ったら使う分ずつ掘り上げ、11月の終わりには残りを全部掘り上げます。

ショウガは低温に弱いので、保存には配慮と工夫が必要です。

まず、茎やひげ根を切り取り、土を落として、半日陰でよく乾かします。

サツマイモを保存する場合と同じようにムロで保存する方法と、マンションのような住居でもできる方法との2通りのやり方を挙げてみます。

●ムロに保存する

ムロをつくる場所は日当たりのよい土間や納屋など、雨の当たらないところを選びます。深さは50~60センチほどの、保存する量に応じた大きさの穴を掘り、わらを敷き、ショウガをモミガラと一緒に入れた後、わらを被せ、板と重石でふたをします。地温が12度以上を保てるところでは、直接土の中に保存してもOKです。

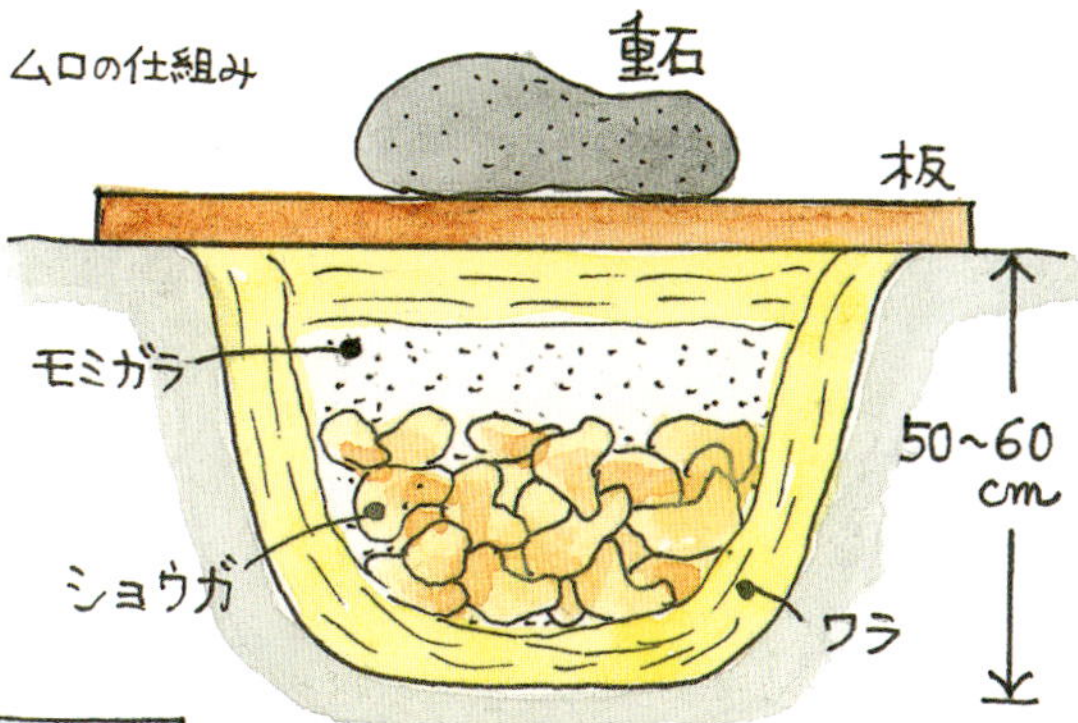

●台所で保存する

ムロをつくるスペースのない都会のマンションや街の住宅などでも、工夫をすれば春まで保存が可能です。

保存するショウガは皮の薄いみずみずしいものではなく、11月まで土の中にあった、すでに皮が硬くなっているものにします。

掘り上げた後、茎と根を切り取って、水洗いしながら歯ブラシなどですき間の土も除いてからよく乾かします。

何日か乾かした後、ひと塊ずつ新聞紙などの紙で包みます。発泡スチロールの箱を用意し、ていねいに重ねて入れていきます。入れ終わったら台所の冷蔵庫の上に置きます。ふたは軽く被せる程度で、密閉しないようにします。台所の天井近くは暖かいので、ときどき新聞紙を換えるだけで保存できます。

インゲン、ササゲ

インゲン、ササゲの栽培カレンダー

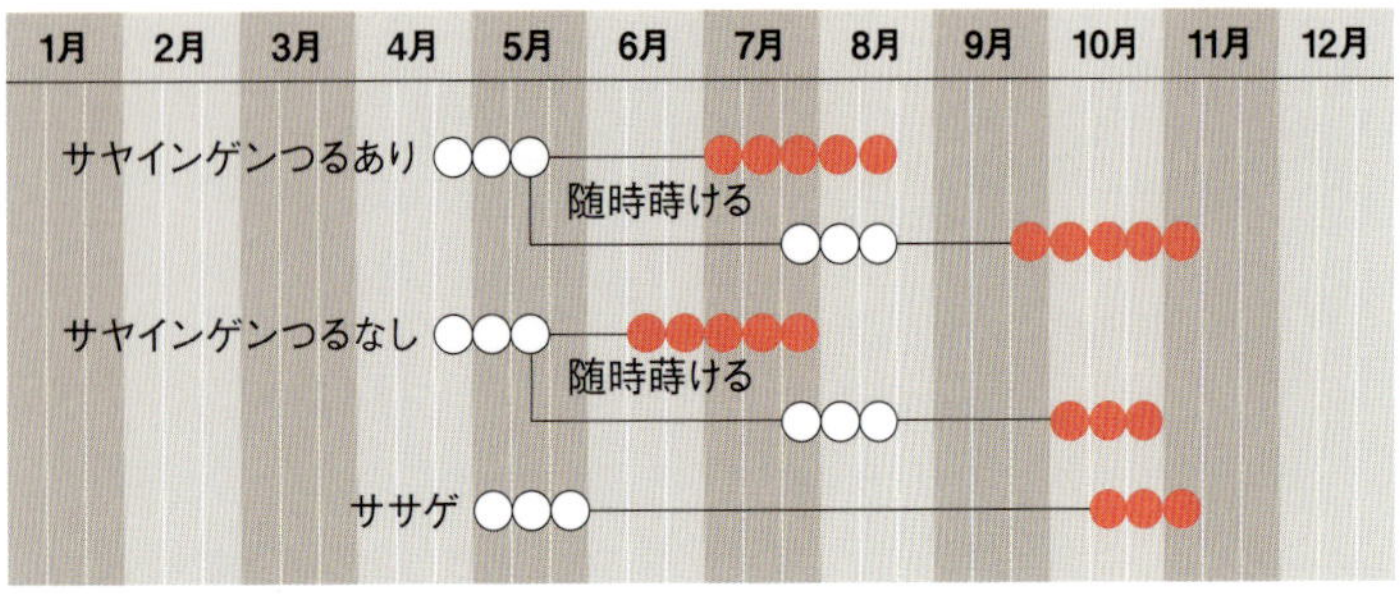

※寒い地方は種降ろしの時期を早めに。

品種

サヤインゲンや三尺ササゲなど、実の若いうちにさやごと食べるものと、実を熟させて乾燥豆として豆だけ収穫するものとに大きく分けられる。呼び名は地方により異なり、ソラマメ、大豆以外の豆はすべてササゲだとするところもある。

若い実をさやごと食べるもの

サヤインゲン
（つるありとつるなしがある）
モロッコインゲン
ロマノインゲン
アメリカインゲン
島村インゲン

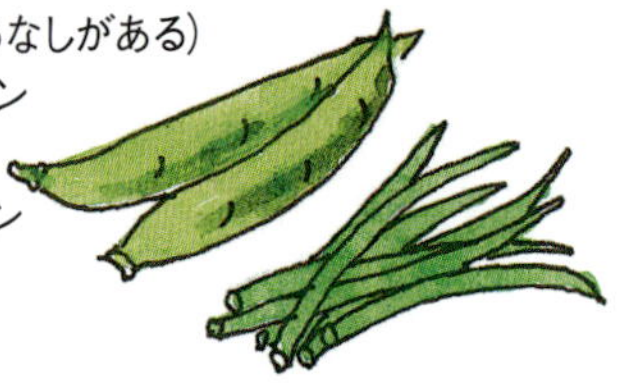

ササゲ
ジュウロクササゲ
三尺ササゲ

乾燥させた豆だけを食べるもの

乾燥インゲン豆

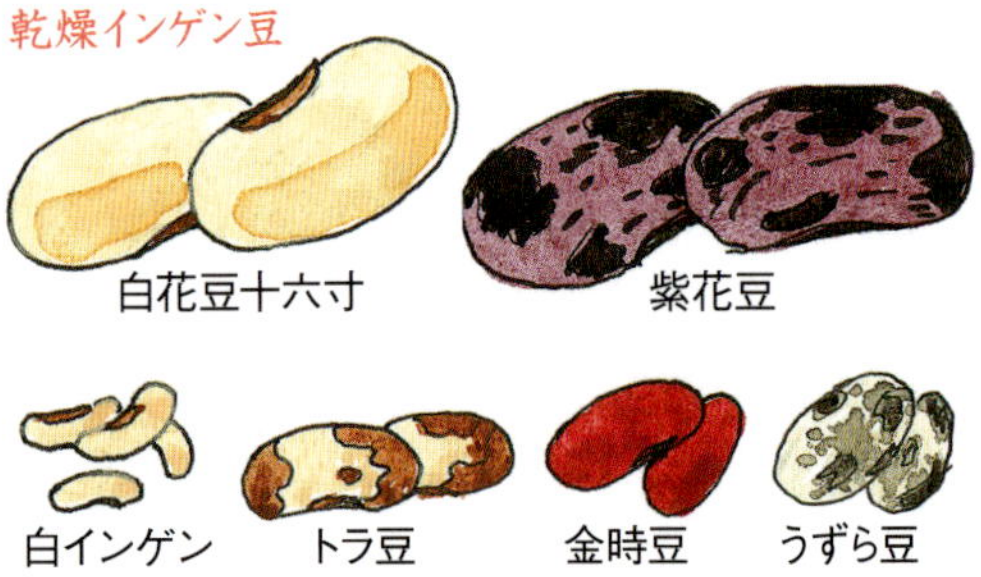

乾燥ササゲ
ミドリササゲ
アズキササゲ
クロササゲ
テンコウササゲ

原産は中南米と言われています。日本へは隠元禅師による伝来と言われていますが、実際に本格的な栽培が始まったのは明治時代です。

同じマメ科のソラマメやエンドウとは異なり、温暖性の作物です。日当たりがよく、保湿力のある場所を好みますが、水が停滞するようなところは不向きで、水はけのよいところがいいでしょう。

サヤインゲンは、霜が降りなくなった4月末から8月末まで、随時種を降ろすことができ、初霜の降りる11月初めまで収穫が可能ですが、夏の気温が30度を超えると実を結びにくくなります。いくつかの品種を組み合わせ、時期を少しずつずらして栽培すれば、長い期間収穫を楽しめます。

【種降ろし】

種降ろしは直蒔きで点蒔きとします。畝幅が90センチくらいであれば2条にして、株間を30センチほどにするとよいでしょう。

点蒔きをする箇所は、直径約10センチほどの円状に草を刈って、宿根草の根なども取り除き、平らに整えます。

そこに指先などで軽く窪みをつくって豆を2～3粒ずつ降ろしていきます。

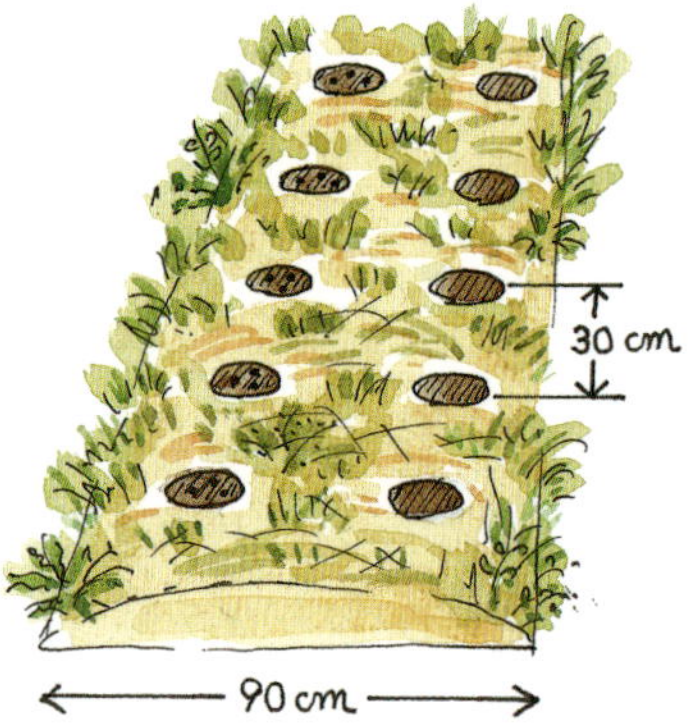

覆土は種の厚さの倍、約1センチほどかけて軽く手で押さえ、その上から初めに刈った草や周囲の草を、土が乾燥しないように被せておきます。

鳥が種を食べに来るようなところでは、蒔き条の上に10センチくらいの高さで糸を1本張っておくとよいでしょう。

【発芽と間引き】

約5～6日で発芽し始めます。被せていた草が絡まっているときは、そっと取り除いてやります。

周囲の草の勢いが旺盛で、インゲンの幼い芽が陰になったり、風通しが悪くなっているようであれば折々に刈って、刈った草はその場に重ねておきます。つるありもつるなしも1カ所につき2本残して、あとは間引きします。

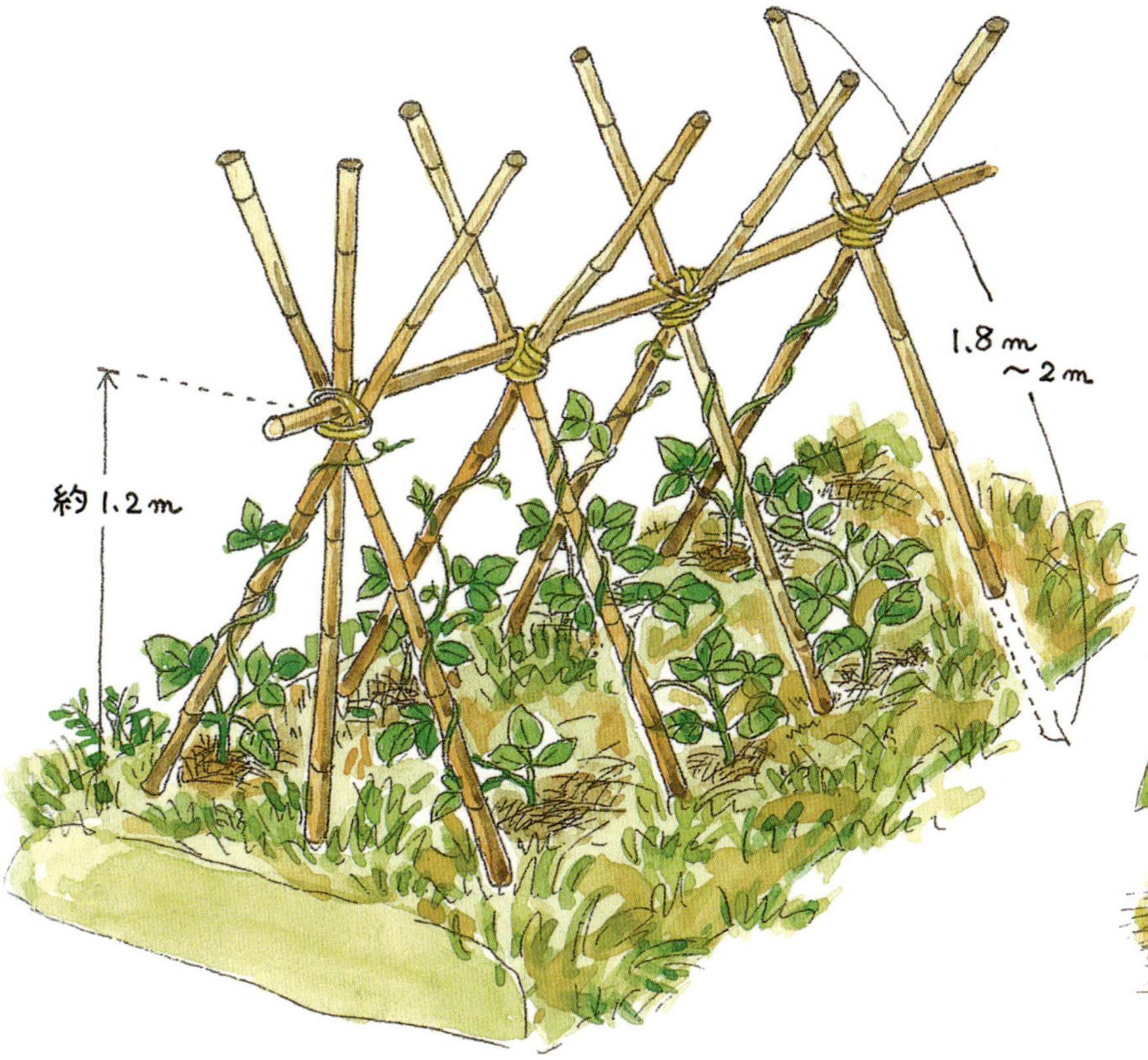

【生長】

つるなしインゲンは高さ40～50センチほどで、上には伸びず分枝を増やします。風通しが悪くならないよう、周囲の草が茂ってきたら刈り、インゲンの足元に敷いてやります。

【支柱を立てる】

つるありインゲンの場合は支柱を立ててやる必要があります。エンドウやニガウリの場合は、巻きヒゲが手のようにくるくると巻き付きながら伸びるので、太い小枝付きの竹を使いますが、インゲンの場合は、茎そのものの先端が支柱に巻き付きながら伸びるため、竹であればやや細いものでも大丈夫です。

支柱は1・8～2メートルくらいのものを必要に応じて用意します。上の絵のように、2条に株が並んでいるその中央を山にして、株元に1本ずつ支柱を斜めに立てます。

竹で支柱を組む場合、可能であれば竹は冬の間（10月～2月ごろ）に切って用意します。夏の竹に比べると水分が少ないため、腐りにくく、再利用することができます。

また、支柱はあとで風で倒れないよう、しっかり組んでおきましょう。つるが巻き付いてしまってから支柱を組み直すのは大変です。

【収穫】

●さやごと食べる場合

さやが軟らかいうちに収穫します。中の豆が手に触れるくらいふくらんでくるとさやが硬くなってしまいます。つるなしは次々と一気になります。どちらもさやを引っ張ると茎まで切れてしまうので、さやの付け根を持ってやるようにします。

●豆を目的とする場合

完熟した豆だけを収穫する場合は次のようにします。

完熟の目安は、外のさやが薄茶色になり、枯れてカラカラになったときです。さやを少し割ってみて、豆が硬く、色も目的とする豆の色になっているのを確認して収穫します。

さやごとに完熟の度合いはまちまちなので、完熟したものから順に刈り取り、ザルなどにためておき、天気のよい日に直射日光に当て、乾かします。

軽くたたくなどしてさやから外し、傷んでいるものは除き、さらに陰干ししてから保管します。

【採種】

豆としての収穫と手順は一緒です。さやも中の豆も美しく、早めに完熟したものの中から選びましょう。

エダマメ、ダイズ

エダマメ、ダイズの栽培カレンダー

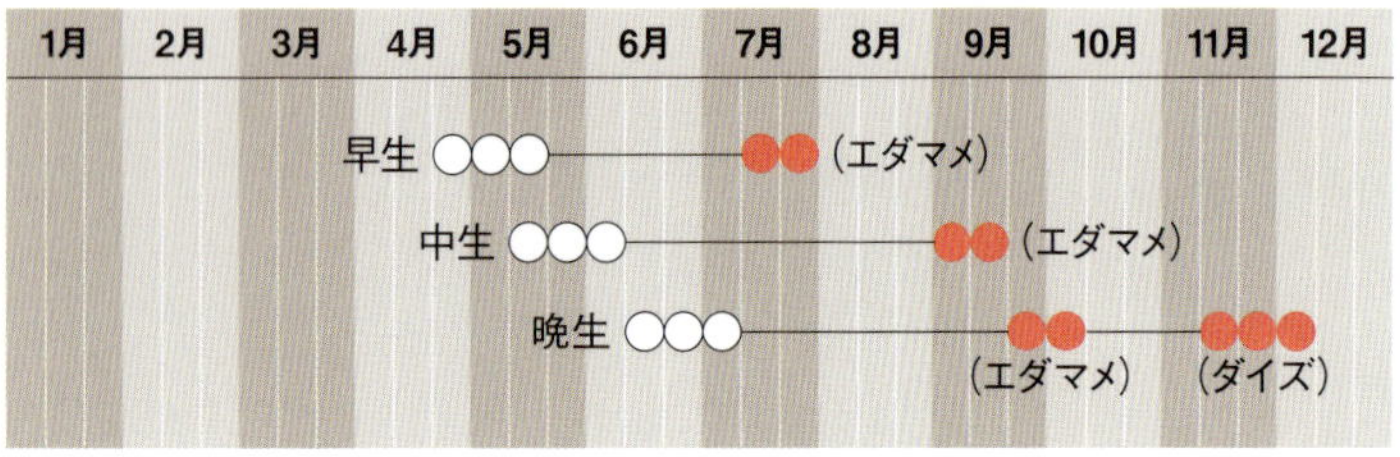

品種

エダマメに向く品種

早生	幸福えだまめ、奥原、早生盆茶豆
中生	白鳥、だだ茶豆
晩生	青入道、岩手みどり豆

※茶豆やかおり豆と呼ばれる品種は、香り米のような独特の風味を持っている。

ダイズ(完熟させる)に向く品種

黄色のダイズ	トヨムスメ、トヨホマレ、ミヤギシロメ、エンレイ、オオツル
緑色のダイズ	早生緑、岩手みどり豆、信濃青豆、大袖の舞
黒色のダイズ	丹波黒大豆、信濃黒大豆、黒丸

原産は中国。日本へは朝鮮半島を経て弥生時代に入ってきています。

エダマメは生育途中のダイズをさやの豆が軟らかいうちに食べるもので、早生～中生のものが多く、ダイズは中生～晩生のものが一般的です。日本中どこでもつくられており、その地域に合った品種を見つけ、適期に作付けするようにします。

ダイズはマメ科で根粒菌により空気中の窒素を固定する性質があるので、やせ地でもよく育ちます。

日当たりがよく保湿力もあるような場所が合っています。

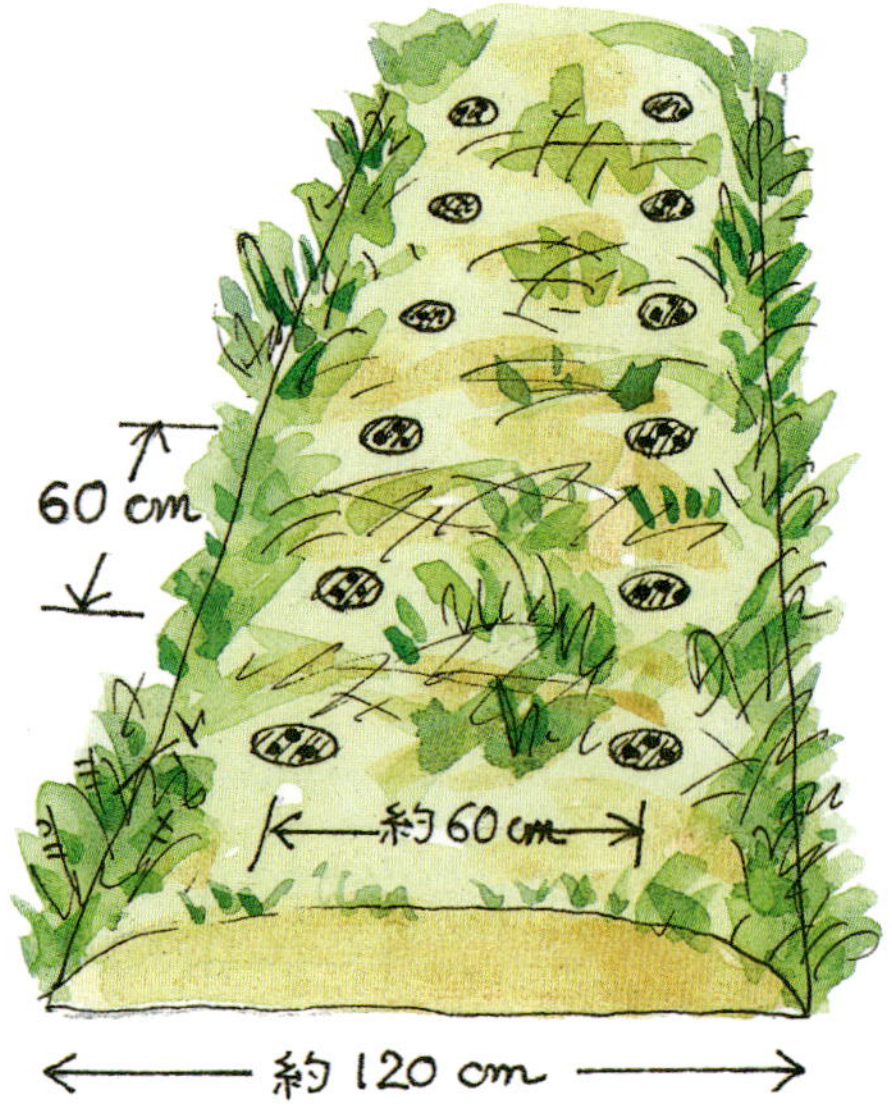

【種降ろし】

種を降ろす場所は、日当たりがよく、保湿力もあって、なおかつ排水性もよいところを選びます。畝幅が１２０センチくらいなら2条に、60～70センチくらいなら1条にして、株間約60センチの点蒔きとします。

種を降ろすところだけ土の表面をはがして、種を3～4粒降ろし、はがした土をほぐして被せ、軽く押さえ、上から刈った草などをかけておきます。

カラスやハトの食害が多いところでは蒔き条の上に細い糸を1本ピンと張っておくとよいでしょう。鳥は羽毛に絡み付く糸を怖がりますので地面から15センチくらいの高さに張っておくと近寄らなくなります。

【発芽と間引き】

1週間から10日で発芽します。本葉が開いてきたら、1カ所に2本だけ残し、ほかは間引きます。

このころは周囲の草も一緒に大きくなるので、ダイズのほうが負けそうな様子であれば、随時草を刈ってやります。草を刈るときは畝の片側だけを刈り、一度に畝全体を刈ってしまわないように注意します。刈った草はその場に敷いておくと保湿にもなります。もう片側の草は、しばらくしてから刈り、風通しをよくしてやります。

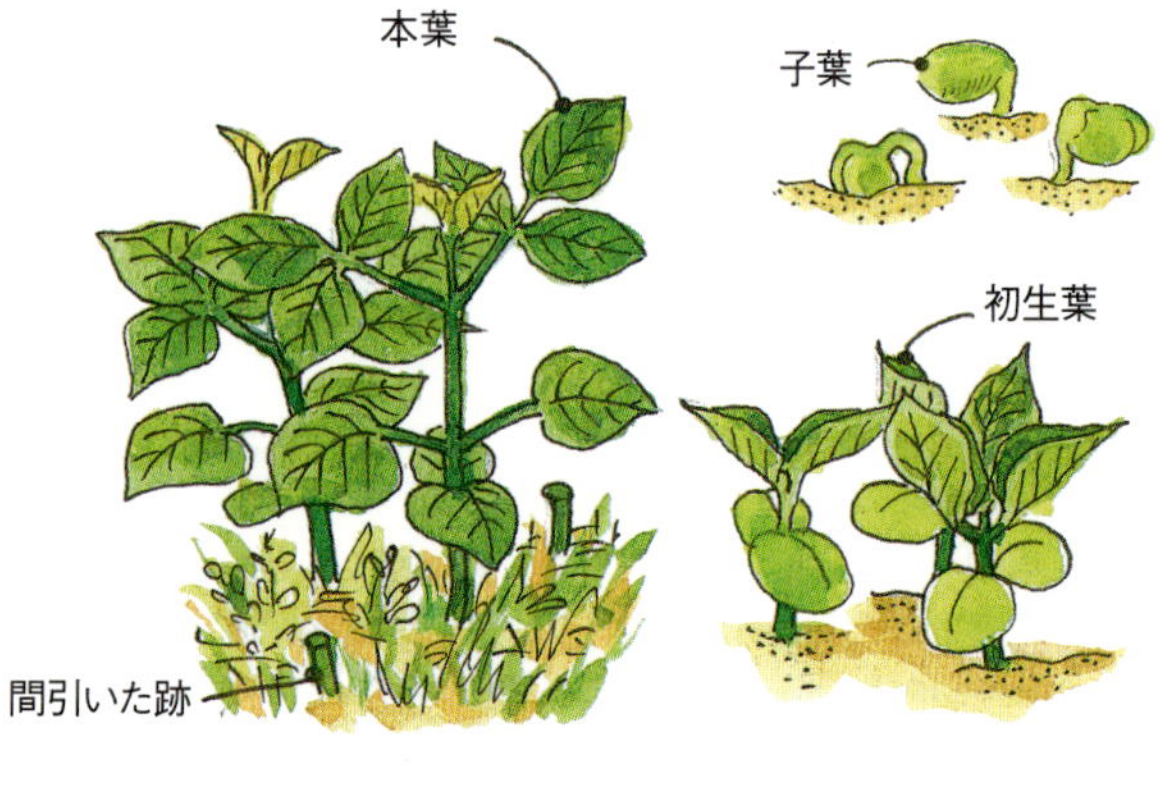

エダマメはさやも
中の豆も青いうちに

【生長と収穫】

早生のものは生長が早く、発芽から60～70日で開花が始まります。このころ、土が乾燥すると結実が悪くなりますので、もし乾燥している場合は周囲の草を刈って株の足元に敷いてやります。

●エダマメとしての収穫

エダマメとしていただく場合は、開花から約20～30日で収穫適期となります。

さやの中の豆が外から触ってふっくらと丸く膨らんでいたら摘み取ります。株ごと収穫する場合は株全体の約8割が膨らんでいるのを目安に株の根元から刈り取ります。

エダマメの収穫適期は短く、5～7日と言われていて、さやの色が少し黄色くなってきたら中の豆はもう硬くなってしまっているので、適期の収穫を心がけましょう。

長期間収穫したい場合は、種降ろしの時期を10日ほどずらしながら3回くらいに分けてするとよいでしょう。

●ダイズとしての収穫

さらに成熟させると10月から11月にかけて、葉が落ち、豆のさやも茎全体も茶色になります。さやを触って中の豆が乾燥してカラカラと乾いた音がするようになったら収穫時期です。

晴天の続いた日に株全体を根元から刈り取ります。それを軒下に干すか、天気のよい日にシートに広げて1～2回干し、豆のさやが自然にはじけるくらいまで乾燥させたら脱莢《だっきょう》します。

【調整】

足踏み脱穀機があれば1株ずつお米のように脱莢できますが、自給分くらいであれば、手でもできます。

天気のよい日を選び、充分日に当てて乾燥させたものをシートの上に広げて軽く棒などで叩きます。次にガラ落としという竹や金網でつくられた目の大きいふるいで茎やさやのカラを取り除いて、唐箕《とうみ》にかけて小さなゴミを飛ばし、ダイズだけを選り分けます。

昔の人は手箕《てみ》だけでゴミや小さなガラを上手に箕選していましたが、できればこういう技も身につけておきたいものですね。

調整で出たさやのガラや茎などは畑の畝の上に振り撒いて戻しておきます。

取れたダイズはさらに豆だけをゴザなどに広げて2～3日直射日光でよく乾燥させた後、缶やビンなどで保管します。

この乾燥ダイズは種でもありますので、傷のないよいものを種として選別し、別に保管しておきましょう。

エンドウマメ

エンドウマメの栽培カレンダー

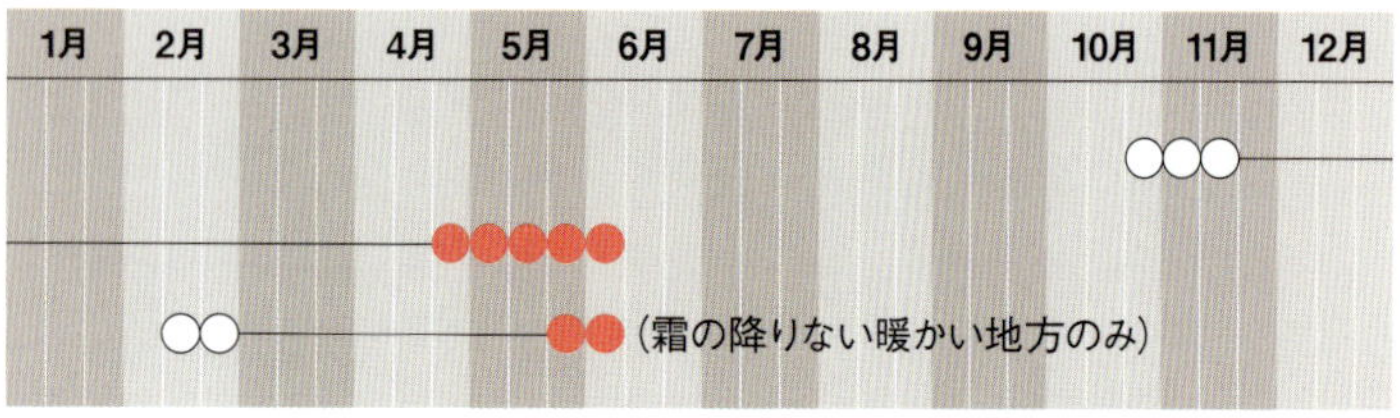

品種

サヤエンドウ	さやごと食べる品種。花の色で白花種、赤花種が、また草丈でツルあり、ツルなしが、さやの大きさで小型(伊豆赤花、渥美白花)、大型(フランス大さや、オランダ大さや) などがある。
実エンドウ	豆が青いうちに収穫して豆を食べる種類。ツルあり、ツルなしがある(グリーンピース、ロングピース、白目豌豆、緑ウスイ豌豆、赤エンドウ)。
スナップエンドウ	サヤエンドウと違って、中の豆が膨らんできてからさやも豆も食す。甘味が強い。

エンドウマメはメソポタミア地方が故郷です。日本へは実エンドウが奈良時代、サヤエンドウが江戸時代に入ってきたと言われています。

自然農の畑では、たくさんの種類の草々が共生していますので、連作の障害は極めて少ないと思われますが、野菜に限らず植物は、長年同じところに育ち続けることを嫌う性質のものがあったり、一方でそれを好む性質のものがあったりとさまざまです。エンドウの場合は、マメ科ですので、前作がマメだったところは避けたほうが無難です。日当たりよく、水はけのよいところであれば、初心者でも収穫を楽しめます。

【種降ろし】

エンドウ類は、だいたい10月下旬から11月中旬くらいに種を降ろします。

ツルありか、ツルなしか、ツルありの場合はどのような支柱を立てるかで、種降ろしの場所を決めます。

夏野菜の後地の畝であれば、草丈の長い夏草を倒し、その足元に生えつつある冬草をかき分けて、30～40センチ間隔での点蒔きとします。種を降ろすところを直径10センチくらいの円形に草を刈り、宿根草の根などは取り除いて整えます。軽く手のひらで押さえて平らにしたところへ種を3～4粒降ろし、種と同じくらいの厚みになるよう土をかけ、再びトントンと軽く手のひらで押さえるようにします。最後に枯れ草などを薄く被せます。こうすることで、湿り気を保ち、また鳥の食害からも守ってくれるのです。

【発芽】

約7～10日かかって発芽します。かけておいた草が発芽を妨げているようであれば、そっと取り除きますが、この時期は冬の寒さや風も厳しくなるので、周囲を裸にしないよう、適度に草で守ってやります。

発芽後
10日ごろ

地方によって異なりますが、基本的にこの状態のまま冬を越させます。

種を降ろすのが早過ぎると、秋のうちに大きくなってしまい、冬の間に霜や雪にやられて枯れてしまうことがあるので、早蒔きは要注意です。

九州など温暖地では、２月後半に種を降ろしても、秋蒔きよりは少し遅れますが収穫できます。

【支柱立て】

ツルありの場合は、支柱を立ててやります。アサガオやインゲンマメは、茎そのものが支柱にらせんを描くように巻き付きますが、エンドウの仲間は、葉の先の細い巻きヒゲが何かにつかまるようにして巻き付きます。それに適するのは、わらや網、細かい枝付きの笹竹などです。周辺で手に入る材料を用意してやってみましょう。

ここでは稲わらと笹竹、それぞれのやり方を説明します。

ほかにはネットを支柱に張って、そこに巻きヒゲを上らせる方法もあります。漁網などリサイクルのものが手に入るといいですね。

いずれにしてもエンドウの茎は大変折れやすいので、巻きヒゲが伸び始めたら、遅れないように、支柱を用意するようにします。

①稲わらと支柱を使う場合

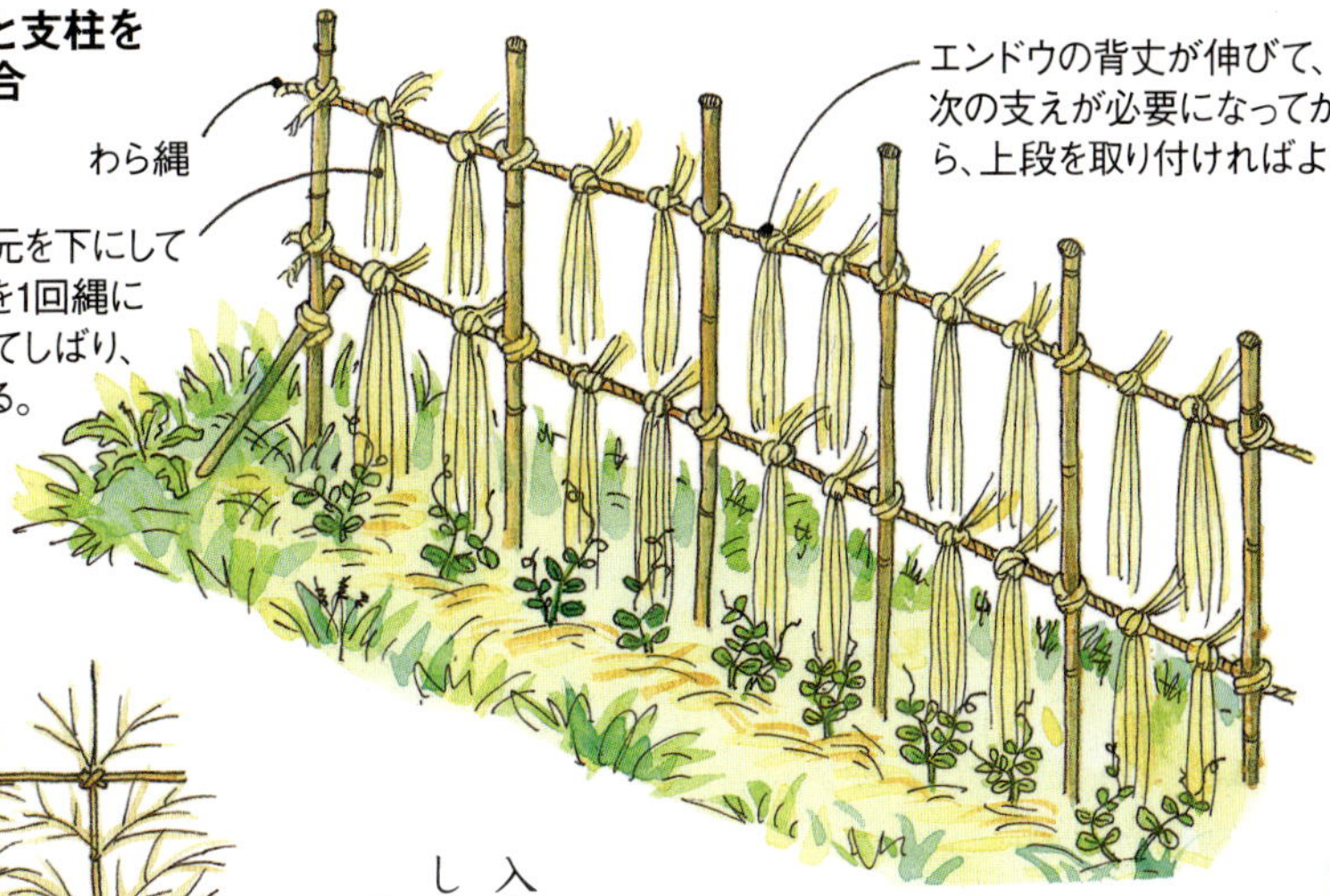

わら縄
わらは株元を下にして細いほうを1回縄に巻き付けてしばり、ぶら下げる。
エンドウの背丈が伸びて、次の支えが必要になってから、上段を取り付ければよい。

②笹竹を使う場合

笹竹は枝付きのまま、エンドウの株の数だけ用意して、巻きヒゲが小枝につかまって上へ伸びていくようにします。先に畝全体に組んだ支柱の横木に結び留め、風などで倒れないよう、丈夫にしておきましょう。

この部分が巻きついていきます。
花
サヤエンドウ

【生長】

寒い冬はじっとしていますが、春先、暖かくなるにつれ、エンドウも周囲の草も生長しはじめます。そうしたら株元の草を刈り、エンドウが草に負けないようにしてやります。刈った草はその場に敷いておきます。

【収穫】

●サヤエンドウ

大さや、小さやと種類がいろいろあるので、大きさよりも、さやが軟らかく、緑色が鮮やかで、中の豆が膨らまないうちに収穫します。

●実エンドウ

中の豆が丸く膨らんで、軟らかく豆の青みのきれいなうちにいただきます。さやの色がやや白っぽくなって、色が抜けきるころが穫りごろです。

実エンドウはさらに完熟させて、さやの色が黄色から薄茶色になるまでおいてから収穫すると、ダイズのように乾燥豆（干しエンドウ）として保存できます。食べるときは水に戻して調理します。

●スナップエンドウ

中の豆が膨らみ始め、さやの色も緑色で軟らかいうちに、さやごとゆでたり炒めたりしていただきます。

【採種】

どの種類も中の豆が充分大きくなって（サヤエンドウはさやいっぱいの大きな豆にはなりませんが）、さやがだんだん薄茶色になって、カラカラに乾いてきたら、順に採種していきます。いつまでもおくとカビることがあるので注意します。

天気のよい日にむしろやシートの上に広げ、よく乾燥させ、さやをむいて外し、さらに豆だけを充分乾燥させてから、ビンや袋などに保管します。

量が多いときは、シートの上にさやごと広げておき、棒などで軽くたたきます。その後、手《て》箕《み》や唐箕《とうみ》で風選すると、種だけを集めることができます。

実エンドウは丸くふっくらした種になりますが、サヤエンドウやスナップエンドウの種は、乾燥するとシワシワになります。

保存可能期間は約3年です。

実エンドウ
サヤエンドウ

ソラマメ

ソラマメの栽培カレンダー

○種降ろし ●収穫

	1月	2月	3月	4月	5月	6月	7月	8月	9月	10月	11月	12月
										○○	○○	
					●●	●●						
		○○			●	●● （九州に限る）						

品種

早生種	房州早生、熊本早生、金比羅
中生種	仁徳一寸、打越一寸
晩生種	陵西一寸、河内一寸

以上はすべて緑色の豆だが、エンジ色をした赤ソラマメもある。火を通しても豆の薄皮の色は変わらないが、皮をむくと中の豆は緑色である。

ソラマメの原産地は、アフリカ北部から地中海沿岸と言われています。日本へは江戸時代に中国を経由して渡ってきました。

乾燥に弱いので、日当たりがよく適度に湿り気もあるようなところが向いています。

【種降ろし】

冬の寒さには強いと言われていますが、エンドウほどではないようで、早く蒔き過ぎると、苗が大きくなり過ぎ、寒害を受けてしまいます。また、種降ろしが遅過ぎると、生長しないうちに冬を迎えて、生育が悪くなることがあるので、だいたい10月の上旬から11月の上旬を目安にします。

暖地ほど遅く蒔くのがよいでしょう。九州の一部では、2月下旬に蒔くこともできます。畝は日当たりのよい場所を選び、2条に蒔くのであれば幅130〜150センチくらいの畝でゆったり作付けします。ソラマメは姿が大きくなるので、風通しをよくするためです。

左図のように、条間約70センチ、株間60〜70センチほどとって、点蒔きとします。

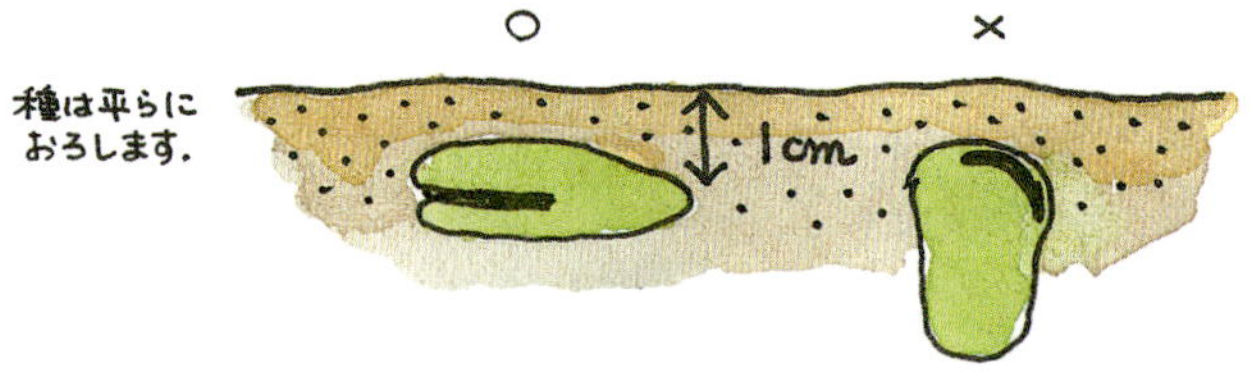

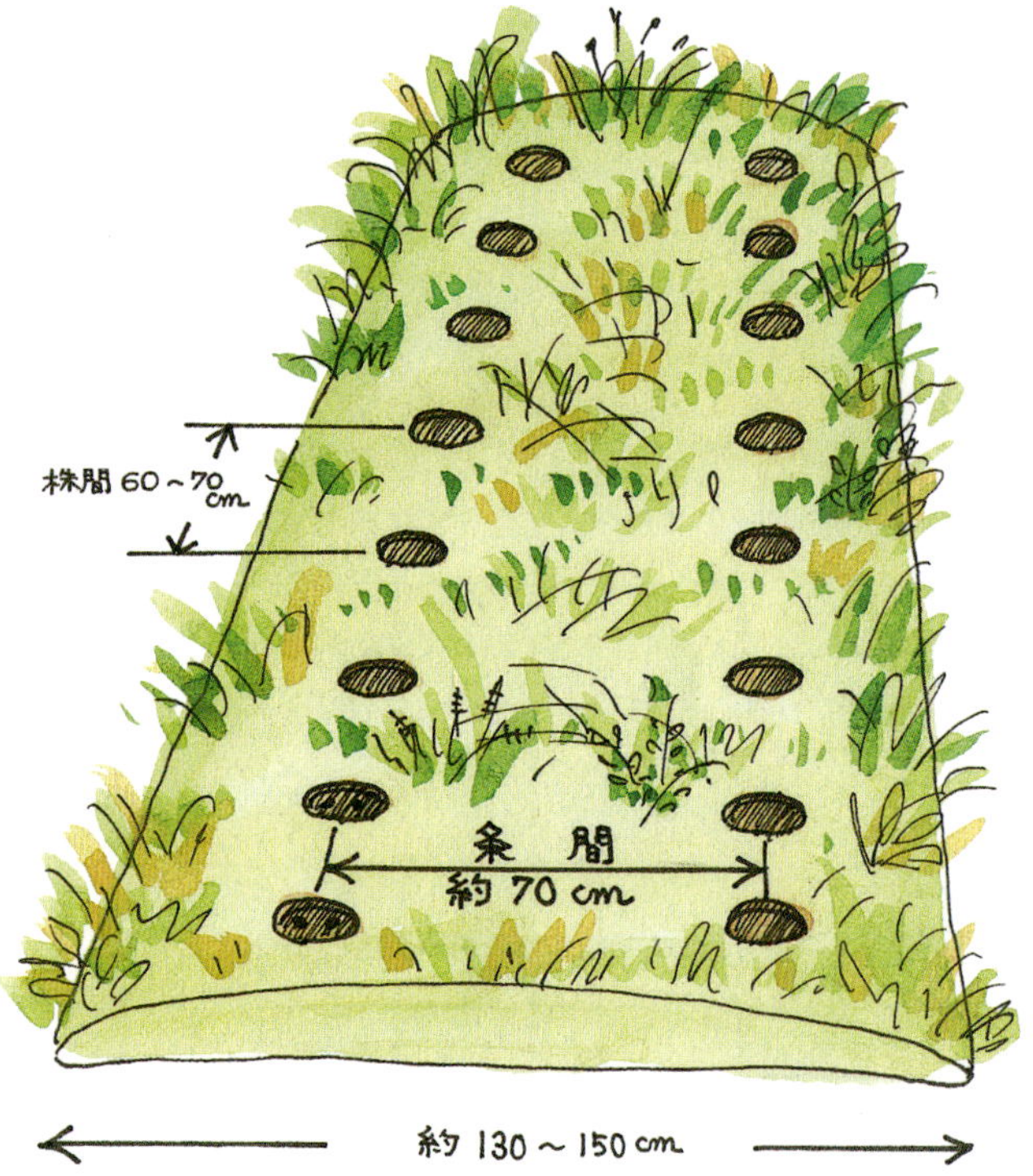

まず、種を蒔くところだけ、直径約10センチほど草を刈って、表土を薄くはがします。

宿根草の根などがあれば、取り除いて平らに整え、1カ所につき2〜3粒の種を降ろします。

種の上に約1センチほどの厚みで土を被せ、軽く手で押さえて、その上にはじめに刈った草を振り撒いて被せておきます。

これは鳥の食害を防ぐためと、土を乾燥から守るためです。自然農では原則として灌水の必要はありません。雨上がりの、土が湿っている日や、雨の降る前などを見計らって蒔くと都合よく、また種降ろしの後、日照りが続くようであれば、1、2度たっぷりと灌水を行ってもよいでしょう。

【発芽と間引き】

種降ろしをしてから、約6日から10日ほどで発芽しはじめます。10センチくらいに伸びてきたら

丈夫で健康そうなものを1〜2本残し、あとは摘み取ります。
冬の間はほとんど生長せずに幼苗のまま越冬しますが、厳寒期の雪や霜による害を防ぐのに株の周りに枯れ草を多めに敷いてやったり、ときには株の上からうっすらかけてもよいでしょう。

【生長】

3月ごろになって気温が上昇しはじめると急に生長してきます。

側枝が地面から何本も出てきますが、数が多いとさやのできる量が少なくなるので、4〜5本残し、後はかき取ってもいいでしょう。

株が全体に豊かになる4月から5月にかけて、薄紫色を帯びた白いマメ科特有の蝶形をした花が咲きます。近づくとなんとも言えない優しい香りがします。

やがて花が終わるとその中央から小さなソラマメのさやが現れ、だんだん膨らんでいきます。株の姿が大きくなって風で倒れそうなときは畝の周りに何カ所か棒を立てて、その棒にひもを巻き付けて畝全体を囲い、ソラマメが倒れるのを防いでやります。

【収穫】

上に向かってなるので、ソラマメ(空豆)だという説もあるように、ソラマメのさやは、エンドウやインゲンとは違って、はじめは上向きです。中の豆が充実してくるにつれ下を向くようになり、そのころが収穫時です。さやが硬くなって、触ると中の豆も充実しているのがわかりますので、さやの光沢がある緑色のうちに収穫します。
収穫の際、手で引っ張ると株を折ってしまいかねないので、ハサミでひとつずつ収穫しましょう。収穫したソラマメは傷みやすいので、すぐにいただくのが最高ですが、もし保存する場合はさやを外し、豆だけを冷凍か冷蔵で保存します。

【採種】


充実した美しいさやは、次年度の種としてそのまま株に残しておきます。外のさやがしなびてきて黒くなって、触ると中の豆も硬く、茶色に変色していたら種として収穫します。

このころ、季節はちょうど梅雨時となりますので、食用の収穫が終わったら、不要な枝は切り落とし、風通しをよくしておくとよいでしょう。収穫した種は、たくさんあれば乾燥ソラマメとして食べることもできます。天気のよい日によく乾燥させ、さやを外してさらに乾かし、ビンなどに入れて保管します。

自然農Q&A
教えて、川口さん！②
実り多き未来のために

Question6
川口さんの畑の野菜が、ほとんど虫に食べられていないのはなぜですか？

A　虫に食べられて全滅している森や草原はありません。調和が取れた自然の状態のなかではそのようなことは起こらないのです。自然農では、栽培とはいえ、より自然に近い環境をつくることを目指しています。ですから収穫に支障をきたすほど虫に食べられてしまったときは、自然の調和が取れていない、つまり栽培の仕方が間違っていると考えてください。例えばお米につくウンカという虫がいます。収量を増やそうと肥料を与えた田んぼでは、稲が軟弱で、ウンカにとって液を吸い取りやすい茎であるため、よく吸い取り元気に育ったウンカは1年の間に何度も子を産み、さらに被害を拡大させます。しかし自然農の田んぼでは、ウンカはいますが稲よりもその下に生えている草を好んで食べています。稲の茎が丈夫で硬いため、ウンカは針を刺して液を吸えないようです。

Question7
近所の農家さんから「草ぼうぼうにして」「うちの畑に虫が飛んでくる」と叱られました。どうすればいいですか？

A　私も自然農に切り替えた最初のころは心配されて、ご近所さんから言われました。しかし、草が生えていても虫が異常に多く発生して被害を及ぼすことがないと分かってもらえて問題は治まりました。やがて「種を分けてほしい」とか「農薬を止めたいのだけれどもなかなか止められない」と話しにみえるようになりました。

　時間をかけて結果を見てもらえば分かっていただけると思いますが、もしそう言われたら、境界だけはきれいに刈ったらいかがでしょう。説明して分かってもらえなくても言い返してトラブルを起こしては絶対にいけません。逆に隣の畑から農薬が飛んできても文句を言ってはいけません。実際には畑は放任ではありませんから、見苦しくなるほど草は生えませんし、私のところに学びに来る方からもそのようなトラブルが続いて困っていると聞いたことはありません。

Question8
自然農ではどのくらいの収穫量を期待してよいのでしょうか？

A　自然農では人類の食料を賄うほど多くの量が穫れないのではないかと言う方もいます。自然農では多くも少なくもなく、普通に実り育ちます。肥料を与え、大きく、あるいは多く育った作物は自然本来の姿ではなく、肥料分や水分でふくれているだけに過ぎません。例えば10人分の1年間のお米を賄うのに、慣行農法のお米の場合10俵必要ですが、自然農の田んぼで穫れたお米だと8俵で充分なのです。栄養価の差というものもあるとは思いますが、それ以上にもっと全体的に見た「生命力」の差だと私は思っています。

Question9
慣行農法と比較したとき、自然農にデメリットはないのですか？

A　農業機械を使って広い農地を耕作し、たくさんの収穫物を得たとします。しかしそこにはその機械をつくるための、計り知れないエネルギーや資源、人的コストがかかっているのです。またその過程で、大地を削り、水や空気を汚染し環境を悪化させています。目的を達成するために、何かの問題が起こるという手段は、自然の絶妙さにはかないません。何かと比べて利益だとか不利益だとか考えても、多くの場合は、自然界に照らして明確にしてないゆえの錯覚に過ぎないのです。

Question10
新規就農して自然農でひとり立ちしたいと考えています。

A　この本を手に取られ、自然農を学ぼうとされている方の多くが、現在の社会の問題や、これまでのご自身の生き方に何らかの疑問を感じているのではないでしょうか。実際、私が出会う自然農を学ぶ多くの方もそのように目覚められた方がたくさんいらっしゃいます。家庭菜園や自給自足レベルで実践されたいという方は、そのような意識があれば充分なのですが、専業農家としてやっていきたいという場合はさらに「自分は自然の摂理に沿った生き方をするのだ」という確固たる覚悟と、やり通す強さが必要です。そして、農家としての栽培についての基本的な知識、いわば農業の基本のようなことは、先輩実践者から学ぶのが一番です。自然農には全国に40～50カ所の学びの場があり、誰でも参加できます。そこで学びながら、ご自分の畑を持ち、実践してみるとよいでしょう。

3章

自然農の
お米と麦づくり

ハードルが高いと思われがちなお米づくりと麦づくり。自然農では、同じ田んぼで夏から秋にお米、冬から春に麦をつくる。人の手とわずかな道具しか必要とせず、除草の手間もほとんどかからないため、自給的な農業にはうってつけだ。ぜひ挑戦してみてほしい。

文・写真／新井由己　イラスト／関上絵美

田んぼでお米と麦をつくる

自然農の田んぼでは、お米と麦の二毛作を行う。水田の裏作に麦を栽培すると、水を好む草が抑えられ、逆に陸に生える草は、水を入れれば朽ちるので合理的。

昔は米をつくり、秋から冬に麦やダイズをつくる地域が多かった。現在は、お米の裏作にタマネギをつくる産地もある。

水田の裏作に麦を栽培すると田んぼが乾燥して畑状態になるので、水を好む草の生育を抑える効果がある。逆に、冬の間に芽吹いた乾燥を好む草は、田植え時に水を入れると朽ちる。

耕していた田んぼを自然農に切り替えるときは、麦からスタートするとやりやすい。麦を蒔いたあとで、米ぬかと油かすを半々に混ぜたものを振り撒いておく。

お米の苗代は、麦が育っている一角に用意する。水を張った苗代よりも、乾燥した畑苗代のほうが丈夫な苗に育つ。お米づくりでは「苗半作」と呼ばれるほど苗づくりが重要。お米の一生の半年のうち2カ月は苗床で育つことになるので、確実でていねいな作業を心がける。

お米にはうるち米ともち米があり、栽培方法には田んぼで育てる水稲と畑で育てられる陸稲がある。コシヒカリなどの品種選びは、何を育てたいかではなく、田んぼの環境を優先して選ぶ。最近の品種はたくさんの肥料や農薬が必要なので、自然農では30～40年前の品種がいい。夏が短い地域は中生か早生、東北や高冷地では早生や極早生、逆に夏が長い地域は晩生の品種を選ぶ。

赤目自然農塾では、小麦の種蒔きの適期は11月。米と麦は成育サイクルが2カ月間ほど重なってしまうが、その時間が苗の生育に適している。

麦が育つ足元の一角に用意したお米の苗代には、苗に混ざって草も生えている。お米を収穫するのが目的なので、それ以外の草をていねいに取り除いて、米ぬかと油かすを半々に混ぜたものを振り撒いておく。

田んぼの1年

麦と苗代
麦が育っている一角でお米づくりの準備を始める。ほかに場所があればそこでも可。

除草
稲の成長期は草に負けないように2度の草刈りを行う。開花期は根を損ねるので注意。

収穫・はせ掛け
稲刈りしたあとは、はせ掛けをして自然乾燥させる。その足元に麦の種を蒔く。

麦の芽吹き
麦は種蒔きのときに除草するだけで、あとは自然に任せるだけで育っていく。

田んぼの作業カレンダー

4月	・水路の手入れ ・お米の苗代づくり
5月	・苗代の手入れ
6月	・麦の収穫 ・畦塗り ・田植え ・畦豆の種蒔き
7月	・麦の脱穀、製粉 ・苗代仕舞い、田植え
8月	・田んぼの除草 ・畦の管理 ・水管理 ・補い
9月	・田んぼの除草 ・畦の管理 ・水管理
10月	・稲刈り ・はせ掛け
11月	・脱穀 ・麦蒔き
12月	・麦の管理

春の田んぼでは、前年の初冬に蒔いた小麦が大きく育っている。小麦の収穫が近づくころ、その一角に苗代を用意してお米の苗づくりが始まる。

稲の苗代をつくる

苗代づくりは、お米の一生の始まりになる大切な作業。霜の心配が完全になくなる4月下旬から5月上旬ごろの前日が雨ではない、晴れた日を選んで行う。

苗代にする場所は、両側から作業がしやすい幅（約1・2メートル）で、最初に草を刈り、鍬で表土を削って平らにする。宿根草がある場合はのこぎり鎌を差し込んで根切りをして取り除いておく。周囲に溝を切り、草の種がない深い部分の土を覆土に使う。溝はモグラやネズミの対策にもなるので埋め戻さない。

苗は茎が硬く扁平で、針のように細い。草は茎が軟らかくて丸く、葉が幅広。除草の際は指でなでるようにして硬さを確認するといい。もみが付いていたら苗なので、その姿をよく観察する。草を抜いたあとで種もみの2～3倍の量の米ぬかと油かすを振り撒く。芽が出たら日差しが必要なので、苗の上に草がかからないように注意する。

実践 苗代づくり

❶種もみの水選
バケツの水に種もみを入れて浮かんだものは取り除いて使わない。種もみはザルにあけて乾かす。

❷草刈り
苗床にする場所の草を刈る。あとで被せるので、夏草の種が混じっている地表ぎりぎりではなく、やや上の青い草を刈る。

❸表土を削る
鍬を使って、草の種が混ざっている表土を薄く削り取る。硬い部分には2～3cm鍬を入れてから、平らになるように鎮圧する。

❹種もみを降ろす
種もみを軽く握り、指先からこぼれるように手を動かして、種もみが均一に落ちるようにする。何度かに分けてするつもりで。

❺間隔を調整する
間隔が密になっているところを調整する。種もみがまとまっていると苗の生育が悪くなるので、ここで手を抜かないこと。

❻覆土を掘る
スコップで溝を掘り、草の種が混ざっていない下のほうを覆土に使う。土が硬いときはほぐして、乾燥している部分を使う。

❼覆土する
土を手でほぐすようにして、種もみが隠れるくらいに均一に被せる。

❽鎮圧する
鍬の背中を使って、軽く押さえる。土に湿り気があり、鍬に土が付いてしまうときは手で行う。

❾草を被せる
青草を10cmほどに切って被せる。鳥避けの糸を張り、小動物が入らないように枝を張り巡らせておく。

実践 苗代の手入れ

種もみを蒔いてから1カ月後の様子。2～5cmくらいの芽が出るころに最初の除草を行う。

❶草を抜く
草を斜めに引き抜くと根がちぎれにくい。お米の芽に注意しながら鎌の先を少し入れて根から切ってもよい。

苗の見分け方

試しに1本抜いてみて、もみが付いていたら苗なので、その姿をよく観察して違いを覚える。

❷補い
米ぬかと油かすを半々に混ぜたものを振り撒き、苗にかかった部分を枝で払い落とす。

❸鳥や小動物の対策をする
再び、鳥避けの糸を張り、小動物が入らないように枝を張り巡らせておく。

自然農の
お米と麦づくり
3
6月・7月

麦刈り、脱穀と調整

初夏、麦が黄金に実る季節を「麦秋」と言う。麦の収穫は梅雨の前の晴天の日を狙って行おう。できた小麦は自給自足のためのさまざまな原料になる。

小麦は、小麦粉にしてパンや麺に用いられるほか、味噌や醤油の原料にも使われる。硬い外皮に覆われているので、製粉する必要がある。

裸麦は、粒のままで食べられるので手間がかからず、小麦よりも熟すのが早いので、お米の裏作として適している。

麦全体が色づいて白茶色になるころが刈り取りの適期。麦は晴れている日に収穫すること。しっかり乾燥させないと製粉できないし、玄麦のまま保存してもカビや虫がつくので注意が必要だ。茎が強いライ麦や小麦は足踏み脱穀機が使えるが、茎が弱い裸麦は穂刈りする。

奥が小麦で手前が裸麦。大麦は、ビールの原料になる「皮麦」と、押麦・麦味噌などに使われる「裸麦」がある。

麦を収穫した後、2〜3日天日に干し、脱穀してさらに2日ほど天日干しすると玄麦のまま保存できる。

脱穀は穂刈りした麦をゴザの上に広げて木づちでたたく方法と足踏み脱穀機にかける方法がある。小麦を麦わらといっしょに足元から刈った場合は足踏み脱穀機が使える。

木づちで脱穀した場合は、唐《とう》箕《み》にかけて風を送り、玄麦と麦わらなどをきれいに分ける。量が少ないときは手箕《てみ》であおって風選してもよい。

製粉は、機械を使うほかに、手回しの石臼でもできる。全粒粉をふるいにかけると白い小麦粉とふすまに分かれるので、好みによって使い分ける。外皮が簡単にむける裸麦を除き、製粉しないと食べられない。

種類に応じた刈り方

小麦、ライ麦

のこぎり鎌を使って麦の穂先だけを刈る。茎が強いので、足元から刈って足踏み脱穀機で脱穀することもできる。

裸麦

裸麦は茎が弱いので、穂先を握るようにして、茎から引き抜くように収穫する。

麦の根元から刈る場合

麦の収穫は穂刈りが基本だが、天気が悪くて手で収穫している時間がないようなときや、量が多くて脱穀機を使いたい場合は、根元から刈り取る。量が少ない場合はゴザに広げて木づちでたたいて脱穀し、量が多いときは足踏み式の脱穀機を使う。

実践 麦の収穫

❶穂を穫る

小麦

穂先だけ刈る

のこぎり鎌を使って麦の穂先だけを刈る。左手で穂をつかんで、右手の鎌を引くようにすると切りやすい。

裸麦

手で引き抜くようにして穂先を穫る

裸麦は手で穂先を握るようにして、茎から引き抜くように収穫する。

❷かごや箕《み》に入れて集める

リズムよく穂刈りしていき、片手にいっぱいになったらかごや箕に集めていく。

❸穂刈りして残った茎を足で横に倒す

穂刈りして残った麦わらはそのまま足で横に倒しておき、次のお米の足元に巡らせる。また、田植えをするときに、苗箱を引いて麦わらを倒しながらする方法もある。

実践 脱穀

❶よく乾燥させる

収穫後、ゴザに広げて2〜3日天日に当てて乾燥させる。乾燥が足りないとカビがつくので注意する。

❷木づちでたたく

ゴザの上に穂刈りした麦を広げて木づちでたたいて脱穀し、麦わらやもみと玄麦に分ける。

❸唐箕やふるいでわらを取り除く

木づちで脱穀したあと、ふるいにかける。

麦の根元から刈ったものは、足踏み脱穀機にかける

茎が強いライ麦や小麦は足元から刈れるので、その場合は足踏み脱穀機を使うと作業が早い。収穫する量が多い場合はこの方法で。

❹手箕や唐箕で風選する

手箕や唐箕を使って風を起こし、玄麦と麦わら、もみなどをきれいに分ける。

❺玄麦をさらに乾燥させる

脱穀してさらに2日ほど天日干しすると、玄麦で保存できる。

実践 製粉

❶小麦は製粉機にかける

小麦は硬い殻があるので、製粉機にかけて粉にする。玄麦をそのままひいたものが全粒粉になる。

❷ふるいにかけて、ふすまと小麦粉に分ける

全粒粉をふるいにかけると、小麦粉とふすまに分かれる。小麦ふすまには食物繊維、鉄分などの栄養成分が豊富に含まれている。

製粉機の入手法

製粉機があるとダイズやお米も粉にできる。家庭用のもので4万〜6万円くらい。コーヒーミルでも代用できるので、麦専用に用意するのもよい。製粉機がない場合は、近くの製粉所や農家に相談してみよう。

畦塗り、田植え、畦豆の種蒔き

苗づくりから2カ月後、いよいよ田植えの作業。周囲に溝を掘って水漏れしないように畦塗りを行い、苗を1本ずつていねいに移植していく。

川口さんの田んぼの苗代。4月に種を降ろし、2カ月かけて30cmほどに育っている。

田んぼでは冬草と夏草が交替する時期。ヨモギやアカザなどが生えていても、水を入れると枯れるので問題ない。麦作をしない田んぼで湿気たままだと、ミゾソバやセリなどが生えているので、その場合は田植え前に刈っておく。

畦塗りは、田んぼの水漏れを防ぐ大事な作業。畦の草を刈ってから、畝と通路の間に幅広に溝を掘り、足で踏みながら土を練り、畦側に泥土を盛り上げておく。翌日、少し硬くなってから、畦側に斜めになるように盛り上げ、鍬の背中で斜面をならし固め、通路側も同じように仕上げる。

苗代では2カ月かけて育った苗が30センチくらいに育っている。苗代に鍬を差し込み、厚さ3センチくらいの土と一緒に苗を取り、苗箱に入れて田植えをする場所に運ぶ。

自然農の田植えは1本植えが基本だが、苗が小さかったり細い場合は2本にする。のこぎり鎌や指で穴を開け、苗の根と茎の接点が地面と同じ高さになるように植える。耕していた田んぼから切り替えたばかりのころは土が硬いので、移植ごてで穴を掘るか、棒や竹を差して穴を開けて植え、土を軽く戻す。

株間は、夏の短い地方では早生種で25センチ、夏の長い地方では、晩生種で40センチを目安にする。条間は、草取りに入る必要があるので40センチを基準に。

メインの田植えが終わってから、苗代に使っていた部分を平らにならし、最後の田植えを行う。通常は畑状態でつくるが、次ページの作業時は水を張った状態で苗代仕舞いをしたので、この部分だけ、一般的な農法と同じように代かきを行った田んぼに近い状態になった。

実践 畦塗り

❶草を刈って溝を掘る

田んぼの外側に水路をつくる。草を刈って、スコップを使って幅60cmくらいの溝を掘る。

❷水を入れて土を練る

水を入れて、鍬と足で泥を練る。前日に行うと、泥が硬くなって翌日の作業がやりやすい。

❸翌日、泥を畦側に盛り上げる

水を落とすようにしながら泥を畦側に盛りあげて、土手をつくっていく。

❹鍬の背を使って斜めに山をつくる

鍬の裏側を使って、畦側の側面を塗り固めていく。鍬を濡らしながらやると、滑ってやりやすい。

❺通路側からも同じように山をつくる

同じように鍬の裏側を使って、今度は通路側からも山をつくる。何度か繰り返しているときれいに整ってくる。

❻水を張る高さで水路をせき止める

溝に張る水の高さを考えて、水路の入り口を板でせき止める。この板の高さを調節して水管理を行う。

実践

畦豆(ダイズ)の種蒔き

かつての農家は畦に植えたダイズで自給用の味噌などをつくっていたという。

❶鍬で斜めに切り込みを入れる

畦塗りした通路側の上に、鍬で軽く切り込みを入れていく。

❷ダイズの種を降ろす

ダイズの種を2粒ずつ降ろしていく。株間は50cmくらい。

❸もみ殻、稲わら、草などを被せる

土を被せると豆が腐るので、もみ殻や稲わら、青草をふわっと被せておく。

実践

苗代仕舞い

❶残っている苗をすべて取る

残っていた苗を片づけて、地表部の草を刈る。刈った草は田植え後に株間に敷いておく。

❷全体を平らにならす

苗を取るときに表土を削っているので、高い部分の土をならして、全体に平らに整地する。

❸育ち過ぎた苗は先をちぎる

苗が育ち過ぎていると田植え後に倒れることがあるため、葉の上部を少しちぎっておく。

❹苗代に使っていた部分に田植えをする

田植えの苗は1本植えが基本。条間は40cm、株間は25〜40cmを目安にする。

実践

田植え

❶苗床から苗を取る

苗床に鍬を差し込んで、厚さ3cmくらいの土と一緒に苗を取る。苗箱に入れて田植えに備える。

❷ロープを張って、目印の棒の間隔で穴を開ける

条間は40cm、株間は25〜40cmを目安にして、のこぎり鎌で穴を掘って1本植えする。株間は目印付きの棒で測る。

❸根と茎の接点が地表と同じ高さになるように植える

苗の根と茎の接点が地面の下に隠れないように、地表と同じ高さになるように植える。穴が深い場合は手で浮かすように保ち、周囲の土を寄せる。手で押さえるとうまく育たないので優しく置くような感じで。

除草、水管理、補い

田植えが終わり、稲が分けつを始めるのは、1年で植物が最も旺盛に茂る季節。田植え後2週間〜2カ月ぐらいまでは、稲が草の勢いに負けないよう手を貸す。

田植えから10日くらいすると苗が活着して、2週間後くらいから分けつを始めるので、そのあとで最初の草刈りに入る。一度に全面の草刈りをするのではなく、最初は1列おきに除草をして、2週間くらい間を空けてから残りを刈るようにする。

この期間は、お米の一生のうち、体をつくる期間から子孫を残す期間への転換期。三重県と奈良県の県境にある赤目自然農塾では、早生種は7月末が最後の除草で、中生種・晩生種では8月10日ごろ。遅くてもお盆までには終わらせる。開花・交配の時期は稲の根を損ねるので、絶対に田んぼに入らないようにしよう。そのあとは小動物が生活するためにも、足元に草があるほうがよい。

湿地に生える草は横に広がるものが多く、セリ、ミゾソバ、ヒエなどは地上部を刈っても根が広がっていることが多い。かといって、のこぎり鎌を差し込んで根を切ろうとすると、地表部まで張り出している稲の根を損ねてしまうので気をつけたい。草刈りが間に合わなかったり、草の勢いが強いときは、地面すれすれではなく、5〜10センチくらい上を刈るようにする。セリなどを引っこ抜くと根を損ねてしまうので、なるべく抜かずに地表部で刈るようにする。

田植えから2カ月後、2度目の除草時には、左右の列も同時に刈るようにして、3列のうち、足を踏み入れるのは1列だけになるように配慮する。

溝に水が溜まっていれば、畝の上まで水がかかっていなくても問題なく、草刈り時には畝の上に水がないほうが作業がしやすい。8月に開花して1カ月くらいしてから、溝の半分くらいになるように取水口を調整する。稲刈りの1週間から10日前に溝の水を完全に落とす。

実践

田植え後、1カ月の除草

田植え後、最初の草管理をする。一度に全面の草を刈らないで、2週間くらい空けて1列おきに行う。

❶1列おきに草を刈る
稲わらや草を持ち上げるようにして、芽を出した草の茎を残さないようにていねいに刈る。ミゾソバなどの水草は根ごと引き抜く。

❷もみがらを振り撒く
刈った草はその場に置いて、上からもみがらを振り撒く。

❸日にちを空けて、残りを除草する
一度に草を刈ると、その場にいた虫や小動物の住処がなくなるので、2週間くらい空けて残りの列を除草する。

田植えのときは1本の苗だったものが、分けつしてこれだけの株に育った。

田植え1カ月後の除草

田植え2カ月後の除草

実践 畦の管理

**畦塗りした部分は
オケラやモグラが穴を開けるので
定期的に修復しておく。**

❶畦の内側に生えた草を削る

畦塗りした後に草が生えるとモグラの穴がわかりにくいので、畦塗りした内側に生えた草を鍬で削り取る。

❷再び、畦塗りをする

鍬で削ったあと、再び畦を塗ってきれいにしておく。この作業は「けらばなし」と呼ばれている。

❸ダイズの周りの草を鍬で削り取る

畦に蒔いたダイズの足元に生えた草を、鍬で削り取る。この作業は「けずりだし」と呼ばれている。

❹外側の草を削ってダイズの足元に寄せる

さらに周囲の草を削って畦豆の根元に寄せておくと、生育がよくなる。この作業は「けずりこみ」と呼ばれている。

実践 田植えから2カ月後の除草

**しだいに稲も大きくなり、
足元に草があっても心配なくなってきた。
この段階が最後の除草の時期。**

6月に田植えをして、2カ月経った様子。分けつが終わり、すくすくと育っている。

❶稲わらや草を持ち上げて、地表部の草を刈る

稲の根を傷めないこと。鎌は土の中に入れないように気をつけて、地表部の草だけ刈る。

❷両側は手を伸ばして刈りながら進む

稲の根を痛めないように、足を踏み入れる部分は最小限にして、左右の列も同時に刈っていく。

❸刈った草はその場に置く

田んぼに生えた草も、地表部を刈り、その場に敷いておくことで、「亡骸の層」が豊かになる。

稲刈り、はせ掛け

お米は、日本の気候風土に適した主食。お米の収穫には、折々の野菜を手にするのとはまた違う喜びがある。お米づくりでいちばん楽しい作業かもしれない。

稲刈りの1カ月前に水を止めて、1週間から10日前には溝の水を完全に落とす。稲穂の茎の3分の2が黄金色に枯れて、1株の3分の2の稲穂がその状態になり、田んぼ全体の3分の2がその状態になったときが収穫適期。逆に完熟させてからだと稲わらが弱くなり、脱穀するときに穂首からちぎれてしまう。

一般的に10月末ごろが収穫適期で、刈り取った稲ははせに掛けて自然乾燥させる。機械で乾燥させるのではなく、天日干しで乾燥させると、茎の養分が穂に集まってうまみが増すという。環境や天候によって2週間から1カ月ほど干す。乾燥の目安は1粒むいてみて確認する。米粒が透明になり、歯でかんだときにカリッとした歯応えならちょうどいい。

稲刈りは朝露が消えてから始める。のこぎり鎌を使って、3列から4列ずつ刈っていく。右利きの場合は、右から左に2〜3株を順に刈って1束にして、左側に置いておく。株をつかむ左手は、親指が上になる順手で、草を刈るときの握り方とは反対のほうが作業しやすい。

3束をセットにしながら、順に刈っていき、ある程度たまった段階で結束用の稲わらをそれぞれの束に配り、ひとつずつ縛っていく。

稲刈りが終わったら、しばった束をまとめておき、稲木を立てる。地中30〜50センチくらいまで杭を打ち込んで安定させる。横に渡す木の高さは作業がしやすい胸の辺りにし、稲を掛けたときに地表から30センチ以上は離れるようにする。

実践 稲刈り

❶稲を1株ずつ刈る

親指が上になるように株をつかんで、1株ずつ刈る。株の大きさによって、2〜3株をひとまとめにする。

❷3つの束を交差させて置き 結束用の稲わらを配る

ひとまとめにした2束をX型に重ねるように置いて、3つ目の束をクロスした真ん中に置く。その上に結束用の稲わらを渡しておく。

10月、稲刈り前の川口さんの田んぼ。1本の苗がたくさん分けつして、黄金色の稲穂を結んでいる。

赤目自然農塾で栽培している赤米。古代米の仲間はもみからノギと呼ばれるヒゲが出ているので、イノシシの害が少ない。

実践 はせ掛け

①南北方向に稲木を組む
稲束を移動してスペースを開けて、稲木を組む。太陽が均一に当たるように、稲木が南北になるようにする。稲木の足は直角ではなく、少し斜めにして、互い違いにハの字になるように組む。

②交差部を荒縄で縛る
交差させた稲木の上に、稲わらをかけるための杉丸太を渡して荒縄でしばる。下側で1周させてから上のほうに巻いていくと、縛ったところが緩まない。

③支えの杭を打ち込む
2本の足だけで連結しただけだと左右に動いてしまうので、両側に支えの杭を打ち込んで、さらに荒縄で固定する。

④稲束を1対2に分けて掛ける
稲束を1対2に分けて、互い違いになるように並べていく。しばり目を向こう側に持つと、最後に乗せた束が分けやすい。

⑤端は葉を結んで固定する
3本の支柱で止まって安定している場合はそのままでもいいが、支柱を越えたり、逆に途中で終わった場合は、稲の葉を結んで固定する。

⑥鳥避けの糸を張る
穂から10cmくらい離したところに、鳥避け用の見えにくい糸を張る。乾燥して糸との間隔が広くなったら調整する。

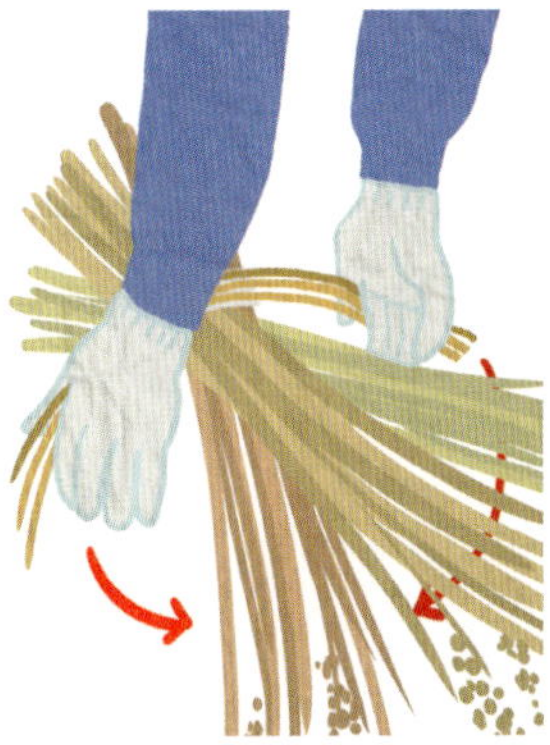

③上から下に巻くようにして裏返す
結束用のわらの根元の部分を右手に、親指を上に、右手を手前にして上からかぶせるようにして、束全体を裏返す。

④わらをねじって根元側で締める
左手のわらをまっすぐに立てた状態で、右手のわらを時計回りに締めつけて、1周したら右手を持ち替える。

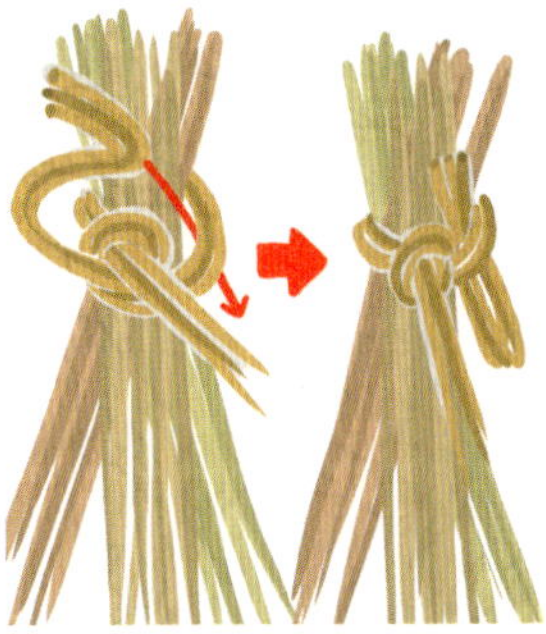

⑤わらを折り込むようにして留める
持ち替えた右手のわらを折り込むように固定する。このとき、わらの根元側の茎が太いほうで止めるようにする。

⑥1対2で開くようにする
最後に重ねた1つの束と、最初に重ねた2つの束を分けるようにして、はせに掛ける。

麦蒔き、お米の脱穀

**麦蒔きの適期は10月から11月にかけて。
麦の収穫が遅くなると田植えが遅れるので
麦は稲刈り直後から脱穀を終えるまでに蒔く。**

一般の農家はコンバインを使って稲刈りから脱穀まで一気に終わらせるが、機械や燃料を用意する手間やコストを考えると、手作業で行うのがいちばん効率がよく、さまざまな問題を招かない。足踏み脱穀機や唐箕がない場合でも、昔ながらの道具で行うこともできる。

足踏み脱穀機は穂先から入れて広げるようにして、最後に根元を手で軽く押す。ふるいにかけて大きなわらくずを取り除き、稲穂ごと切れたものは、稲穂に残ったもみを木づちでたたいたり、手でしごく。唐箕で風を起こして、小さなわらくずを飛ばし、実入りのいいもみと軽い小米やしいな米に分ける。

麦は湿気を嫌うので、蒔く前に水路の出口の溝を切って水が溜まらないようにしておく。湿地で育つ稲と乾地で育つ麦を交互に栽培することで、田んぼの環境が変わり、水田に生える草を抑える効果もある。

はせで乾燥させたお米は足踏み脱穀機で脱穀する。翌年まで利用する稲わらは残して、残った稲わらは田んぼに振り撒く。脱穀したあとの稲わらを全面に振り撒いたあとは、収穫まで何もしなくてよく、夏草のお米が育った場所で、冬草の麦が育っていく。

もみすりを終えて残ったもみ殻も麦の上に撒く。この時期の麦は足で踏んでも平気なので、全体にムラがないように撒く。自分たちが食べる部分以外は、全部その場に返すのが基本。その場で朽ちて、微生物や小動物が生き死に、そして次のいのちの舞台になるのだ。

はせ掛けして、2週間から1カ月ほど自然乾燥させてから脱穀する。

1粒のお米のもみから、約1000粒のもみが収穫できる。ちなみにご飯茶碗1杯には約3000粒のお米があるといわれている。

実践 脱穀

❶足踏み脱穀機にかける

足踏み脱穀機のドラムを回転させて針金でもみをはじき落とす。2人でやると作業がはかどる。

穂先から入れて広げるようにして、最後に根元を手で軽く押すのがコツ。

❷ふるいで稲わらを取り除く

勢いよく脱穀したままだと稲わらのくずが混ざっているので、ふるいにかけて大きなくずを取り除く。

❸木づちでたたき、残ったもみを外す

うまく脱穀できずに稲穂ごと切れてしまったものや、稲穂に残ったもみを木づちでたたいたり、手でしごいて取り除く。

❹唐箕にかける

風を起こして、小さなわらくずを飛ばす。右側に実入りのいいもみ、左側に軽い小米やしいな米に分かれる。

❺袋に入れる

もみのまま貯蔵すると長持ちする。米袋に入れて、袋の口を丸めるようにして空気を抜いておく。

実践 麦蒔き

❶凹凸を整える

凹凸があると翌年の田植えのときに水がうまく回らないので、麦を蒔く前に全体を平らに修復しておく。

❷溝や畦を修復する

畦が低くなったり、溝が崩れているときは、全体を修復して整える。溝の土を塊のまま畦に積み上げ、草がついている表土を載せておくと、草が根を張って崩れにくくなる。

❸麦を蒔く

小麦や大麦など用途に応じて、必要な品種を選ぶ。ばら蒔いた麦の種は草の上に載っているので、ていねいに草を刈る。除草を兼ねるこの作業で、草に載っていた種が土に落ちる。

❹冬草が残らないように草を刈る

冬草の芽が出始めているので、茎が残らないように、のこぎり鎌を少し地中に入れるようにして草を刈る。

❺稲わらや草を被せる

脱穀が終わった稲わらを田んぼに戻す。ばら蒔きした麦の発芽を妨げないように、均一に振り撒き、被せ過ぎないようにする。

実践 麦の生育と補い（12月ごろ）

10月に蒔いた裸麦は、翌月には20cmほどの背丈になっていた。

生育の様子

稲刈りを終えた場所から麦蒔きを始めたので、発芽はまちまち。早いところでは麦の新芽が一面に広がり、はせ掛けしたお米とのコントラストが映える。

11月に蒔いた小麦が、翌月に芽を出し始めた。麦は種蒔きのときに草刈りをすれば、あとは自然に任せておけばいい。

脱穀したお米のもみ殻を振り撒く

脱穀が終わったもみ殻を、芽を出し始めた麦の上に振り撒く。収穫したもの以外は田畑に戻して巡らせるのが基本。

おわりに

川口由一さんの自然農のことを知ったのは、１９９７年に公開された映画『自然農　川口由一の世界　１９９５年の記録』（製作・グループ現代）だった。奈良盆地に広がる桜井市の田畑を舞台に、１年以上の長期間にわたって取材し、自然の営みの中で何が起きているのかを克明に記録した長編ドキュメンタリーである。初めて目にする自然農の田畑は、一面に草が生え、そこで野菜やお米がきちんと育っていた。虫や蝶や動物たちも姿を現し、それまでの田畑のイメージとはまったく違っていた。

自然農は、耕さず、肥料・農薬を用いず、草や虫を敵としない。それはつまり、競争の世界ではなく、お互いが共存している世界。１枚の畑のなかは、野菜のほかにさまざまな草が生え、草を好む虫もいれば、虫を食べる小動物も存在し、活気にあふれている。共存社会では、だれかを打ち負かそうとか、出し抜こうということはなく、すべての存在がお互いを支え合っているのだ。

また、赤目自然農塾では、生きることすべてにおいて学ぶことが多い。自然農を通して野菜やお米を育てながら気づくことは、人間社会のなかで、どんな人も排除せずに、一人ひとりが自分自身と向き合ってそのあり方を問うことに通じている。

川口さんをはじめとして、スタッフがやり方を押しつけないところもいい。毎月の学習会で川口さんやスタッフが作業を見せ、それを自分の田畑で実践するのだが、スタッフが巡回しているときに違うやり方をしていても、そのまま見守るというのだ。そこで間違いを教えてくれないのは冷たいような気がするが、押しつけないということは、自分で考えて解決していく、自立への第一歩なのかもしれない。

耕作放棄地で自然農を

今、日本では耕作放棄地が増えて問題になっている。２０１０年の農林業センサスによると、日本の農地約４６０万ヘクタールのうち、40万ヘクタールが耕作放棄地になっている。

耕作が放棄されると、雑草や雑木が生え、病害虫の温床になったり、シカやイノシシなど動物が棲みついたり、さまざまな問題が起こってくる。そして、耕作放棄地になって荒れてしまうと、繁茂した雑草をすべて刈りつくしても地下茎が残っていたり、土壌に含まれる栄養素の割合が栽培向けでなくなったりするため、農地として再活用することが困難だと思われている。

ところが自然農では、耕作放棄されている期間が長ければ長いほど、自然環境が豊かに蘇っているので、すぐに田畑に戻して栽培を始められるのだ。まさに、耕作放棄地は「宝の山」なのである。

一方、イギリスで始まった「食料を分け合おう」というムーヴメントが、周辺国に広がっているそうだ。これは、野菜や果実を公共の場で栽培して「食料を分け合おう」と書いた立て札を立てて、だれでも必要な人が持っていくことができるようにしたもの。人通りが多い場所、道路脇、公園、消防署の前、病院の芝生、市役所のパーキング、学校などに広がり、シェアの精神が培われている。

日本でも、街路樹を果物に変えてだれでも食べられるようにして、公園の植え込みは畑にすればいい。従来の農法では難しくても、自然農ならすぐに栽培が始められる。耕作放棄地も全国各地にたくさんある。指導者が一人いて、自給したい人が通ってお米や野菜をつくればいい。たくさん収穫できたら、ほしい人に分ける。町から車で通えるくらいの範囲に荒廃農地があれば、多くの人が野菜やお米を自給することができるのではないだろうか?

自然農の「種」を蒔こう

今から30年ほど前に、川口さんは自然の営みに沿って生きる知恵の「種」を見つけた。大地に種を降ろせば芽を出して実を結び、次の子孫のためにたくさんの種をつくる。ひと粒のお米のもみからは、約１０００粒のもみが収穫できる。同じように、自然農の種は少しずつ全国へ広がり、今では50カ所近くの学びの場があり、自給用はもちろん、専業農家として自然農に取り組んでいる人も多い。

種を蒔くときは「正しい種」を選ぶことが大事。キュウリを育てたいのにニガウリの種を蒔いたら、苦いニガウリしか穫れない。お米を育てようと思っても、ヒエの種を蒔いたのではいつまでたってもお米は穫れない。「自然農の基本」を正しく理解しよう。

次に、種を蒔く時期と場所にも気をつけなければいけない。夏に育つ野菜の種を冬に蒔いても芽が出ないし、湿気を好むサトイモを乾燥した畑に植えても育たない。自然農に出会う人にも、それぞれに応じたタイミングがありそうだ。

この本で、初めて自然農の「種」を手にする人もいるはずだ。すでに持っている種を畑に降ろす人もいるだろう。あるいは、次の世代に渡す種を得る人がいるかもしれない。この本が、自然農の新しい「種」となって、多くの人の役に立ちますように。

平成二十五年　二月　雨水のころ

新井由己

川口さんが住んでいるのは、奈良県中部にある桜井市の盆地。降霜は11月上旬から4月下旬まで、最高気温は35℃、最低気温は−4℃くらいで、サクラの開花は4月8日ごろとなっている。これを一応の目安として、各自でその土地に合った農事暦を完成させてほしい。

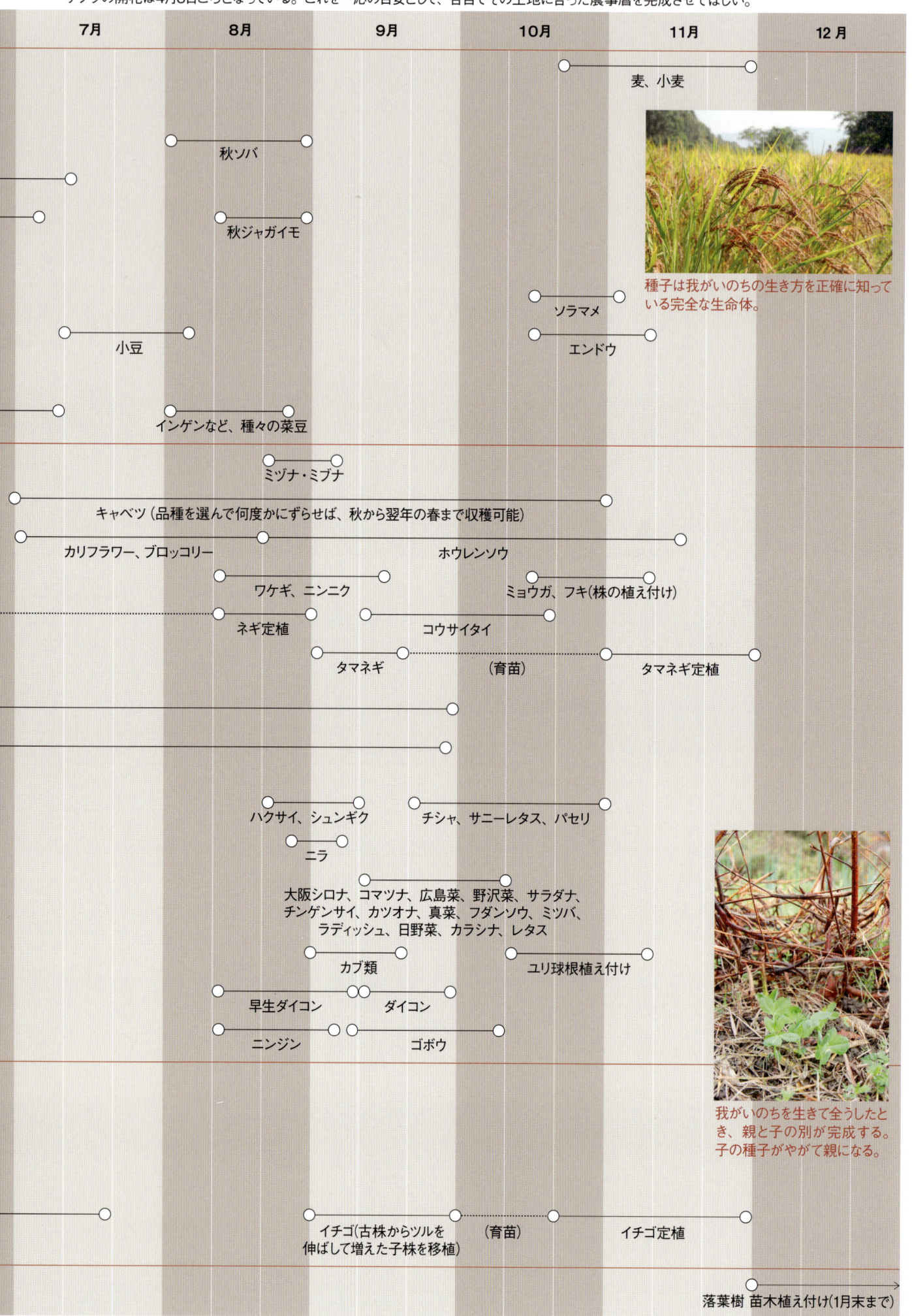

7月
8月
9月
10月
11月
12月
麦、小麦
秋ソバ
秋ジャガイモ
ソラマメ
小豆
エンドウ
インゲンなど、種々の菜豆
ミヅナ・ミブナ
キャベツ（品種を選んで何度かにずらせば、秋から翌年の春まで収穫可能）
カリフラワー、ブロッコリー
ホウレンソウ
ワケギ、ニンニク
ミョウガ、フキ(株の植え付け)
ネギ定植
コウサイタイ
タマネギ
（育苗）
タマネギ定植
ハクサイ、シュンギク
チシャ、サニーレタス、パセリ
ニラ
大阪シロナ、コマツナ、広島菜、野沢菜、サラダナ、
チンゲンサイ、カツオナ、真菜、フダンソウ、ミツバ、
ラディッシュ、日野菜、カラシナ、レタス
カブ類
ユリ球根植え付け
早生ダイコン
ダイコン
ニンジン
ゴボウ
イチゴ(古株からツルを
伸ばして増えた子株を移植)
（育苗）
イチゴ定植
落葉樹 苗木植え付け(1月末まで)

種子は我がいのちの生き方を正確に知っている完全な生命体。

我がいのちを生きて全うしたとき、親と子の別が完成する。子の種子がやがて親になる。

川口さんの種降ろしカレンダー

協力：石田由紀子、三輪淳子

2月　3月　4月　5月　6月

穀類　芋類　豆類

- ハトムギ
- 米、ヒエ、アワ、キビ
- 春ソバ
- トウモロコシ（何度かに分けて長期間）
- 春ジャガイモ
- サトイモ、ヤマイモ（一度植え付ければ毎年自然に）
- サツマイモ（ツル植え）
- ゴマ
- エダマメ
- 黒豆・茶豆・緑豆・ダイズ
- ラッカセイ
- ササゲ
- 種々の菜豆（何度かに分けて長期間）

農作業は太陽との関係が中心で決まる。

葉茎菜類　花菜類　根菜類

- シソ（一度降ろせば毎年自然に）
- キャベツ（春蒔き品種）
- セロリ
- ミョウガ、フキ（株の植え付け）
- パセリ
- アスパラ（一度降ろせば7～8年）
- ウド（根株の植え付け）
- ツルムラサキ、モロヘイヤ
- ネギ　（育苗）
- ニラ（一度降ろせば長期自然に。10～15年後に株分け）
- ツァイシン（ハクサイの変種で中国野菜）
- 大阪シロナ、コマツナ、広島菜、野沢菜、山東菜、チンゲンサイ、サニーレタス、チシャ、フダンソウ、ミツバ
- パクツァイ（ハクサイの変種で中国野菜）
- レタス、ミツバ（一度降ろせば毎年自然に）
- ホウレンソウ、シュンギク
- ゴボウ、ニンジン、ダイコン、小カブ、ハクサイ（春蒔き品種）
- 日野菜
- ラディッシュ
- ショウガ
- レンコン、クワイ

小さな種子に一生を全うするに必要な生命力と知恵と能力がしまい込まれている。

果菜類

- オクラ
- ナス、トマト、トウガラシ、ピーマン、カボチャ、スイカ、マクワウリ、メロン、トウガン、シシトウ、カンピョウ、ゴーヤー、シロウリ、アオウリ、漬物用ウリ類など
- ハヤトウリ（ウリを地中に）
- キュウリ（地這いを時季をずらして降ろせば長期間収穫できる）

次の子孫を種で用意したときが一生の終わり。

果樹

- 常緑樹 苗木植え付け

川口由一

かわぐち・よしかず●1939年、約8反歩の田畑を耕作する農業と、養蚕・製麺を副業とする日本の平均的な農家の長男として生まれる。農薬・化学肥料を使った農業で心身を損ね、いのちの営みに沿った農を模索し、1970年代半ばから自然農に取り組む。著書に『妙なる畑に立ちて』（新泉社）、『自然農ー川口由一の世界』（晩成書房）などがある。

新井由己

あらい・よしみ●1965年、神奈川県生まれ。97年に新潟県の豪雪地に移住して自然農に取り組んだのをきっかけに、各地の実践者を訪ねる。その成果として発表した写真集『自然農に生きる人たち』（自然食通信社）は、現在Webで無料公開中。
http://www.yu-min.jp/

鏡山悦子

かがみやま・えつこ●1955年、宮崎市生まれ。宮崎大学教育学部美術科卒。教職に6年間就いた後、結婚して福岡へ。1992年に川口さんと出会い、自然農と漢方医学を学び始める。夫と2人の娘と糸島市二丈一貴山で農的暮らしを営む。著書に川口さん監修の『自然農・栽培の手引き—いのちの営み、田畑の営み—』（南方新社）がある。福岡自然農塾および一貴山自然農塾スタッフ。

編集　斎藤幸恵
デザイン　㈱黒川聡司デザイン事務所
DTP　㈱インサイド

誰でも簡単にできる！
川口由一の自然農教室

2013年4月5日　第1刷発行
2022年9月19日　第4刷発行

監修　川口由一
著者　新井由己・鏡山悦子

発行人　蓮見清一
発行所　株式会社 宝島社
〒102-8388
東京都千代田区一番町25番地
営業：03-3234-4621
編集：03-3221-1998
https://tkj.jp

印刷・製本　日経印刷株式会社

ISBN978-4-7966-7790-5